Fuchs

Systemtheorie und Organisation

Betriebswirtschaftliche Beiträge zur Organisation und Automation

Schriftenreihe des

 Betriebswirtschaftliches Institut für Organisation und Automation an der Universität zu Köln

Herausgeber: Professor Dr. Erwin Grochla, Universität zu Köln
Professor Dr. Norbert Szyperski, Universität zu Köln

Band 21

Dr. Herbert Fuchs

Systemtheorie und Organisation

Die Theorie offener Systeme als Grundlage
zur Erforschung und Gestaltung betrieblicher Systeme

Springer Fachmedien Wiesbaden GmbH

ISBN 978-3-409-31242-4   ISBN 978-3-322-87910-3 (eBook)
DOI 10.1007/978-3-322-87910-3

Geleitwort

Die neueren Entwicklungen auf dem Gebiet der Organisationstheorie lassen immer deutlicher erkennen, daß betriebswirtschaftlich-organisatorische Fragestellungen im Rahmen der herkömmlichen disziplingebundenen Forschung in ihrem vollen Problemgehalt allein nicht mehr erfaßt werden können. Das hat zur Folge, daß eine Steigerung der Effizienz der Organisationsforschung nur durch eine Überwindung disziplinärer Grenzen und durch ein parallel hierzu erweitertes Problemverständnis erzielt werden kann. So findet in der jüngeren betriebswirtschaftlich-organisatorischen Literatur insbesondere die Systemforschung, die aufgrund ihrer interdisziplinären Ausrichtung zweifellos neue Impulse in unsere Disziplin zu tragen vermag, zunehmende Beachtung. Im Mittelpunkt dieses Ansatzes steht die Allgemeine Systemtheorie, die von der Annahme ausgeht, daß Eigenschaften, Zustände und Verhaltensweisen unterschiedlicher realer Systeme durch formal isomorphe Systemgesetze erklärt werden können. Da Organisationstheorie und Systemtheorie vom Inhalt und Anliegen her gemeinsame Ansatzpunkte aufweisen, ist zu erwarten, daß die Allgemeine Systemtheorie den Prozeß der organisatorischen Theoriebildung zu erleichtern und darüberhinaus Anhaltspunkte für die Gestaltung betrieblicher Systeme zu bieten vermag. Die Übertragung systemtheoretischer Aussagen wird jedoch dadurch erschwert, daß die Beiträge zu dieser Theorie in den verschiedensten, vorwiegend naturwissenschaftlich orientierten Fachrichtungen entwickelt wurden und daß es bislang an geschlossenen Darstellungen des systemtheoretischen Konzeptes fehlt. Aus diesem Grunde bewegen sich auch die bisherigen Versuche, das systemtheoretische Konzept im Rahmen der Organisationsforschung zu berücksichtigen, von wenigen Ausnahmen abgesehen noch immer auf der rein terminologischen Ebene, und es fehlen bis heute noch weitgehend solche Arbeiten, die eine Analyse der Übertragungsfähigkeit systemtheoretischer Aussagen für die Erklärung organisatorischer Sachverhalte durchführen und sich mit dem Inhalt dieser Theorie auseinandersetzen.

Aus der Erkenntnis der Notwendigkeit einer intensiveren Weiterverfolgung des systemtheoretisch-kybernetischen Ansatzes habe ich bereits mit Band 13 eine Arbeit in diese Schriftenreihe aufgenommen, die sich mit der mathematischen Systemtheorie befaßt. Die vorliegende Arbeit vermittelt demgegenüber einen umfassenden Überblick über die primär in anderen wissenschaftlichen Disziplinen begründeten spezifischen Grundlagen zu einer Allgemeinen Systemtheorie. Diese breite Basis gestattet es dem Verfasser, den Aussagengehalt dieses theoretischen Ansatzes in seiner vollen Komplexität herauszukristallisieren und die Zulässigkeit der Übertragung der vorwiegend naturwissenschaftlich orientierten Theorie offener Systeme für die Erklärung betrieblicher Sachverhalte zu begründen.

Im Mittelpunkt der Überlegungen zur Erklärung organisatorischer Grundzusammenhänge aus systemtheoretischer Sicht steht die Problematik der Verwendung der Entropie als Maßgröße für die Ordnung und den Organisationsgrad betrieblicher Systeme. Die Übernahme dieser für physikalische Sachverhalte operationalen Maßgröße wirft, bezogen auf komplexe Wirkungssysteme, wie Unternehmungen, große Schwierigkeiten auf. Der Verfasser versucht, dieses Problem über die Konstruktion der Einfuhr negativer Entropie aus der Umwelt in das offene System Unternehmung zu lösen, und kommt aufgrund der hiermit verbundenen Überlegungen zu dem Schluß, daß die Untersuchung von Fragen der Strukturbildung und Strukturänderung konsequenterweise in das regelungstheoretische Konzept münden muß. Hiermit wird zugleich die logische Verbindung zwischen Allgemeiner Systemtheorie und Kybernetik hergestellt, was einen wesentlichen Schritt auf dem Wege zur Operationalisierung der Systemtheorie für die Behandlung betriebswirtschaftlich-organisatorischer Probleme darstellt.

Der Verfasser hat mit dieser Arbeit einen wichtigen Baustein zu der immer stärker an Bedeutung gewinnenden interdisziplinären Erforschung betrieblicher Systeme gelegt, und seine Ausführungen können als ein Beitrag zur Entwicklung eines umfassenden interdisziplinären Forschungsprogrammes angesehen werden. Aufgrund des breiten Spektrums der angesprochenen Probleme dürfte diese Schrift eine Fülle von Anregungen für vertiefende Einzeluntersuchungen bieten. Ich wünsche der Arbeit daher besonders in dieser Richtung eine positive Resonanz.

Erwin Grochla

Vorwort

Bei der vorliegenden Schrift handelt es sich um eine Dissertation, die auf Anregung meines verehrten akademischen Lehrers, Herrn Prof. Dr. Erwin Grochla, entstand und die ich der Wirtschafts- und Sozialwissenschaftlichen Fakultät der Universität zu Köln im Sommer 1971 einreichte.

Es ist mir ein besonderes Anliegen, Herrn Prof. Dr. Grochla an dieser Stelle für die wissenschaftliche Betreuung und die Unterstützung bei der Anfertigung dieser Schrift sowie für die Möglichkeit, die Arbeit in dieser von ihm herausgegebenen Schriftenreihe zu veröffentlichen, herzlich zu danken. Weiterhin gilt mein Dank Herrn Prof. Dr. Ludwig von Bertalanffy, der mich in der Verfolgung des gewählten Ansatzes bestärkte und mich mit wertvollen Hinweisen unterstützte. Schließlich darf ich mich bei Herrn Dr. Helmut Lehmann für die kritische Durchsicht des Manuskriptes und für anregende Diskussionen besonders bedanken.

Herbert Fuchs

Inhaltsverzeichnis

1. Problemstellung

Im Zusammenhang mit der Untersuchung betrieblicher Systeme wird in jüngerer Zeit häufig auf die Bedeutung der Allgemeinen Systemtheorie als mögliches theoretisches Konzept zur Behandlung organisatorischer Fragestellungen hingewiesen. Diesem Ansatz zur Erkenntnisgewinnung über die Struktur und die Funktion betrieblicher Systeme kommt insofern großes Gewicht zu, als der gegenwärtige Aussagewert der Organisationstheorie noch relativ begrenzt ist. Die Interpretation der Unternehmung als sozio-technisches System legt es nahe, das umfassende Konzept der Allgemeinen Systemtheorie auf den Phänomenbereich betrieblicher Systeme zu übertragen. Voraussetzung hierfür ist der Nachweis der Allgemeingültigkeit der Aussagen der Allgemeinen Systemtheorie und speziell ihrer Anwendbarkeit für die Erklärung betrieblicher Sachverhalte, da die bisherigen Beiträge zur Allgemeinen Systemtheorie ihren Ursprung vorwiegend im naturwissenschaftlichen Bereich haben und noch stark disziplingebundene Züge tragen.

Inhalt der vorliegenden Arbeit ist es, den Erkenntnisstand und die Entwicklungstendenzen der Allgemeinen Systemtheorie abzuhandeln und eine Beziehung zu dem ihr nahestehenden kybernetischen Konzept herzustellen, um von da aus Ansatzpunkte für die Erforschung der Struktur und der Funktion betrieblicher Systeme zum Zwecke deren organisatorischer Gestaltung zu gewinnen. Durch die Frage nach der Struktur und der Funktion betrieblicher Systeme und nach den diese begründenden Gesetzmäßigkeiten wird das Problem der Organisation komplexer Systeme generell aufgeworfen, das letztlich Gegenstand der Allgemeinen Systemtheorie ist.

Im Mittelpunkt der Allgemeinen Systemtheorie steht die Theorie der offenen Systeme, die sich zum Zwecke der Beschreibung und Erklärung betriebswirtschaftlich-organisatorischer Fragestellungen unter bestimmten hier zu klärenden Voraussetzungen anwenden läßt. Eine Anwendbarkeit der Theorie offener Systeme ist aber erst dann gegeben, wenn nachgewiesen werden kann, daß diese für Systeme allgemeingültig ist. Bedingt durch die biologische Prägung der Theorie offener Systeme werden deshalb Überlegungen notwendig, die über naturwissenschaftliche Sachverhalte zu einer geeigneten Verallgemeinerung führen und die Relevanz der Theorie offener Systeme für Wirkungssysteme, wie Unternehmungen, begründen.

Zum Nachweis der Allgemeingültigkeit der Theorie offener Systeme ist es erforderlich, herauszuarbeiten, daß diese nicht gegen das im zweiten Hauptsatz der Thermodynamik formulierte allgemeingültige

Axiom verstößt. In diesem Zusammenhang sind Stabilitätsfragen offener Systeme und deren Entropieänderungen bei Durchfluß von Strömungsgrößen näher zu untersuchen. Da die makroskopische und die mikroskopische Interpretation der Entropie in der Thermodynamik eng mit den Fragen der Entropie im Rahmen der Informationstheorie verbunden sind, wird einerseits die Problematik der Entropie als Maß der Ordnung und der Organisation betrieblicher Systeme und andererseits die Problematik einer horizontalen und vertikalen Isomorphiebildung offengelegt.

Im Verlaufe der Untersuchung zeigt sich, daß Fragen der Entropie von fundamentaler Bedeutung für die Erklärung der organisatorischen Grundzusammenhänge der Strukturbildung und der Strukturänderung sind. Hierbei ergeben sich aber gegenwärtig noch Schwierigkeiten bezüglich der Operationalisierung des Entropiekonzepts bei komplexen Wirkungssystemen. Mit Hilfe des Konzepts der Einfuhr negativer Entropie aus der Umwelt in ein offenes System kann jedoch nachgewiesen werden, daß die Untersuchung von Fragen der Strukturbildung und der Strukturänderung konsequenterweise in das regelungstheoretische Konzept münden und daß dieses nicht ohne Konsequenzen für die organisatorische Forschung und Gestaltung betrieblicher Systeme bleibt.

Die Beobachtung und die Untersuchung komplexer betrieblicher Systeme wird durch die komplementäre Erscheinungsform organisatorischer Sachverhalte erschwert. Dieses Phänomen der Komplementarität äußert sich auch im Rahmen der Organisationstheorie in der Trennung zwischen Struktur und Funktion. Deshalb wird in dieser Arbeit versucht, dieses Phänomen näher zu untersuchen und den Aussagewert einer strukturellen und funktionellen Betrachtung betrieblicher Systeme zu beurteilen. Da eine Behandlung betrieblicher Systeme im kybernetischen Sinne sowohl die Struktur als auch die Funktion beinhaltet, erweist sich das regelungstheoretische Konzept als besonders geeignet zur Untersuchung und Analyse betrieblicher Systeme.

2. Die Entwicklung der Allgemeinen Systemtheorie

Die Allgemeine Systemtheorie behandelt einen Problemkreis, der in der wissenschaftlichen Diskussion der letzten Jahre von verschiedenen Disziplinen, z. B. der Biologie (1), der Psychologie (2), der Soziologie (3), der Wirtschaftswissenschaft (4) und hier insbesondere von der betriebswirtschaftlichen Organisationslehre (5), aufgegriffen wurde. In das Konzept der Allgemeinen Systemtheorie münden sowohl verschiedene mechanistische als auch ganzheitliche Betrachtungs-

---

(1)   Zur Biologie vgl. Bertalanffy, Ludwig v. : Biophysik des Fließgleichgewichts. Einführung in die Physik offener Systeme und ihre Anwendung in der Biologie. Braunschweig 1953; Bertalanffy, Ludwig v. : The Theory of Open Systems in Physics and Biology. Science, Nr. 111, 1950, S. 23 - 29; Miller, James G. : Living Systems: Basic Concepts. Behavioral Science, Bd. X, 1965, S. 193-237; Miller, James G. : Living Systems: Structure and Process. Behavioral Science, Bd. X, 1965, S. 237-379.

(2)   Vgl. Katz, D. ; Kahn, R. L. : The Social Psychology of Organizations. New York - London - Sydney 1966; Bertalanffy, Ludwig v. : Organismic Psychology and Systems Theory. Barre (Mass.) 1968.

(3)   Vgl. u. a. Parsons, Talcott: The Social System 5. Aufl. , Glencoe (Ill.) 1964; Mayntz, Renate: Soziologie der Organisation. Reinbek bei Hamburg 1963; Buckley, Walter: Sociology and Modern Systems Theory. Englewood Cliffs (1967).

(4)   Vgl. Johnson, Richard A. ; Kast, Fremont E. ; Rosenzweig, James E. : The Theory and Management of Systems. New York - San Francisco - Toronto - London 1963, 2. Aufl. 1967.

(5)   Vgl. insbesondere Grochla, Erwin: Automation und Organisation. Die technische Entwicklung und ihre betriebswirtschaftlich-organisatorischen Konsequenzen. Wiesbaden (1966), S. 121 ff. Ebenso Carzo, Rocco, Jr. ; Yanouzas, John N. : Formal Organization. A Systems Approach. Homewood (Ill.) 1967, und Seiler, John A. : Systems Analysis in Organizational Behavior. Homewood (Ill.) 1967. Weiterhin Ulrich, Hans: Die Unternehmung als produktives soziales System. Grundlagen der allgemeinen Unternehmungslehre. Bern - Stuttgart 1968; Grochla, Erwin: Systemtheorie und Organisationstheorie. Zeitschrift für Betriebswirtschaft, 40. Jg. 1970, S. 1 - 16, sowie Bleicher, Knut: Die Entwicklung eines systemorientierten Organisations- und Führungsmodells der Unternehmung. Zeitschrift für Organisation, 39. Jg. 1970, S. 3 - 8.

weisen, die im Verlaufe der Epochen wissenschaftlichen Denkens
ständigen Wandlungen unterworfen waren. Um für den Grundgedanken und das Anliegen der Allgemeinen Systemtheorie das notwendige
Verständnis zu wecken, ist es erforderlich, in einem historischen
Teil die geistigen Hintergründe zur Entstehung der Allgemeinen Systemtheorie aufzuzeigen. Auf diese Weise können aus den Problemstellungen der verschiedenen Wissenschaften heraus am anschaulich-
sten die Grundgedanken der Allgemeinen Systemtheorie skizziert und
die Notwendigkeit eines am Systemkonzept orientierten Denkansatzes
verdeutlicht werden.

2. 1 Ganzheitsidee und Mechanismus

"Das Handeln des Menschen wird davon bestimmt, wie er seine Umgebung sieht und beurteilt" (6). Aus den großen Zusammenhängen
wird häufig irgendeine Grundidee erfaßt, die dann eine überwiegende
Bedeutung innerhalb einer Epoche erlangen kann und diese prägt.
Solche Grundideen haben oft das wissenschaftliche Denken beeinflußt,
gewandelt und in bestimmte Bahnen gelenkt.

Die unterschiedlichen Epochen der Geschichte der Wissenschaften
sind durch den Wechsel zwischen tiefgehender Analyse und weitgrei-
fender Synthese (7) gekennzeichnet. Durch das fortschreitend in die
Tiefe gehende, sich weitverzweigende analytische Vorgehen wurde die
Tendenz zur Spezialisierung und zur Begründung von Disziplinen ge-
fördert und oftmals ein geistiges Auseinanderstreben verwandter
Disziplinen verursacht. Demgegenüber hatte das umfassende synthe-
tische Vorgehen immer ein durch die Idee des Ganzheitlichen gepräg-
tes universales Wissenschaftsgebäude zum Ziel.

Der Dualismus zwischen mechanistischer und ganzheitlicher Betrachtung des realen Geschehens hat seinen Ursprung in der Geistes-
welt der Antike, die bedingt durch ihr allgemeingültiges Ideengut
auch heute noch die wissenschaftliche Entwicklung beeinflußt. Schon
in der Antike bestimmte die Idee des Holon, des Ganzen, in der
Philosophie Platons und Aristoteles' deren metaphysisches Denken
und wurde mit der mechanistischen Anschauung des Demokrit kon-
frontiert. Gegenüber Platons übersinnlicher Ideenwelt, an der "die

---

(6)   Neergaard, Kurt v.: Die Aufgabe des 20. Jahrhunderts. Die
       Bedeutung des biologischen Weltbildes für das Verständnis der
       großen Fragen unserer Zeit in Wissenschaft, Ethik, Religion
       und Gesellschaftsstruktur. Erlenbach - Zürich 1940, S. 15.
(7)   Vgl. Peter, Hans: Der Ganzheitsgedanke in Wirtschaft und
       Wirtschaftswissenschaft. Stuttgart 1934, S. 1.

körperlichen Dinge nur teilhaben" (8), bedeutet die Naturlehre Aristoteles' eine Einführung in die Realität (9). In der Philosophie von Aristoteles ist die körperliche Welt durch die Idee gekennzeichnet, und die Idee formt die Dinge. Jedes Ding unterscheidet sich einerseits in dem Stoff oder der Materie und andererseits in der Form. Die Form, die ein einheitliches Ganzes darstellt, wird bei Aristoteles als Entelechie verstanden und repräsentiert dasjenige, was schon immer seine Endgestalt, sein Ziel, sein "Telos" in sich trägt. Diese Zielstrebigkeit ist nur Ganzheiten inhärent und geht über das Kausale hinaus. Dagegen wird die atomistisch-mechanistische Anschauung des Demokrit nur von den quantitativ-mechanistischen Bewegungen der Teile beherrscht und bietet keinen Raum für Ganzheiten.

Im Laufe der Zeit verlor das ganzheitliche Denken an Bedeutung und wurde in der Zeit des Empirismus und der Renaissance von der physikalisch-mechanistischen Vorstellung der Realität abgelöst (10). Das Naturbild dieser Epoche war anorganisch und das Weltbild mechanistisch (11). Diese Anschauung führte zur Negation des Qualitativen und zu der Meinung, "alle Qualitäten sind auf Quantitäten zurückzuführen" (12). Wurden die Vorgänge in der Natur bisher fast ausschließlich teleologisch erklärt, so erfuhren sie durch Descartes eine mechanistische Deutung. Obwohl Leibnitz im 17. Jahrhundert eine Synthese von teleologischem und mechanistischem Denken herbeizuführen beabsichtigte, galten weiterhin im Bereich des Geistigen teleologische Prinzipien und im materiellen Bereich mechanistische, und die Kluft zwischen Geistes- und Naturwissenschaften wurde immer größer.

Am Ende des vorigen Jahrhunderts erreichte das mechanistische Weltbild seinen Höhepunkt, und mit ihm trat zugleich eine Wende ein. Abgesehen von einem Umbruch im mechanistischen Weltbild der Physik bahnten sich auch in Biologie, Psychologie und in anderen

---

(8)   Neergaard, Kurt v.: Die Aufgabe des 20. Jahrhunderts, a.a. O., S. 17.

(9)   Vgl. Fries, Carl: Metaphysik als Naturwissenschaft. Betrachtungen zu Ludwig v. Bertalanffy's Theoretischer Biologie. Berlin 1936, S. 21.

(10) Vgl. hierzu Heinrich, Walter: Die Verfahrenslehre als Wegweiser für die Wissenschaften und die Kultur. In: Die Ganzheit in Philosophie und Wissenschaft. Othmar Spann zum 70. Geburtstag, hrsg. von Walter Heinrich, Wien 1950, S. 22; Windelband, Wilhelm: Lehrbuch der Geschichte der Philosophie. 15. Aufl., hrsg. von Heinz Heimsoeth, Tübingen 1957, S. 323.

(11) Vgl. Neergaard, Kurt v.: Die Aufgabe des 20. Jahrhunderts, a.a.O., S. 19.

(12) Ebenda, S. 20.

Disziplinen neue Anschauungen an, ohne daß zunächst die Zusammenhänge zwischen den Entwicklungen gesehen wurden. Für die Wissenschaften, die sich dieser ganzheitlichen Strömung anschlossen, stellte sich generell das Problem, Fragen der Ganzheit, der Gestalt, der Ordnung, der Organisation, der Dynamik und der dynamischen Interaktion zwischen Elementen zu behandeln sowie hierzu geeignete Modelle zur Erklärung realer Phänomene zu entwickeln. Teleologische Vorgänge, wie Anpassung, Regulation, Regeneration und Wachstum konnten mit Hilfe des kausal-mechanistischen Denkansatzes sowie der damaligen physikalischen Prinzipien nicht erfaßt werden; sie wurden daher als metaphysische Vorgänge betrachtet und auf das Wirken übernatürlicher Kräfte zurückgeführt. Während bis zu diesem Zeitpunkt von der Annahme ausgegangen wurde, daß sich alle Sachverhalte der Realität rein kausal-mechanistisch erklären ließen und daß alles Geschehen innerhalb determinierter Bahnen verliefe (13), so bahnten sich nunmehr die ersten Versuche an, auch solche Vorgänge, die sich aus rein mechanistischer Sicht nicht behandeln ließen, einer wissenschaftlichen Behandlung zugänglich zu machen. Dieser sich schnell ausweitende Umbruch, der hauptsächlich durch die Physik, die Psychologie und die Biologie induziert wurde, war die Folge der Überwindung des kausalen Prinzips (14).

Alle diese unterschiedlichen Ansätze zu einer Wandlung des wissenschaftlichen Weltbildes münden in irgendeiner Form in das Konzept der Allgemeinen Systemtheorie, welches sich aus der von Ludwig von Bertalanffy begründeten organismischen Auffassung in der Biologie entwickelt hat und an dem sich in neuerer Zeit immer mehr Disziplinen orientieren.

2.11 Die Wandlung des Denkens in der Physik

Im Gegensatz zu dem organischen Weltbild der Antike wurde die klassische Physik durch die mechanistische Betrachtungsweise geprägt und begründete ein anorganisches Weltbild (15). In diesem mechanistischen Weltbild der Physik herrschte analog dem Laplace'

---

(13) Vgl. Jöhr, Walter Adolf: Organische Wirtschaftsgestaltung? In: Die Ganzheit in Philosophie und Wissenschaft. Othmar Spann zum 70. Geburtstag, hrsg. von Walter Heinrich, Wien 1950, S. 107 f.

(14) Vgl. hierzu und zum folgenden Neergaard, Kurt v. : Die Aufgabe des 20. Jahrhunderts, a. a. O. , S. 32; Heimsoeth, Heinz: Die Philosophie im 20. Jahrhundert. In: Windelband, Wilhelm: Lehrbuch der Geschichte der Philosophie, hrsg. von H. Heimsoeth, Tübingen 1957, S. 583.

(15) Vgl. Neergaard, Kurt v. : Die Aufgabe des 20. Jahrhunderts, a. a. O. , S. 19 und S. 22.

schen Geist die Auffassung, "daß sämtliche Naturerscheinungen aus einem einmal vorgegebenen Satz von Gesetzmäßigkeiten abgeleitet werden könnten" (16), und die Denkweise wurde demnach durch Determinismus und strenge Kausalität bestimmt. Die strenge Kausalität, verbunden mit dem Determinismus, führte auch zu der analytischen, atomistisch zergliedernden Methode im Rahmen der klassischen Physik, die auf diesem Wege versuchte, zum Verständnis des Ganzen zu gelangen.

Ende des 19. Jahrhunderts wurden neue Tendenzen bemerkbar, die Zweifel an der bisher ausschließlich mechanistischen Auffassung aufkommen ließen. Die Entwicklung in der Physik hat ab 1900 durch die Relativitätstheorie, die Quantentheorie und die Heisenberg'sche Unbestimmtheitsrelation neue Anstöße erhalten, die seit diesem Zeitpunkt auch andere Disziplinen beeinflussen.

Bedeutend für die neue Denkweise - und dies auch über den Rahmen der Physik hinausgehend - ist die von Planck entwickelte Quanthentheorie (17), die von Einstein vertieft und von zahlreichen Forschern auf verschiedene Probleme angewendet und weiterentwickelt wurde (18). Naturwissenschaft war bis zu diesem Zeitpunkt gleichbedeutend mit mechanistischer Auffassung, und es ist nicht verwunderlich, daß die Quantentheorie zunächst befremdete, da sie im Widerspruch zu der bisher unbestrittenen Anschauung in der Physik stand. Wurde bisher in der klassischen Physik von der Annahme ausgegangen, daß alles Geschehen kontinuierlich verliefe, so wurde durch die Quantentheorie diese Annahme widerlegt und nachgewiesen, daß das mikrophysikalische Geschehen sich sprunghaft, also diskontinuierlich vollzieht. Die Objekte zerfallen in scheinbar nicht weiter zerlegbare, diskontinuierliche Einzelteile (19). Das bedeutet, daß bei physikali-

---

(16) Bertalanffy, Ludwig v.: Das biologische Weltbild. Bd. I: Die Stellung des Lebens in Natur und Wissenschaft. Bern 1949, S. 141.

(17) Vgl. Neergaard, Kurt v.: Die Aufgabe des 20. Jahrhunderts, a.a.O., S. 27; Leinfellner, Werner: Struktur und Aufbau wissenschaftlicher Theorien. Eine wissenschaftstheoretisch-philosophische Untersuchung. Wien - Würzburg 1965, S. 149 ff.

(18) Vgl. Ungerer, Emil: Die Wissenschaft vom Leben. Eine Geschichte der Biologie. Bd. III: Der Wandel der Problemlage der Biologie in den letzten Jahrzehnten. Freiburg - München (1966), S. 86.

(19) Vgl. Bertalanffy, Ludwig v.: Das biologische Weltbild, a.a. O., S. 95, S. 155 und S. 166; Bertalanffy, Ludwig v.: Theoretische Biologie, Bd. I: Allgemeine Theorie, Physikochemie, Aufbau und Entwicklung des Organismus. Berlin 1932, S. 103 ff.; Neergaard, Kurt v.: Die Aufgabe des 20. Jahrhunderts, a. a.O., S. 32.

schen Umwandlungsprozessen, z. B. in Atomen, die Prozesse nicht kontinuierlich verlaufen, sondern daß sich Energie unstetig um unteilbare Quanten, also diskontinuierlich, ändert. Dadurch vermag auch ein Atom keine beliebigen Zustände anzunehmen, sondern ist immer abhängig von diskreten Zuständen unterschiedlichen Quanteninhalts (20).

Der Inhalt der Quantentheorie ist nicht nur für die Physik von Bedeutung, sondern auch für andere Disziplinen. So zeigt sich z. B. eine enge Verwandtschaft zur Mutationstheorie der Biologie, nach der eine Artumwandlung ebenfalls in diskontinuierlichen Sprüngen erfolgt (21). Bezogen auf betriebswirtschaftliche Fragestellungen hebt Riebel den "Quantencharakter der Produktionsfaktoren" (22) im Zusammenhang mit den Veränderungen des Beschäftigungsquerschnitts hervor und spricht ebenfalls von einer sprunghaften Anpassung.

Die Quantentheorie legt den Schluß nahe, daß ganz bestimmte Elementarteilchen bzw. Phänomene nicht in weiter zerlegbare diskontinuierliche Teile zergliedert werden können. Dadurch wird in der modernen Physik einer ganzheitlichen Auffassung Vorschub geleistet. Nach Bertalanffy "wird bei physikalischen Elementarereignissen eine Zerlegung prinzipiell unmöglich" und die Elementarteilchen können demnach "nur als Ganzheit aufgefaßt werden" (23). Auch Planck vertritt diese Auffassung, indem er betont, daß sich physikalische Vorgänge nicht als eine Hintereinanderreihung lokaler Vorgänge erklären lassen, sondern daß ein physikalisches Gebilde als Ganzheit aufgefaßt werden müsse (24). Aus diesem Sachverhalt wird deutlich, daß die atomistisch-mechanistische Betrachtungsweise an

---

(20)   Vgl. zur Quantenphysik Ungerer, Emil: Die Wissenschaft vom Leben, a. a. O. , S. 86 ff. ; weiterhin Wenzel, Aloys: Kausalität oder Freiheit als Grundlage der Wahrscheinlichkeitsrechnung in der Physik? Die Naturwissenschaften, Heft 46, Jg. 1940, S. 715. Zum Inhalt der Quantentheorie vgl. insbesondere Schrödinger, Erwin: Was ist ein Naturgesetz? Beiträge zum naturwissenschaftlichen Weltbild. München - Wien 1962, S. 110 ff.

(21)   Vgl. Bertalanffy, Ludwig v. : Das biologische Weltbild, a. a. O. , S. 95 und S. 166.

(22)   Riebel, Paul: Die Elastizität des Betriebes. Köln - Opladen 1954, S. 116.

(23)   Bertalanffy, Ludwig v. : Das biologische Weltbild, a. a. O. , S. 167. Zur ganzheitlichen Auffassung in der Physik vgl. auch Neergaard, Kurt v. : Die Aufgabe des 20. Jahrhunderts, a. a. O. , S. 34 f.

(24)   Vgl. Fries, Carl: Metaphysik als Naturwissenschaft, a. a. O. , S. 33.

diesem Punkt ihre Grenzen erreicht, da sich die Elementarteilchen als Ganzheiten repräsentieren. Noch deutlicher wird diese Tatsache bei dem Prinzip der Heisenberg'schen Unbestimmtheitsrelation und dem damit verbundenen Komplementaritätsprinzip (25).

Die Heisenberg'sche Unbestimmtheitsrelation enthält - an einem speziellen Fall demonstriert - die Aussage, daß niemals der Ort und der Impuls eines Elektrons gleichzeitig bestimmt werden können (26), wodurch das ganzheitliche Prinzip im Bereich der Mikrophysik noch augenscheinlicher wird. Bei einem Phänomen, das sich in seiner Erscheinungsform durch mehrere Eigenschaften oder spezieller durch mehrere Zustände repräsentiert, lassen sich immer nur unterschiedliche Aspekte unabhängig voneinander betrachten, obwohl alle Aspekte in ihrer Interdependenz erst seine Erscheinungsform begründen. Daraus folgt die Unmöglichkeit eines strengen Determinismus, der die Grundlage des vergangenen naturwissenschaftlichen Weltbildes darstellte (27). Bedingt durch die Heisenberg'sche Unbestimmtheitsrelation und das damit zusammenhängende Komplementaritätsprinzip ergaben sich neue Perspektiven, wodurch der Mechanismus in der bisherigen Form hinfällig wurde (28).

---

(25) Zur Heisenberg'schen Unbestimmtheitsrelation und zum Komplementaritätsprinzip vgl. insbesondere Jordan, Pascual: Verdrängung und Komplementarität. 2. Aufl., Hamburg-Bergedorf 1951, S. 67 ff.; Strauss und Torney, Lothar von: Das Komplementaritätsprinzip der Physik in philosophischer Analyse. In: Zeitschrift für philosophische Forschung, 10. Jg. 1955/1, S. 109 ff. und Bohr, Niels: Atomphysik und menschliche Erkenntnis. Braunschweig (1958), S. 26 ff.; eine allgemeinverständliche Darstellung der hier angesprochenen Probleme findet sich in der Wiedergabe der Diskussionen Heisenbergs mit befreundeten Wissenschaftlern in Heisenberg, Werner: Der Teil und das Ganze. Gespräche im Umkreis der Atomphysik. München 1969.

(26) Zum vorhergehenden und zum folgenden vgl. Bertalanffy, Ludwig v.: Das biologische Weltbild, a.a.O., S. 166 f.; Fries, Carl: Metaphysik als Naturwissenschaft, a.a.O., S. 34; Bertalanffy, Ludwig v.: Theoretische Biologie, a.a.O., S. 104 und S. 109; auch Neergaard, Kurt v.: Die Aufgabe des 20. Jahrhunderts, a.a.O., S. 33 und Ungerer, Emil: Die Wissenschaft vom Leben, a.a.O., S. 88.

(27) Vgl. Wenzl, Aloys: Kausalität oder Freiheit als Grundlage der Wahrscheinlichkeitsrechnung ..., a.a.O., S. 715.

(28) Vgl. Ungerer, Emil: Die Wissenschaft vom Leben, a.a.O., S. 27 und S. 49.

Zur Begründung der neuen physikalischen Denkform, die zu einer ganzheitlichen Auffassung tendiert, trägt auch das von Bohr begründete Komplementaritätsprinzip bei (29). Physikalische Elementarteilchen können sich unter bestimmten Bedingungen wie Wellen und unter anderen Bedingungen wie Korpuskeln verhalten. Dieses Phänomen wird besonders bei der komplementären Wellen- und Korpuskularnatur des Lichtes deutlich. Unterschiedliche Erscheinungsformen des Lichtes können experimentell zu einem Teil nur mit Hilfe der Korpuskulartheorie und zu einem anderen Teil nur unter Zugrundelegung der Wellentheorie erklärt werden, obwohl das gleiche physikalische Phänomen zugrunde liegt (30). In diesem Sinne sind auch der Ort und die Geschwindigkeit eines Elektrons komplementär (31).

Im Zusammenhang mit den physikalischen Entwicklungen und besonders auf der Grundlage der Relativitätstheorie hat die Interpretation der Dimensionen Raum und Zeit eine grundlegende Wandlung erfahren. In der klassischen Physik wurden Raum und Zeit als voneinander unabhängige Ordnungsschemata betrachtet, wogegen im Rahmen der neueren Auffassung Raum und Zeit zu einer Einheit verschmelzen (32). Damit ist auch verbunden, daß das vorwiegend statisch ausgerichtete Denken zu einem mehr dynamisch orientierten wird.

Die Quantentheorie, die Heisenberg'sche Unbestimmtheitsrelation und das Komplementaritätsprinzip gaben schließlich auch den Anstoß

---

(29) Zu der hierfür notwendigen komplizierten Versuchsanordnung vgl. Bohr, Niels: Atomphysik und menschliche Erkenntnis, a. a. O. , S. 41 ff.

(30) Vgl. Neergaard, Kurt v. : Die Aufgabe des 20. Jahrhunderts, a. a. O. , S. 58 f. ; ebenso Ungerer, Emil: Die Wissenschaft vom Leben, a. a. O. , S. 86 ff. ; insbesondere S. 88.

(31) Ebenso wie für physikalische Phänomene dürfte nach Bertalanffy auch für die Beschreibung des Lebens eine bestimmte Form der Komplementarität zutreffen. Vgl. hierzu Bertalanffy, Ludwig v. : Das biologische Weltbild, a. a. O. , S. 165. Bei der getrennten Betrachtung struktureller und funktionaler Erscheinungsformen schlägt sich dieses Prinzip ebenfalls nieder. Vgl. dazu Meyer-Abich, Adolf: Zur Logik der Unbestimmtheitsbeziehungen. In: Die Ganzheit in Philosophie und Wissenschaft. Othmar Spann zum 70. Geburtstag, hrsg. von Walter Heinrich. Wien 1950, S. 71. Diese Trennung findet tendenziell auch ihren Ausdruck in der Unterscheidung zwischen der Aufbau- und der Ablauforganisation in der betriebswirtschaftlichen Organisationslehre. Vgl. z. B. Nordsieck, Fritz: Rationalisierung der Betriebsorganisation. 2. Aufl. , Stuttgart 1955, sowie Kosiol, Erich: Organisation der Unternehmung. Wiesbaden (1962).

(32) Vgl. zum vorhergehenden und zum folgenden: Neergaard, Kurt v. : Die Aufgabe des 20. Jahrhunderts, a. a. O. , S. 30.

zur Erkenntnis des statistischen Charakters von Naturgesetzen (33).
In der Quantelung, der Unbestimmtheitsrelation und der Komplementarität ist einmal die Tatsache begründet, daß über den Einzel-
vorgang nichts ausgesagt werden kann, und zum anderen findet darin auch der Verzicht auf strenge Kausalität seine Ursache (34). Die
Kategorie der Kausalität im Sinne des traditionellen Mechanismus
wird dadurch nicht nur zweifelhaft, sondern hinfällig (35). "Heisenberg selbst sprach in aller Schärfe von der definitiven Feststellung
der Ungültigkeit des Kausalgesetzes" (36).

Aus diesen Ausführungen geht hervor, daß sich im 20. Jahrhundert
ein Umbruch im physikalischen Denken vollzogen hat, der sich tendenziell in einer ganzheitlichen Auffassung repräsentiert, die sich
neuerdings, bereinigt von der mystischen Ausprägung der Ganzheits-
theorie, in allen Wissenschaftsbereichen abzeichnet und am klarsten
in der organismischen Auffassung der Biologie präzisiert wird.

2.12 Die Wandlung des Denkens in der Psychologie

Nach der Vorherrschaft des Mechanismus und des Empirismus im
19. Jahrhundert scheint sich am augenfälligsten in der Psychologie
die ganzheitliche Denkweise herausgebildet zu haben (37). Diese Ent-

---

(33) Vgl. Bertalanffy, Ludwig v.: Theoretische Biologie, a.a.O.,
      S. 103 ff.; weiterhin Neergaard, Kurt v.: Die Aufgabe des 20.
      Jahrhunderts, a.a.O., S. 33. Zum vorhergehenden und zum
      folgenden siehe Ungerer, Emil: Die Wissenschaft vom Leben,
      a.a.O., S. 89.
(34) Vgl. Ungerer, Emil: Die Wissenschaft vom Leben, a.a.O., S.
      89 ff.; Heimsoeth, H.: Die Philosophie im 20. Jahrhundert, a.
      a.O., S. 584; Bertalanffy, Ludwig v.: Theoretische Biologie,
      a.a.O., S. 104; Neergaard, Kurt v.: Die Aufgabe des 20. Jahr-
      hunderts, a.a.O., S. 32. - Zum Problem der Kausalität und
      Wahrscheinlichkeit vgl. insbesondere Wenzl, Aloys; Kausalität
      oder Freiheit als Grundlage der Wahrscheinlichkeitsrechnung
      ..., a.a.O., S. 715 ff.
(35) Vgl. hierzu Strauss und Torney, Lothar von: Das Komplemen-
      taritätsprinzip der Physik in philosophischer Analyse, a.a.O.,
      S. 109; Jordan, Pascual: Verdrängung und Komplementarität,
      a.a.O., S. 74 und S. 76.
(36) Wenzl, Aloys: Kausalität oder Freiheit als Grundlage der Wahr-
      scheinlichkeitsrechnung ..., a.a.O., S. 715.
(37) Vgl. hierzu und zum folgenden Heimsoeth, Heinz: Die Philoso-
      phie im 20. Jahrhundert, a.a.O., S. 595 ff.; Wellek, Albert:
      Ganzheit und Gestalt in der Psychologie. In: Die Ganzheit in
      Philosophie und Wissenschaft. Othmar Spann zum 70. Geburts-
      tag, hrsg. von Walter Heinrich, Wien 1950, S. 293 f.; Berta-
      lanffy, Ludwig v.: Das biologische Weltbild, a.a.O., S. 177 ff.

wicklung mag wohl dadurch zustande gekommen sein, daß diese Disziplin von ihrem Objektbereich her nicht so stark der mechanistischen Denkweise verfallen war, wie dies für andere Disziplinen zutraf, obwohl auch hier die klassische Lehre bemüht war, das Seelenleben in Einzelerscheinungen aufzulösen. Die spontane Zuwendung der Psychologie zum ganzheitlichen Denken war stärker als in der Physik und ist als Reaktion auf die mechanistische Interpretation der Realität im Rahmen der damals vorherrschenden Assoziationspsychologie zu verstehen (38).

Die neue Konzeption der empirisch ausgerichteten Psychologie repräsentiert sich in dem Phänomen der "Gestalt" bzw. des "strukturierten Ganzen", das seinen Niederschlag in der Philosophie im Holismus und in der Gestaltspsychologie in der Gestalttheorie gefunden hat. Die Termini Gestalt oder Ganzheit (39) beherrschten bald das Wissenschaftsbild der Psychologie.

Das Wesentliche der Gestalttheorie, die von v. Ehrenfels begründet wurde, liegt in dem Kriterium: das Ganze ist mehr als die Summe seiner Teile (40). Auf diesem Satz beruht aber auch zugleich das Dilemma, das eine heftige Diskussion um den Ganzheitsbegriff und dessen Inhalt ausgelöst hat (41), obwohl durch die Gestalttheorie eine grundsätzlich sinnvolle Fragestellung aufgeworfen wurde. Insbesondere haben Kriterien, wie (42)

---

(38) Vgl. hierzu und zum folgenden Heimsoeth, Heinz:. Die Philosophie im 20. Jahrhundert, a.a.O., S. 596 f. und S. 599 ff.; Schlick, Moritz: Naturphilosophie. In: Lehrbuch der Philosophie. Bd. 2: Die Philosophie in ihren Einzelgebieten, hrsg. von Max Dessoir, Berlin 1925, S. 410 f.

(39) Zum synonymen Gebrauch von Gestalt und Ganzheit vgl. auch Schlick, Moritz: Über den Begriff der Ganzheit. In: Logik der Sozialwissenschaften, hrsg. von Ernst Topitsch, Köln - Berlin (1965), S. 214 f.

(40) Vgl. Bertalanffy, Ludwig v.: Das biologische Weltbild, a.a. O., S. 139; Neergaard, Kurt v.: Die Aufgabe des 20. Jahrhunderts, a.a.O., S. 71.

(41) Vgl. hierzu die Auseinandersetzungen mit dem Ganzheitsbegriff bei Schlick, Moritz: Über den Begriff der Ganzheit, a.a.O., S. 213 - 224 und Nagel, Ernest: Über die Aussage: "Das Ganze ist mehr als die Summe seiner Teile". In: Logik der Sozialwissenschaften, hrsg. von Ernst Topitsch, Köln - Berlin (1965), S. 225 - 235.

(42) Vgl. hierzu u.a. Neergaard, Kurt v.: Die Aufgabe des 20. Jahrhunderts, a.a.O., S. 71; Bertalanffy, Ludwig v.: Das biologische Weltbild, a.a.O., S. 139 f.; Wieser, Wolfgang: Organis-

- das Verhalten der Teile wird vom Ganzen her bestimmt,
- das Ganze ist um die Beziehungszusammenhänge zwischen den Teilen reicher als die Summe seiner isoliert betrachteten Teile,
- alle Einzelteile können durch andere ersetzt werden, ohne daß die Ganzheit zerstört wird,
- die niedere Gestalt geht in der höheren Gestalt auf,

zu viel Verwirrung in der wissenschaftlichen Diskussion um Inhalt und Aussagefähigkeit der Begriffe Gestalt und Ganzheit geführt. Dies ist vor allem darauf zurückzuführen, daß mit den zu untersuchenden Phänomenen in der Psychologie Seinsbereiche angesprochen wurden, die im Gegensatz zu den Untersuchungsgegenständen in der Physik nicht immer einer eindeutigen Beurteilung zugänglich gemacht werden konnten.

In den verschiedensten Wissenschaften hat es sich inzwischen gezeigt, daß die Eigenschaften und Verhaltensweisen realer Sachverhalte, abhängig von dem zu untersuchenden Phänomen und der jeweiligen Zielsetzung, zum einen besser aus den isoliert zu betrachtenden partiellen Bestandteilen erklärt werden können und daß zum anderen eine ganzheitliche oder holistische Betrachtung vorzuziehen ist (43). Im ersten Fall handelt es sich um eine summativ-mechanistische Betrachtung partiell zu bestimmender Systeme; im zweiten dagegen um eine ganzheitliche Betrachtung holistisch zu bestimmender Systeme (44). "Eine 'ganzheitliche' Beschreibungsweise wird nirgends die einzig mögliche, aber immer dort am Platze, ja oft praktisch allein durchführbar sein, wo gewisse 'Invarianten' auftreten, gewisse Anordnungen oder Kombinationen, die im Wechsel des Geschehens erhalten blieben, indem sie bestimmte sinnlich augenfällige Eigen-

---

Forts. Fußnote 42:
 men, Strukturen, Maschinen. Zu einer Lehre vom Organismus. (Frankfurt a. Main 1959), S. 27 f.; Leinfellner, Werner: Struktur und Aufbau wissenschaftlicher Theorien, a.a.O., S. 216 f.; Schlick, Moritz: Über den Begriff der Ganzheit, a.a.O., S. 214 f.

(43) Vgl. Leinfellner, Werner: Struktur und Aufbau wissenschaftlicher Theorien, a.a.O., S. 216; Bertalanffy, Ludwig v.: Das biologische Weltbild, a.a.O., S. 139; Schlick, Moritz: Über den Begriff der Ganzheit, a.a.O., S. 214; Nagel, Ernest: Über die Aussage: "Das Ganze ist mehr als die Summe seiner Teile", a.a.O., S. 225.

(44) Vgl. Leinfellner, Werner: Struktur und Aufbau wissenschaftlicher Theorien, a.a.O., S. 217.

schaften, wie besonders die Raumform und die Art des räumlichen
Zusammenhanges der Teile, bewahren" (45).

Sind reale Objekte einer analytisch-summativen Beschreibung ihrer
partiellen Eigenschaften zugänglich, so handelt es sich um summa-
tive Einheiten, also um Aggregate und Kollektionen (46). In den Fällen, in denen keine partiell-summative Erklärung ausreicht, liegen
Ganzheiten vor, und dementsprechend muß ein ganzheitliches Beschreibungsmittel gewählt werden.

Zu dem Mißverständnis um das Anliegen und die Interpretationen der
ganzheitlichen Betrachtungsweise konnte es nur dadurch kommen,
daß auf der einen Seite die summativ-mechanistische Betrachtungsweise nur die Teile berücksichtigte und die Beziehungen zwischen
den Teilen vernachlässigte (47) und auf der anderen Seite die Vertreter der ganzheitlichen Betrachtungsweise keine präzisen Angaben
über das methodische Vorgehen anbieten konnten.

Der Streit um die Gestaltkonzeption und um die hier hauptsächlich
aufzuwerfende Frage der Möglichkeit der vollkommenen Beschreibung von Systemen durch Eigenschaften und Beziehungen ist darauf
zurückzuführen, daß nicht zwischen "empirisch holistischen und theoretisch holistischen Gestaltqualitäten" (48) unterschieden wurde.
Nach der wissenschaftstheoretischen Analyse Leinfellners ist zwischen partiellen Zustandsbeschreibungen und holistischen Zustandsbeschreibungen zu unterscheiden, wobei bei letzteren noch zwischen
empirisch holistischen und theoretisch holistischen Zustandsbeschreibungen zu differenzieren ist (49). Eine Sonderstellung nehmen hierbei
holistische Wirkungssysteme - wie Zellen, Organismen, Gruppen,
Volkswirtschaften - ein, die zwar den holistisch bestimmbaren Systemen zugeordnet werden, deren Zustandsbeschreibung aufgrund
der Komplexität aber besondere Schwierigkeiten mit sich bringt.

Partiell bestimmbare Systeme, wie Kollektionen und Aggregate lassen sich aus den partiellen Zustandsbeschreibungen der empirisch

---

(45)   Schlick, Moritz: Über den Begriff der Ganzheit, a. a. O. , S. 220.

(46)   Zum Begriffsinhalt der Termini "Kollektion", "Aggregat",
      "Ganzheit" vgl. Leinfellner, Werner: Struktur und Aufbau wis-
      senschaftlicher Theorien, a. a. O. , S. 217 ff.

(47)   Vgl. Bertalanffy, Ludwig v. : Das biologische Weltbild, a. a. O. ,
      S. 140.

(48)   Leinfellner, Werner: Struktur und Aufbau wissenschaftlicher
      Theorien, a. a. O. , S. 220.

(49)   Vgl. zum vorhergehenden und zum folgenden Leinfellner, Wer-
      ner: Struktur und Aufbau wissenschaftlicher Theorien, a. a. O. ,
      S. 217 ff.

beobachtbaren Elemente und deren Eigenschaften beschreiben. Die Elemente sind voneinander unabhängig oder stehen in einem vernachlässigbar kleinen Wirkungszusammenhang. Bei der Beschreibung der Struktur empirisch und theoretisch holistischer Systeme müssen demgegenüber im einfachsten Fall die Eigenschaften der Elemente und die Beziehungen zwischen den Elementen berücksichtigt werden (50), da hier die Elemente in einem Wirkungszusammenhang untereinander stehen. Die Zustandsbeschreibung der Ganzheit, der Gestalt oder auch des Systems ist, wenn möglich, in beiden Fällen entweder aus dem System als Ganzem oder aus den in Beziehung stehenden Elementen des Systems abzuleiten. Bei empirisch holistischen Zustandsbeschreibungen müssen demnach die Gestalt als Ganzes oder deren Elemente empirisch beobachtbar sein; bei theoretisch holistisch ableitbaren Zustandsbeschreibungen, die dann zutreffen, wenn eine empirische Beobachtung des Ganzen nicht mehr möglich ist, muß eine Hypothese vorliegen, aufgrund derer Aussagen über das Ganze aus den Zustandsbeschreibungen der Elemente gefolgert werden können (51).

Die Diskussionen um die Ganzheit sind letztlich darauf zurückzuführen, daß diese hier gebildeten Kategorien zur Beschreibung von Systemen bei der Beschreibung und Erklärung vermischt wurden. Die oben eingeführten Bestimmungsmethoden treffen - wie bereits erwähnt - auf Wirkungssysteme, bei denen die Wechselwirkungen zwischen Elementen besonders groß sind, nicht mehr zu (52). Die Beobachtung und Analyse von Wirkungssystemen, wie z. B. Menschen oder soziale Systeme, bereitet deshalb große Schwierigkeiten, weil hier ähnlich wie in der Physik statistische Methoden mit Unbestimmtheitsbereichen zur Anwendung gelangen müssen (53). Für bestimmte Objektbereiche, wie etwa in der Physik im Zusammenhang mit der Quantentheorie, sind solche Methoden entwickelt worden, die aber nicht ohne weiteres auf andere Bereiche übertragen werden können.

---

(50)   Vgl. Leinfellner, Werner: Struktur und Aufbau wissenschaftlicher Theorien, a. a. O., S. 224; Bertalanffy, Ludwig v.: Das biologische Weltbild, a. a. O., S. 140.

(51)   Vgl. Leinfellner, Werner: Struktur und Aufbau wissenschaftlicher Theorien, a. a. O., S. 219 f.

(52)   Vgl. ebenda, S. 221.

(53)   Vgl. Leinfellner, Werner: Struktur und Aufbau wissenschaftlicher Theorien, a. a. O., S. 221; Rescher, Nicholas; Oppenheim, Paul: Logical Analysis of Gestalt Concepts. The British Journal for the Philosophy of Science, Bd. VI, 1955, S. 98; Kempski, Jürgen v.: Mathematische Theorie. (II) Mathematische Sozialtheorie. In: Handwörterbuch der Sozialwissenschaften, Bd. 7, Stuttgart - Tübingen - Göttingen 1961, S. 255.

Sollen nun Wirkungssysteme beobachtet oder soll messend in sie ein-
gegriffen werden, dann können durch den hiermit verbundenen Eingriff in das System die Verhältnisse im System so stark geändert
werden, daß bei einer gleichzeitigen oder nachfolgenden Beobachtung
einer zur gleichen Zustandsbeschreibung gehörenden zweiten oder
dritten Zustandsgröße das System nicht mehr in seiner Ausgangsform
vorliegt. Analog zur Quantentheorie werden zwei notwendig zu beobachtende Größen, die zwar zur Beschreibung eines Wirkungssystems erforderlich sind aber nicht gleichzeitig beobachtet werden
können, als komplementäre Größen bezeichnet (54). Wirkungssysteme
sind durch mindestens zwei simultan nicht entscheidbare Zustandsgrößen, also komplementäre Größen, gekennzeichnet, die zur gesamten Zustandsbeschreibung des Systems gehören. Solche Systeme, die
mit Hilfe komplementärer Größen beschrieben werden müssen, können dann nur statistisch mit Unbestimmtheitsbereichen erfaßt werden. Der Unbestimmtheitsbereich ist eine empirische Größe, die entweder numerisch exakt, statistisch oder qualitativ angegeben werden
kann. Innerhalb des Unbestimmtheitsbereichs liegt die zur Zustandsbeschreibung gehörende zweite Größe, wenn die ihr zugehörige komplementäre Größe genügend genau gemessen bzw. beobachtet werden
kann (55).

Das Prinzip der Komplementarität trifft auch für andere nicht physikalisch begründete Wirkungssysteme zu, wie Organismen, psycho-
logische Erscheinungen, Gruppen und Unternehmungen (56). Jordan
führt folgenden vereinfachten logischen Beweis für eine komplementäre Erscheinungsform im psychologischen Bereich an und vergleicht
diese mit der aus der Physik bekannten komplementären Erscheinungsform bei einem Elektron.

"Betrachten wir den Fall eines Individuums mit Persönlichkeitsspal-
tung: Der fragliche Körper wird also in gewissen Zeitabschnitten
wechselweise beherrscht von zwei verschiedenen Persönlichkeiten,
die etwa P und Q genannt seien. Wir vergleichen dies mit dem Fall

---

(54)   Vgl. Jordan, Pascual: Verdrängung und Komplementarität, a.
      a.O., S. 74; Strauss und Torney, Lothar v.: Das Komplemen-
      taritätsprinzip der Physik in philosophischer Analyse, a.a.O.,
      S. 110 f.; Bohr, Niels: Atomphysik und menschliche Erkennt-
      nis, a.a.O., S. 7 und S. 26.
(55)   Vgl. hierzu Leinfellner, Werner: Struktur und Aufbau wissen-
      schaftlicher Theorien, a.a.O., S. 226 f.
(56)   Vgl. Jordan, Pascual: Verdrängung und Komplementarität, a.
      a.O., S. 79 ff.; Leinfellner, Werner: Struktur und Aufbau wis-
      senschaftlicher Theorien, a.a.O., S. 226; Bohr, Niels: Atom-
      physik und menschliche Erkenntnis, a.a.O., S. 27 und S. 30.

eines Elektrons, an welchem es die beiden meßbaren Größen ("Veränderlichen") p und q (Impuls und Ort) gibt. Der Vergleich kann in folgendem Schema dargestellt werden:

Person P	Veränderliche p
Person Q	Veränderliche q
P beherrscht den Körper	p hat bestimmten Wert, ist beobachtbar
Q beherrscht den Körper	q hat bestimmten Wert, ist beobachtbar
P und Q können nicht zugleich herrschen	Die komplementären Größen p und q können nicht zugleich bestimmte Werte haben

Anders ausgedrückt:

Person P verdrängt Q (und umgekehrt)	Beobachtung von p macht die komplementäre Größe q unbeobachtbar (und umgekehrt)

Experimenteller Eingriff:

(etwa Anwendung entsprechender Suggestion): P verschwindet, Q tritt auf	(etwa Anwendung eines γ - Strahlenmikroskops): p wird unbestimmt, q wird beobachtbar

Sinn der Unvereinbarkeit:

Der Mensch kann nicht gleichzeitig sagen "Ich bin Person P" und "Ich bin die (von P verschiedene) Person Q"	Das Elektron kann nicht gleichzeitig als ausgedehnte Welle und als ausdehnungsloser Punkt beobachtbar sein

Über die Alternative

hinausführendes Experiment:

Bildung einer Kompromißperson F, die weder mit P zugleich, noch mit Q zugleich herrschen kann	Beobachtung einer Veränderlichen f (p, q), die weder zugleich mit p noch zugleich mit q beobachtbar ist

Die Analogie der Begriffsbildungen, durch welche wir einerseits die psychologischen, andererseits die physikalischen Erscheinungen beschreiben, ist also lückenlos" (57).

Mit diesem Beispiel sollte gezeigt werden, daß das Komplementaritätsprinzip nicht nur auf den physikalisch zu deutenden Bereich realer Phänomene beschränkt bleibt, sondern daß dieses Prinzip für Wirkungssysteme in dem hier definierten Sinne allgemeingültig zu sein scheint. Die aus der Gestalttheorie hervorgegangene ganzheitliche Betrachtung ist - bedingt durch die Anregungen und Erkenntnisse der Physik - von der zeitweise mystischen Ausrichtung bereinigt worden und hat sich zu einem geeigneten Beschreibungsmittel entwickelt. Dennoch bleibt die Zustandsbeschreibung von Wirkungssystemen problematisch, wenn deren Zustand durch zwei oder mehrere simultan nicht entscheidbare Zustandsgrößen beschrieben werden muß. Noch problematischer wird eine Zustandsbeschreibung, wenn die hierfür notwendigen Größen noch nicht bekannt sind bzw. die Größen zwar bekannt sind, aber noch keine geeigneten Meßverfahren oder Beobachtungsmethoden vorliegen.

2.13 Die Wandlung des Denkens in der Biologie

Die Biologie stand und steht heute noch vor dem Problem, das Leben, d. h. die Eigengesetzlichkeit des Lebens zu erklären. Versuche zur Erklärung des Lebens wurden sowohl vom Mechanismus als auch vom Vitalismus vorgenommen. Eine Synthese dieser beiden Richtungen erfolgte in der von v. Bertalanffy begründeten organismischen Auffassung. Bei diesem Ansatz wird davon ausgegangen, daß das Lebensproblem nicht nur durch die Analyse der Teile lösbar ist; d. h. die Einzelvorgänge und Einzelstoffe, die chemisch oder physikalisch erkannt werden können, stellen keine ausreichende Basis zur Lösung des Problems dar. Vielmehr ist dieses Problem nur aus der Art der zwischen den Elementen bestehenden Beziehungen, die durch die aus dem Organischen resultierenden eigenen Gesetzmäßigkeiten begründet werden, sowie aus den zugrunde liegenden Funktionen und aus deren zeitlicher und räumlicher Zuordnung erfaßbar. Nach den vorhergehenden Ausführungen ist es leicht begreiflich, daß auch hier, gerade bei Organismen, die Komplementarität von Erscheinungsformen das Beobachten und Messen beeinträchtigt und daß die Lösung

---

(57)   Jordan, Pascual: Verdrängung und Komplementarität, a. a. O., S. 81-83. - Auch Bohr kommt in dem Abschnitt "Erkenntnistheoretische Fragen in der Physik und in menschlichen Kulturen" (S. 23 ff.) zu dem interessanten Ergebnis, "daß verschiedenartige menschliche Kulturen komplementär zueinander sind". Bohr, Niels: Atomphysik und menschliche Erkenntnis, a. a. O., S. 30.

des Lebensproblems mit wachsendem Wissen zunehmend erschwert
wird.

2.131 Mechanismus-Vitalismus-Streit

Der Empirismus und die Zeit der unbeschränkten Vorherrschaft der
Naturwissenschaft führten auch im biologischen Bereich zu einer
mechanistischen Vorstellung von der Realität. So versuchte beispielsweise die mechanistische Richtung der Biologie, die Eigenschaften
und Verhaltensweisen organischer Gebilde mit Hilfe physikalischer
Methoden zu untersuchen und durch physikalisch-chemische Gesetze
zu erklären (58). Teleologische Vorgänge, wie Anpassung, Selbstregulation und Selbstregeneration, konnten jedoch nicht durch physikalische Prinzipien erklärt werden und wurden daher als metaphysische
Vorgänge angesehen (59). Als einer der ersten wies der Naturphilo-
soph Driesch in seiner "Philosophie des Organischen" darauf hin,
daß physikalische Prinzipien zur Erklärung biologischer Erscheinungen nicht geeignet seien: Der Organismus sei mehr als eine bloße
Summe seiner materiellen Bestandteile (60), er stelle eine Ganzheit
dar und alles Geschehen im Organischen sei beherrscht von einer
Ganzheitskausalität; die Idee des Ganzen wohne schon den Teilen in-
ne, und der seelenähnliche metaphysische Faktor "Entelechie" regu-
liere und steuere zielstrebig alle Vorgänge und Prozesse im Organischen (61).

Die Argumentation des Vitalismus gegenüber dem Mechanismus lau-
tet, auf einen einfachen Nenner gebracht, daß organismische Vorgänge nicht in eine gegebene Struktur und in partielle physiko-chemi-
sche Geschehnisse auflösbar sind; belebte und unbelebte Natur wird
strikt getrennt (62). Diese Ansicht über das Lebensproblem wurde

(58)   Vgl. Windelband, Wilhelm: Lehrbuch der Geschichte der Phi-
       losophie, a.a.O., S. 599 f.; Vorländer, Karl: Geschichte der
       Philosophie. Bd. II: Die Philosophie der Neuzeit. 9. Aufl.,
       Hamburg (1955), S. 95 und S. 130 f.
(59)   Vgl. Aster, Ernst v.: Geschichte der Philosophie. 11. Aufl.,
       Stuttgart 1956, S. 249 f.
(60)   Vgl. Driesch, Hans: Philosophie des Organischen. Gifford-
       Vorlesungen, gehalten an der Universität Aberdeen in den Jah-
       ren 1907 - 1908. Bd. I, Leipzig 1909, S. 59 ff.
(61)   Vgl. Driesch, Hans: Philosophie des Organischen: Gifford-
       Vorlesungen, gehalten an der Universität Aberdeen in den Jah-
       ren 1907 - 1908. Bd. II, Leipzig 1909, S. 132, 150 und S. 225 f.
(62)   Vgl. Neergaard, Kurt v.: Die Aufgabe des 20. Jahrhunderts,
       a.a.O., S. 69; zum Gegensatz von Mechanismus und Vitalis-
       mus vgl. auch Ungerer, Emil: Die Wissenschaft vom Leben,
       a.a.O., S. 17 ff. und Bertalanffy, Ludwig v.: Das biologische
       Weltbild, a.a.O., S. 20 ff.

hauptsächlich von Driesch durch seine Experimente mit Seeigeln begründet (63). Hierbei stellte Driesch fest, daß sich trotz Teilung eines in der Entwicklung befindlichen Keimes zwei kleinere, jedoch vollständig ausgebildete Seeigellarven entwickelten. Er kam zu dem Schluß, daß er mit diesem Versuch die bis dahin gültigen physikalischen Naturgesetzlichkeiten durchbrochen und die mechanistische Auffassung in der Biologie widerlegt habe. Das Phänomen des regulativen Verhaltens führte Driesch auf den Ganzheitscharakter von Organismen zurück, bei dem das Wesen des Ganzen schon den Teilen inhärent sei. Dieser Ganzheitscharakter ergibt sich nach Driesch aus der Ganzheitskausalität, der Entelechie (64), d. h. einer übernatürlichen Lebenskraft, durch die die Abläufe in Organismen zielstrebig gesteuert und reguliert werden.

Mit dieser postulierten ganzheitlichen Betrachtungsweise, die zugleich die Überwindung des mechanistisch-summativen Denkens darstellt, sind neben Driesch Namen wie Dilthey, v. Ehrenfels, v. Hartmann, Krueger, Köhler, Spann und v. Uexküll eng verbunden. Allen diesen Wissenschaftlern ist gemeinsam, daß sie die Dinge in ihrem ursprünglich unversehrten Zusammenhang und ihrer Struktur betrachten. Auf diese Weise soll bewiesen werden, daß die Erklärung der Gesamtwirkung eines Sachverhalts nicht durch die isolierende Untersuchung der Eigenschaften der Teile erfolgen kann. Charakteristisch für diese vitalistische Anschauung ist wieder der Satz: Das Ganze ist mehr als die Summe seiner Teile. Diese Aussage ist jedoch wenig operational und wurde in der Wissenschaft häufig als reine Spekulation verwendet. In dieser Form bietet sie, wie auch im Rahmen der Psychologie, lediglich eine qualitative Umschreibung, nicht jedoch die Möglichkeit einer exakten Erfassung und Erklärung der Eigenschaften, Zustände und Verhaltensweisen realer Phänomene (65).

---

(63)   Vgl. hierzu Driesch, Hans: Philosophie des Organischen, a. a. O., Bd. I, S. 59 ff. und Bd. II, S. 138, 150, 225 und S. 338 ff.; Bertalanffy, Ludwig v.: Das biologische Weltbild, a. a. O., S. 19.

(64)   Der ursprünglich von Aristoteles geprägte Begriff "Entelechie" wird von Driesch im Vitalismus als seelenähnlicher Faktor eingeführt, der alle Naturvorgänge zielstrebig steuert und vorherbestimmt. Vgl. Driesch, Hans: Philosophie des Organischen, a. a. O., Bd. I, S. 59 ff.; Driesch, Hans: Wirklichkeitslehre. Leipzig 1917, S. 76; Bertalanffy, Ludwig v.: Das biologische Weltbild, a. a. O., S. 20 f. und S. 31 f.

(65)   Zur Kritik der Ganzheitslehre vgl. Nagel, Ernest: Über die Aussage: "Das Ganze ist mehr als die Summe seiner Teile", a. a. O., S. 225 - 235; Schlick, Moritz: Über den Begriff der Ganzheit, a. a. O., S. 213 - 224.

2. 132 Die organismische Auffassung

Die organismische Auffassung in der Biologie stellt die Reaktion auf
die mechanistische und vitalistische Erklärung der Erscheinungsformen und Vorgänge im Organischen dar. Sie nimmt für sich in An-
spruch, den Konflikt zwischen Mechanismus und Vitalismus gelöst zu
haben. Der klassische Vertreter der organismischen Auffassung der
Biologie, Ludwig von Bertalanffy (66), betont ähnlich wie Driesch
zunächst den Ganzheitscharakter organischer Gebilde. Im Gegensatz
zu Driesch lehnt er aber die Annahme, daß die Entelechie den Ganzheitscharakter bestimme, als unwissenschaftlich ab. Der Ganzheitsbegriff sei lediglich zur inhaltlichen Beschreibung des Wesens organischer Gebilde geeignet und vermöge nicht, die Eigenschaften und
Verhaltensweisen organischer Gebilde zu erklären (67). Es sei daher
erforderlich, den durch den Begriff Ganzheit terminologisch erfaßten Sachverhalt exakt naturwissenschaftlich zu untersuchen und zu
erklären. Zu diesem Zweck ersetzt Bertalanffy zunächst den Begriff
Ganzheit durch den formalen Systembegriff, den er als einen Komplex von untereinander in Wechselwirkung stehenden Elementen definiert (68).

Die organismische Auffassung geht über den lediglich qualitativ beschreibenden Ganzheitsbegriff insofern hinaus (69), als sie versucht,

---

(66) Zur Kritik der mechanistischen und vitalistischen Auffassung
      vgl. im einzelnen Bertalanffy, Ludwig v. : Kritische Theorie
      der Formbildung. Berlin 1928, S. 4 - 21, 109 - 125 und S.
      142 - 162.

(67) Vgl. hierzu und zum folgenden Bertalanffy, Ludwig v. : Kriti-
      sche Theorie der Formbildung, a. a. O. , S. 227 ff.

(68) Vgl. Bertalanffy, Ludwig v. : Das biologische Weltbild, a. a. O. ,
      S. 24; Bertalanffy, Ludwig v. : Theoretische Biologie, a. a. O. ,
      S. 24.

(69) Vgl. Bertalanffy, Ludwig v. : Das biologische Weltbild, a. a.
      O. , S. 22 ff. ; Bertalanffy, Ludwig v. : Kritische Theorie der
      Formbildung, a. a. O. , S. 277 ff. ; Bertalanffy, Ludwig v. : Theo-
      retische Biologie, a. a. O. , S. 80.

(70) "Ein lebender Organismus ist ein in hierarchischer Ordnung
      organisiertes System von einer großen Anzahl verschiedener
      Teile, in welchem eine große Anzahl von Prozessen zu geord-
      net ist, daß durch deren stete gegenseitige Beziehung innerhalb
      weiter Grenzen bei stetem Wechsel der das System aufbauenden
      Stoffe und Energien selbst, wie auch bei durch äußere Einflüs-
      se bedingten Störungen, das System in dem ihm eigenen Zustand
      gewahrt bleibt oder hergestellt wird oder diese Prozesse zur
      Erzeugung ähnlicher Systeme führen. " Bertalanffy, Ludwig v. :
      Theoretische Biologie, a. a. O. , S. 25.

die Elemente organismischer Systeme sowie die Gesetze, die dem Zusammenwirken der Elemente zugrunde liegen, nicht nur qualitativ, sondern auch quantitativ, naturwissenschaftlich exakt zu bestimmen. Ausgehend von diesem Ansatz wird der Organismus als ein dynamisches System betrachtet (70), dessen charakteristische Eigenschaften, Zustände und Verhaltensweisen ganz bestimmten Systemgesetzen unterliegen. Das Auffinden und die Formulierung dieser Gesetze werden als Aufgabe der organismischen Biologie angesehen (71).

Die Systemauffassung des Organismus konkretisiert und erweitert Bertalanffy durch die Entwicklung eines speziellen Beschreibungs- und Erklärungsmodells, das er als "Offenes System" bezeichnet (72). Mit Hilfe dieses Modells können biologische Probleme wie Wachstum, Anpassung, Regulation und Fragen des Gleichgewichts dargestellt und erklärt werden.

2. 2 Die Verallgemeinerung der organismischen Auffassung zur Allgemeinen Systemtheorie

Wie aus den vorangegangenen Ausführungen hervorgegangen ist, basiert die Allgemeine Systemtheorie zum einen auf der ganzheitlichen Auffassung in den verschiedenen Wissenschaften und zum anderen auf der von Bertalanffy begründeten organismischen Konzeption der Biologie.

Alle wissenschaftlichen Disziplinen stehen letztlich, ähnlich wie die Biologie, vor dem Problem, Fragen der Ganzheit, der Organisation, der Ordnung und der dynamischen Wechselwirkung zwischen Elementen zu erklären sowie hierzu geeignete Erklärungsmodelle zu entwickeln. Da der in der Biologie für den Organismus charakteristische Sachverhalt auch für andere erfahrbare Phänomene des menschlichen Lebens- und Handlungsbereichs kennzeichnend ist, lag die Forderung nahe, das Modell des offenen Systems zu verselbständigen und in verallgemeinerter Form in weitere Wissenschaften zu übertragen. Ausgehend von der Annahme, daß die Struktur biologischer Systeme, die durch das Modell des offenen Systems erklärt werden können, häufig den Problemstrukturen anderer Disziplinen formal isomorph ist, verallgemeinert und erweitert Bertalanffy die spezifisch biologische Systemauffassung des Offenen-System-Modells und

---

(71)   Vgl. Bertalanffy, Ludwig v.: Das biologische Weltbild, a. a. O., S. 31.

(72)   Vgl. Bertalanffy, Ludwig v.: Das biologische Weltbild, a. a. O., S. 127 ff.; Bertalanffy, Ludwig v.: Biophysik des Fließgleichgewichts, a.a.O., S. 1 ff.

die Theorie offener Systeme zu einer Allgemeinen Systemtheorie
(General System Theory), die auch als Allgemeine Systemlehre oder
General Theory of Organization bezeichnet wird (73). Diese stellt
den Versuch dar, das Gedankengut der Ganzheitslehre bei der Lösung
konkreter wissenschaftlicher Fragestellungen zu beachten, und ist
weitgehend identisch mit der organismischen Konzeption der Biologie, aus deren Verallgemeinerung sie entstanden ist (74).

Ähnliche Gedankengänge, die in Richtung einer Allgemeinen Systemtheorie - aber auch in die Richtung einer Allgemeinen Organisationstheorie - zielen, finden sich z. B. bei Bogdanow (75), Köhler (76)
und Lotka (77). Hier handelt es sich aber - abgesehen von der Tektologie Bogdanow's, die als allgemeine Organisationstheorie zu verstehen ist - mehr um speziellere, auf spezifische Disziplinen gerichtete Ansätze. In jüngerer Zeit haben sich neben Bertalanffy im anglo-
amerikanischen Sprachraum hauptsächlich die Autoren Ackoff (78),
Ashby (79), Beer (80), Boulding (81), Eckman (82), Hall und Fa-

(73)   Vgl. Bertalanffy, Ludwig v. : Allgemeine Systemtheorie. Wege
       zu einer neuen Mathesis Universalis. Deutsche Universitäts-
       zeitung, Heft XII, Nr. 5/6, 1957, S. 8 - 12; Bertalanffy, Lud-
       wig v. : Zu einer allgemeinen Systemlehre. Biologia Generalis,
       Bd. XIX, Heft 1, 1949, S. 114; Bertalanffy, Ludwig v. : General
       System Theory. General Systems, Bd. I, 1956, S. 2.
(74)   Vgl. Kamarýt, Jan: Die Bedeutung der Theorie des offenen Sy-
       stems in der gegenwärtigen Biologie. (Zur Kritik der Philoso-
       phie des Organischen bei Bertalanffy). Deutsche Zeitschrift für
       Philosophie, 9. Jg. 1961, S. 1240 ff. (2040 ff.).
(75)   Bogdanow, A. : Allgemeine Organisationslehre. Tektologie.
       Bd. I, übersetzt von S. Alexander und R. Lang, Berlin 1926.
(76)   Köhler, Wolfgang: Die physischen Gestalten in Ruhe und im sta-
       tionären Zustand. Braunschweig 1920.
(77)   Lotka, A. : Elements of Physical Biology. Baltimore 1925.
(78)   Ackoff, Russell, L. : Systems, Organizations, and Interdisci-
       plinary Research. General Systems, Bd. V, 1960, S. 1 - 8.
(79)   Ashby, W. Ross: General Systems Theory as a New Discipline.
       General Systems, Bd. III, 1958, S. 1 - 6.
(80)   Beer, Stafford: Below the Twilight Arch - A Mythology of Sy-
       stems. General Systems, Bd. V, 1960, S. 9 - 20, ebenfalls
       erschienen in: Systems: Research and Design. Proceedings of
       the First Systems Symposium at Case Institute of Technology,
       hrsg. von Donald P. Eckman, New York - London (1961), S.
       1 - 25; Beer, Stafford: Kybernetik und Management. Über-
       setzung der Originalausgabe "Cybernetics and Management",
       besorgt von Ilse Grubrich, (Hamburg 1962).
(81)   Boulding, Kenneth: General Systems Theory - The Skeleton of
       Science. General Systems, Bd. I, 1956, S. 11 - 17.

gen (83), Mesarović (84) und Miller (85) mit dem Gedankengut der Allgemeinen Systemtheorie, zum Teil auch im Zusammenhang mit kybernetischen Fragestellungen, auseinandergesetzt. Darüber hinaus wird zur Zeit das Modell des offenen Systems in verallgemeinerter Form in der Soziologie (86), in der Psychologie (87) und in den Wirtschaftswissenschaften und hier besonders in der betriebswirtschaftlichen Organisationslehre verwendet (88).

2.21 Ziele und Aufgaben der Allgemeinen Systemtheorie

Im Rahmen der Allgemeinen Systemtheorie wird von der Annahme ausgegangen, daß die Eigenschaften, Zustände und Verhaltensweisen unterschiedlicher realer Systeme durch formal isomorphe Systemge-

(82) Eckman, Donald P., Herausgeber von: Systems: Research and Design. Proceedings of the First Systems Symposium at Case Institute of Technology, New York - London (1961); Eckman, Donald P.; Mesarovic, Mihajlo D.: On Some Basic Concepts of a General Systems Theory. In: Proceedings of the Third International Conference on Cybernetics. Namur 1961, S. 104 - 118.

(83) Hall, A. D.; Fagen, R. E.: Definition of System. General Systems, Bd. I, 1956, S. 18 - 28.

(84) Mesarović, Mihajlo D.: Foundations for a General Systems Theory. In: Views on General Systems Theory: Proceedings of the Second Systems Symposium at Case Institute of Technology, hrsg. v. Mihajlo D. Mesarović, New York - London - Sydney (1964), S. 1 - 24.

(85) Miller, James G.: Living Systems: Basic Concepts, a. a. O.; Miller, James G.: Living Systems: Structure and Process, a. a. O.; Miller, James G.: Living Systems: Cross-Level Hypotheses. Behavioral Science, Bd. X, 1965, S. 380 - 411.

(86) Vgl. Parsons, Talcott: The Social System, a. a. O., S. 3 - 23; Mayntz, Renate: Soziologie der Organisation, a. a. O., S. 40 ff.; Irle, Martin: Soziale Systeme. Eine kritische Analyse der Theorie von formalen und informalen Organisationen. Göttingen 1963.

(87) Vgl. Krech, David: Dynamic Systems as Open Neurological Systems. General Systems. Bd. I, 1956, S. 144 - 154.

(88) Vgl. Ulrich, Hans: Die Unternehmung als produktives soziales System, a. a. O., S. 111 ff.; Grochla, Erwin: Systemtheorie und Organisationstheorie, a. a. O., S. 1 ff.; Bleicher, Knut: Die Entwicklung eines systemorientierten Organisations- und Führungsmodells der Unternehmung, a. a. O., S. 3 ff.; Kirsch, Werner; Meffert, Heribert: Organisationstheorie und Betriebswirtschaftslehre. Wiesbaden (1970).

setze erklärt werden können (89). Dies wird dadurch begründet, daß sich viele Wissenschaften mit dem Erforschen von Systemen beschäftigen, deren Strukturen in vielen Fällen isomorph sind und für die gleiche, allgemeine, logisch-homologe Systemgesetze (90) gelten. Hierbei ist es unerheblich, welcher Art die Systeme sind und aus welchen Elementen sie sich zusammensetzen. Entsprechend wird die Aufgabe der Allgemeinen Systemtheorie darin gesehen, formale Isomorphien in den Strukturen von Theorien über materiell unterschiedliche Sachverhalte aufzudecken, in einer einheitlichen Terminologie zu beschreiben und zu interdisziplinär verwendbaren, generalisierten Theoriensystemen zusammenzufassen. Hieraus ergeben sich die näher zu spezifizierenden Aufgaben und der interdisziplinäre Charakter der Allgemeinen Systemtheorie.

Voraussetzung zur Ermittlung solcher Gesetze ist die Entwicklung einer allgemeingültigen, nicht an bestimmte Disziplinen gebundenen Terminologie, die zwangsläufig einen hohen Abstraktionsgrad aufweisen muß (91). Mit Hilfe dieses terminologischen Instrumentariums, das sich als allgemeingültiges Begriffsgebäude repräsentiert

---

(89) Vgl. Bertalanffy, Ludwig v.: An Outline of General System Theory. The British Journal for the Philosophy of Science, Bd. I, 1950, S. 134 ff.; Bertalanffy, Ludwig v.: Zu einer allgemeinen Systemlehre, a. a. O., S. 114 ff.

(90) Analogien sind Ähnlichkeiten von Phänomenen, die weder in den sie bewirkenden Faktoren, noch in den sie beherrschenden Gesetzen übereinstimmen. Unterscheiden sich dagegen verschiedene Phänomene in den Faktoren, werden aber von gleichen Gesetzen beherrscht, d. h. die Gesetze weisen eine identische Struktur auf oder sind isomorph, so liegt eine logische Homologie vor. Bertalanffy unterscheidet mit voller Berechtigung zwischen den zu Mißverständnissen führenden Analogien, wie sie z. B. in der Nationalökonomie bei der unberechtigten analogen Übertragung des Ertragsgesetzes auf die Industrie vorliegen, und den logischen Homologien. Als Beispiel für die Übertragung allgemeiner homologer Gesetze von einer Disziplin in die andere führt Bertalanffy die Lenz'sche Regel an, die nach Volterra sowohl in der Elektrizitätslehre als auch in der Bevölkerungslehre ihre Gültigkeit hat, oder das Prinzip der Kippschwingungen des Relaxationsoszillators, das in physikalischen und biologischen Systemen sowie in der Bevölkerungsdynamik in Erscheinung tritt. Vgl. Bertalanffy, Ludwig v.: Das biologische Weltbild, a. a. O., S. 186 f.; Bertalanffy, Ludwig v.: Zu einer allgemeinen Systemlehre, a. a. O., S. 126 f.

(91) Vgl. Miller, James G.: Living Systems: Basic Concepts, a. a. O., S. 215 f.; Boulding, Kenneth: General Systems Theory - The Skeleton of Science, a. a. O., S. 11 ff.

und als erstes Anliegen der Allgemeinen Systemtheorie angesehen werden kann, ist es möglich, Aussagensysteme einzelner unterschiedlicher Disziplinen miteinander zu vergleichen und gegebenenfalls auf andere Disziplinen zu übertragen (92).

Aussagensysteme im Rahmen der Allgemeinen Systemtheorie sollten nach Möglichkeit als mathematische Modelle formuliert werden (93). Die Aufgabe der Allgemeinen Systemtheorie wird demnach darin gesehen, naturwissenschaftlich exakte, teils verbal, teils quantitativ-mathematisch formulierte Erklärungen für die Eigenschaften und

(92) Vgl. Boulding, Kenneth: General Systems Theory - The Skeleton of Science, a. a. O. , S. 13.

(93) Vgl. Kempski, Jürgen v. : Mathematische Theorie. (II) Mathematische Sozialtheorie, a. a. O. , S. 254. - Im deutschsprachigen Raum wird in diesem Zusammenhang von einer "mathematischen Systemtheorie" gesprochen. Vgl. u. a. Küpfmüller, Karl: Die Systemtheorie der elektrischen Nachrichtenübertragung. Stuttgart 1949; Schlitt, H. : Systemtheorie für regellose Vorgänge. Berlin - Göttingen - Heidelberg 1960; Wunsch, Gerhard: Moderne Systemtheorie. Leipzig 1962; Schiemenz, Bernd: Die Anwendbarkeit der Regelungstheorie zur Gestaltung betrieblicher Entscheidungsprozesse - Ein Beitrag zur Betriebskybernetik. (Noch unveröffentlichte) Diss. Darmstadt 1969. - Der mathematische Zweig der Allgemeinen Systemtheorie wird gegenwärtig in erster Linie am Systems Research Center der Case Western Reserve University in Cleveland, Ohio, weiterentwickelt. Vgl. hierzu beispielsweise die Beiträge von Mesarović, Mihajlo D. ; Eckman, Donald P. : On Some Basic Concepts of the General Systems Theory. SRC Report 1-A-61-1. Case Institute of Technology 1961; Mesarović, Mihajlo D. : A Conceptual Framework for the Studies of Multi-Level Multi-Goal Systems. SRC Report 101-A-66-43. Case Institute of Technology 1966; Mesarović, Mihajlo D. ; Sanders, J. L. ; Sprague, C. F. : An Axiomatic Approach to Organizations from a General Systems Viewpoint. In: New Perspectives in Organization Research, hrsg. von W. W. Cooper, H. J. Leavitt, M. W. Shelly II, New York - London - Sydney 1964, S. 493 - 512; Macko, D. : General Systems Theory Approach to Multilevel Systems. Ph. D. Thesis, Case Institute of Technology 1967; Takahara, Y. : Multi-Level Systems and Uncertainties. Ph. D. Thesis, Case Institute of Technology 1966.

Verhaltensweisen von Systemen zu erarbeiten (94) und diese modellmäßig zum Zwecke der weiteren Erforschung abzubilden (95).

Bei mathematischen Ansätzen im Rahmen der Allgemeinen Systemtheorie werden vorwiegend dynamische Modelle verwendet, die in
Form von Differentialgleichungen und von Differentialgleichungs-
systemen oder in Form von Differenzengleichungen und von Diffe-
renzengleichungssystemen dargestellt werden (96). Hierbei handelt
es sich aber hauptsächlich um formal-mathematische Darstellungen
zur Untersuchung allgemeiner Prinzipien, wie z. B. um die Behandlung stationärer Zustände von Systemen.

Zusammengefaßt konkretisieren sich die Ziele und Aufgaben der Allgemeinen Systemtheorie in den folgenden Punkten (97):

---

(94) Vgl. zu den Aufgaben und Zielen der Allgemeinen Systemtheorie
      unter Stichwort "Systemtheorie" in: Wörterbuch der Kyberne-
      tik, hrsg. von Georg Klaus, Berlin 1968, S. 637 f.; Fuchs,
      Herbert: Systemtheorie. In: Handwörterbuch der Organisation,
      hrsg. von Erwin Grochla, Stuttgart 1969, Sp. 1618.
(95) Vgl. hierzu auch Mesarović, Mihajlo D.: Systems Theory and
      Biology– View of a Theoretician. In: Systems Theory and Bio-
      logy, hrsg. von M. D. Mesarović, Berlin - Heidelberg - New
      York 1968, S. 60.
(96) Vgl. Ashby, W. Ross: The Physical Origin of Adaptation by
      Trial and Error. The Journal of General Psychology, Nr. 32,
      1945, S. 20 ff.; Ashby, W. Ross: Principles for the Quantita-
      tive Study of Stability in a Dynamic Whole System; with some
      Applications to the Nervous System. Journal of Mental Science,
      Vol. 92, 1946, S. 319 ff.; Ashby, W. Ross: The Nervous System
      as Physical Machine: with Special Reference to the Origin of
      Adaptive Behaviour. Mind, Vol. 56, 1947, S. 48 ff.; Ashby, W.
      Ross: Principles of the Self-Organizing Dynamic System. The
      Journal of General Psychology, Nr. 37, 1947, S. 126 ff.; Ashby,
      W. Ross: Design for a Brain. The Origin of Adaptive Behaviour.
      2. Aufl., London 1960, S. 244 ff.; Bertalanffy, Ludwig v.: Zu
      einer allgemeinen Systemlehre, a. a. O., S. 115 ff.; Bertalan-
      ffy, Ludwig v.: An Outline of General System Theory, a. a. O.,
      S. 143 ff.; Hall, A. D.; Fagen, R. E.: Definition of System, a.
      a. O., S. 19 und S. 25 ff.
(97) Vgl. hierzu Bertalanffy, Ludwig v.: An Outline of General Sy-
      stem Theory, a. a. O., S. 136 ff.; Boulding, Kenneth: General
      Systems Theory - The Skeleton of Science, a. a. O., S. 11 ff.;
      Mesarović, Mihajlo D.: Foundations for a General Systems
      Theory, a. a. O., S. 3 ff.; Ungerer, Emil: Die Wissenschaft
      vom Leben, a. a. O., S. 126 f. Kempski, Jürgen v.: Mathe-
      matische Theorie. (II) Mathematische Sozialtheorie, a. a. O.,

-   Entwicklung einer allgemeingültigen Terminologie zur Beschreibung der Eigenschaften, Zustände und Verhaltensweisen von Systemen

-   Ermittlung und Ableitung der Systemgesetze, die den Eigenschaften, Zuständen und Verhaltensweisen von Systemen unterschiedlicher Erfahrungsbereiche entsprechen und für Systeme allgemeingültig sind

-   Exakte mathematische Formulierung dieser Systemgesetze.

Die Entwicklung einer allgemeingültigen Terminologie, die nicht an spezielle Disziplinen gebunden ist, dient der Vereinfachung der interdisziplinären Verständigung zwischen den einzelnen Disziplinen. Sie soll gleichzeitig eine stärkere Annäherung getrennter Einzeldisziplinen herbeiführen, um eine Synthese der Forschungsergebnisse unter gleichzeitiger Verhinderung von Doppelarbeiten in den einzelnen Disziplinen zu erreichen.

Durch die strenge logische Vorgehensweise und mathematische Formulierung der Systemgesetzmäßigkeiten wäre es möglich, unter Beachtung logischer Homologien die Vieldeutigkeit analogisierender Aussagen auszuschalten. Die Ermittlung und Ableitung solcher Gesetze und Theorien über Systeme würde dann auch die Prognose zukünftiger Ereignisse gestatten (98).

Aus den Konsequenzen, die sich aus den Zielen einer so verstandenen Allgemeinen Systemtheorie ergeben, ist ersichtlich, daß dieses Konzept seinen Abschluß in einer Einheit der Wissenschaften finden könnte. Bertalanffy selbst entwickelt hierfür folgendes Programm, das sich aus den Zielen der Allgemeinen Systemtheorie ergibt (99):

-   Die Allgemeine Systemtheorie soll exakte Theorien in den nichtphysikalischen Gebieten entwickeln.

-   Die Allgemeine Systemtheorie soll eine Integration zwischen Naturwissenschaften und Sozialwissenschaften ermöglichen.

Forts.Fußnote (97):
S. 254; Grochla, Erwin: Systemtheorie und Organisationstheorie, a.a.O., S. 6 f.

(98) Kosiol, Erich; Szyperski, Norbert; Chmielewicz, Klaus: Zum Standort der Systemforschung im Rahmen der Wissenschaften. Zeitschrift für handelswissenschaftliche Forschung, N.F., 17. Jg. 1965, S. 352.

(99) Vgl. Bertalanffy, Ludwig v.: General System Theory. Foundations, Development, Applications. New York (1968), S. 38; Bertalanffy, Ludwig v.: General System Theory, a.a.O., S. 2.

- Die Allgemeine Systemtheorie soll das Zentrum dieser Integration darstellen.

- Die Allgemeine Systemtheorie soll einigende Prinzipien aufspüren, die vertikal durch die einzelnen Wissenschaften verlaufen, wodurch die Unity of Science begründet werden kann.

- Die Allgemeine Systemtheorie soll die Ausbildung eines Scientific Generalist ermöglichen.

Aus diesem Programm wird ersichtlich, daß die Integration der Einzeldisziplinen und die interdisziplinäre Koordination und Kooperation ein Hauptanliegen der Allgemeinen Systemtheorie aus der Sicht ihres Begründers darstellt (100).

2.22 Der interdisziplinäre Charakter der Allgemeinen Systemtheorie

Mit der Forderung der Allgemeinen Systemtheorie, allgemeine Systemgesetze zu entwickeln, ist eine auf interdisziplinäre Integration gerichtete Konzeption verbunden, durch die die fortschreitende Trennung und Spezialisierung der einzelnen Disziplinen überwunden werden soll. Die Entwicklung eines allgemeingültigen, also für alle Wissenschaftsbereiche verbindlichen Begriffsgebäudes zur Beschreibung der Eigenschaften und Verhaltensweisen realer Systeme ist die Basis für das Erreichen dieser Konzeption.

Die bisherige Vorgehensweise im Bereich der Wissenschaft bewegte sich vielfach in den engen Grenzen einzelner Disziplinen, was dazu führte, daß oftmals gleichartige Probleme mehrfach und isoliert behandelt wurden. Vielfach läßt sich jedoch eine Übereinstimmung in den Strukturen realer und idealer Systeme feststellen, und verschiedene Identitätsprinzipien können Modellen (Theorien) zugeordnet werden, die gleichartig strukturierte Gesetzmäßigkeiten aufweisen. Hieraus leitet sich die Forderung nach interdisziplinärer Kooperation ab (101).

---

(100) Zur interdisziplinären Vorgehensweise und dem Problem der Interdisziplinforschung vgl. Kosiol, Erich; Szyperski, Norbert; Chmielewicz, Klaus: Zum Standort der Systemforschung im Rahmen der Wissenschaften, a.a.O., S. 353 ff.
(101) Vgl. Bertalanffy, Ludwig v.: General System Theory, a.a.O., S. 8 f.; Young, O.R.: A Survey of General Systems Theory. General Systems, Bd. IX, 1964, S. 61; Boulding, Kenneth: General Systems Theory - The Skeleton of Science, a.a.O., S. 12 f.; Mesarović, Mihajlo D.: Foundations for a General Systems Theory, a.a.O., S. 1 ff., insbesondere S. 4 und 5.

Elementare Voraussetzung für die Realisierung einer interdisziplinären Zusammenarbeit ist die Ermöglichung eines Informationsaustausches zwischen den einzelnen Disziplinen (102). Empirisch erkennbare Eigenschaften, Zustände und Verhaltensweisen realer Phänomensysteme müssen durch allgemeingültige, nicht an bestimmte Fachdisziplinen gebundene Begriffe beschrieben werden können. Dafür ist zunächst die Entwicklung einer allgemeinen Methoden-, Theorien- und Lehrsprache, mit der die Kommunikation aufrechterhalten werden kann, erforderlich (103). Den allgemeinen Bezugsrahmen für ein derartiges Vorgehen kann die Allgemeine Systemtheorie insofern darstellen, als sie versucht, über die reine Summierung von Einzelerkenntnissen hinaus, Forschung, Theorie und Lehre möglichst vieler Disziplinen gegenseitig zu ergänzen und darüber hinaus Forschungslücken aufzudecken sowie mögliche Wege zu deren Beseitigung zu weisen.

Dieses interdisziplinäre Anliegen kann, wie oben schon angedeutet wurde, zu einer Unity of Science führen. Oft wird das Anliegen der Unity of Science mit der Allgemeinen Systemtheorie schlechthin identifiziert und angegriffen.

Bei seinen Überlegungen zu einer Unity of Science, die seit der Leibnitzschen Vision einer Sciencia universalis einen festen Platz im Rahmen der Wissenschaft hat, geht Bertalanffy im Anschluß an die logischen Positivisten (104) von der gegebenen Struktur der Wissenschaften aus und untersucht die Ergebnisse der Einzelwissenschaften auf homologe Strukturen. Implizit wird angenommen, daß die Struktur der Wissenschaften isomorph zur Struktur der Natur sei. Ackoff drückt seine gegenteilige Meinung folgendermaßen aus: "We impose

---

(102) Vgl. Boulding, Kenneth: General Systems Theory - The Skeleton of Science, a. a. O. , S. 11 ff. ; Weaver, Warren: Science and Complexity. American Scientist, 36. Jg. , 1948, S. 544. Zur Forderung nach Kommunikation zwischen den einzelnen Disziplinen vgl. auch Grochla, Erwin: Automation und Organisation, a. a. O. , S. 127.

(103) Zur Forderung nach einer einheitlichen Fachsprache vgl. auch Carnap, Rudolf: Logical Foundations of the Unity of Science. In: International Encyclopedia of Unified Science, Bd. 1, Nr. 1, Chicago 1938, S. 61. Die Ansätze Carnaps zur Entwicklung einer derartigen logischen Sprache, auf die alle Termini zurückgeführt werden können, bleiben allerdings auf die Realwissenschaften beschränkt.

(104) Vgl. Barnett, Lincoln: Einstein und das Universum. Frankfurt 1962, S. 20 f.

scientific disciplins on nature; it does not impose them on us" (105).
Nach dieser Aussage kann also nur eine von den willkürlich entstandenen Disziplinen abstrahierende Systemforschung an realen Phänomenen praxeologische Ergebnisse hervorbringen. Im Gegensatz hierzu zeigt aber Brauser am Beispiel der Mathematik, daß Erkenntnisse
isomorphe Abbildungen der physikalischen Funktionen des Gehirns
sind, die über wahrgenommene Informationen realer Sachverhalte
gewonnen wurden (106). Hieraus wäre zu folgern, daß eine Orientierung der Systemforschung an den bestehenden Disziplinen keinen
Widerspruch zur Aussage Ackoffs beinhaltet und daß darüber hinaus
die von Bertalanffy vorgeschlagene hypothetisch-deduktive Vorgehensweise gerechtfertigt ist.

Bertalanffy betrachtet die Allgemeine Systemtheorie als eine neue
Universalwissenschaft und begründet dies durch die strukturelle Uni-
formität aller Phänomene, die sich durch isomorphe Merkmale der
Ordnung auf den verschiedensten Stufen der Realität konstituieren.
Diese isomorphen Strukturen lassen sich mit Hilfe der Allgemeinen
Systemtheorie logisch-mathematisch darstellen und sind dann als
isomorphe Gesetze zu bezeichnen.

Angesichts der heute zu beobachtenden Tendenz zur Spezialisierung
innerhalb der Wissenschaft, hervorgerufen durch die unüberschau-
bare Fülle von Fakten und Methoden, scheint eine Ausbildung zum
Scientific Generalist ein Ausweg zu sein. Die Ausbildung des Wis-
senschaftlers würde dann nicht mehr darin bestehen, ganz spezielle
Gesetze für bestimmte Disziplinen zu erlernen, sondern es würden
die allgemeinen Grundgesetze einer Allgemeinen Systemtheorie vermittelt, die dann in den einzelnen Disziplinen unter Berücksichtigung
der speziellen Bedingungen des jeweiligen Phänomenbereichs anzuwenden wären.

---

(105) Ackoff, Russel L.: General System Theory and Systems Re-
    search: Contrasting Conceptions of Systems Science. In: Views
    on General Systems Theory: Proceedings of the Second Systems
    Symposium at Case Institute of Technology, hrsg. von Mihajlo
    D. Mesarović, New York - London - Sydney (1964), S. 53.
(106) Vgl. Brauser, Klaus Joachim: Die Systemphilosophie lernender
    Automaten in der Anwendung auf Autopiloten. München - Wien
    1966, S. 91 ff.

3. Inhalt und Erkenntnisstand der Allgemeinen Systemtheorie

In den letzten Jahren ist die Tendenz zu beobachten, daß Forschungszweige, die sich auf interdisziplinäre Verallgemeinerung und Synthese beziehen, immer mehr in den Vordergrund treten. Diesen auf interdisziplinäre Verallgemeinerung und Synthese gerichteten Forschungszweigen ist neben Kybernetik, Informationstheorie, Kommunikationstheorie und Spieltheorie besonders die Allgemeine Systemtheorie zuzuordnen.

Systemtheoretische Fragen werden - hauptsächlich im anglo-amerikanischen Sprachraum - schon seit längerer Zeit in den verschiedensten Wissensbereichen diskutiert. Demgegenüber werden Herkunft, Erkenntnisstand und Entwicklungstendenzen der Allgemeinen Systemtheorie in der deutschsprachigen Literatur erst neuerdings behandelt (1). Vereinzelt hat die Allgemeine Systemtheorie auch im Rahmen der Organisationstheorie Beachtung gefunden, wobei jedoch zeitweilig noch nicht abzusehen war, ob und inwieweit ihr eine Bedeutung für die organisatorische Theoriebildung beigemessen werden konnte (2).

Im anglo-amerikanischen Sprachraum wird heute infolge der starken Verbreitung des systemtheoretischen Gedankengutes von einer "Systems Era" gesprochen (3). Wenngleich es zum gegenwärtigen Zeitpunkt unergiebig ist, eine genaue Bestimmung des wissenschaftlichen Standorts der in dieser Ära entstandenen Richtungen sowie eine Abgrenzung der verschiedenen Systemwissenschaften vorzunehmen, so lassen sich dennoch innerhalb der Systemströmung zwei wesentliche unterschiedliche Ansätze erkennen. So hat sich zum einen das theo-

---

(1)   Zum Inhalt und Erkenntnisstand der Allgemeinen Systemtheorie vgl. Fuchs, Herbert: Systemtheorie, a.a.O., Sp. 1618 ff.; Grochla, Erwin: Systemtheorie und Organisationstheorie, a.a.O., S. 1 ff.

(2)   So beispielsweise bei Mayntz, Renate: Soziologie der Organisation, a.a.O., S. 34; Kosiol, Erich; Szyperski, Norbert; Chmielewiecz, Klaus: Zum Standort der Systemforschung im Rahmen der Wissenschaften, a.a.O., S. 337 ff.; Grochla, Erwin: Erkenntnisstand und Entwicklungstendenzen der Organisationstheorie. Zeitschrift für Betriebswirtschaft, 39. Jg. 1969, S. 17 ff.; Mayntz, Renate; Ziegler, Rolf: Soziologie der Organisation. In: Handbuch der empirischen Sozialforschung, hrsg. v. René König, Bd. II, Stuttgart 1969, S. 451 ff.

(3)   Vgl. Ellis, David O.; Ludwig, Fred J.: Systems Philosophy. Englewood Cliffs, N.J. 1962, S. 2.

retisch ausgerichtete Gebiet der Allgemeinen Systemtheorie entwickelt und zum anderen die anwendungsorientierte, verfahrenstechnische Richtung der Systems-Science oder Systems-Philosophy, der Fachrichtungen wie Systems-Engineering, Systems-Design, Systems-Development und Systems-Analysis zuzuordnen sind (4). Letztere sind zwar parallel zu der Allgemeinen Systemtheorie entstanden, haben jedoch - abgesehen von einer ähnlichen Terminologie - nur wenig mit dieser gemein. In ihrer verfahrenstechnischen Orientierung weisen sie eine gewisse Verwandtschaft zu den Management Sciences im klassischen Sinne auf, die sich aus dem Taylorismus entwickelt haben, betonen jedoch verstärkt die Notwendigkeit der Berücksichtigung der im System vorliegenden Interdependenzen sowie die Notwendigkeit einer interdisziplinären Forschung. In diesem Zusammenhang wird im Rahmen der Systems Sciences des öfteren auf die Allgemeine Systemtheorie Bezug genommen, ohne daß jedoch auf das Konzept und den Inhalt dieser Theorie im einzelnen eingegangen wird.

Die Allgemeine Systemtheorie, auf die sich die folgenden Ausführungen im wesentlichen beziehen, kann also als das gedankliche Fundament der gesamten Systemströmung angesehen werden. Sie wurde - wie bereits erwähnt - von Ludwig von Bertalanffy in den dreißiger Jahren begründet und hat seitdem im gesamten Bereich der Wissenschaft ein hohes Maß an Resonanz gefunden. Neben v. Bertalanffy haben sich auch die an anderer Stelle bereits aufgeführten Autoren (5) um eine Weiterentwicklung der Allgemeinen Systemtheorie bemüht. Diese lehnen sich jedoch im wesentlichen an das Systemkonzept v. Bertalanffys an, so daß es als repräsentativ für Inhalt, Aussagewert und Ziele der Allgemeinen Systemtheorie angesehen werden kann. Obschon in vielen Punkten Parallelen zu früheren Ansätzen vorhanden sind, so z. B. zur Tektologie Bogdanow's (6), geht die Allgemeine Systemtheorie insofern über diese hinaus, als sie versucht, neben der inhaltlich-verbalen Beschreibung von System-

---

(4)   Vgl. beispielsweise Ellis, David O. ; Ludwig, Fred J. : Systems Philosophy, a. a. O. ; Wilson, Ira G. ; Wilson, Marthann E. : Information, Computers, and System Design, New York - London - Sydney (1965); Systems and Procedures. A Handbook for Business and Industry, hrsg. v. Victor Lazzaro, Englewood Cliffs, N. J. (1959); Steinbuch, Karl: Systemanalyse - Versuch einer Abgrenzung, Methoden und Beispiele. IBM-Nachrichten, 17. Jg. 1967, Heft 182, S. 446 - 456; Wegner, Gertrud: Systemanalyse und Sachmitteleinsatz in der Betriebsorganisation. Wiesbaden (1969).

(5)   Vgl. hierzu S. 23 f. dieser Arbeit.

(6)   Vgl. Bogdanow, A. : Allgemeine Organisationslehre, Bd. I, a. a. O.

gesetzmäßigkeiten, diese in Form von verallgemeinerten Modellen mathematisch abzubilden und Erklärungsmodelle für die Zustände und Verhaltensweisen komplex organisierter Systeme zu entwickeln.

3. 1 Begriffliche Grundlagen

Das im Rahmen der Allgemeinen Systemtheorie entwickelte Begriffssystem besteht entwicklungsgeschichtlich bedingt vorwiegend aus Termini, die der physikalischen, biologischen und psychologischen Fachsprache entnommen sind. Im Mittelpunkt der systemtheoretischen Terminologie steht der Begriff "System" sowie solche Termini, die zur Beschreibung der Eigenschaften, der Zustände und der Verhaltensweisen von Systemen erforderlich sind.

3.11 Der Systembegriff und sein Inhalt

Zum näheren Verständnis des Aussagensystems der Allgemeinen Systemtheorie ist es zunächst notwendig, aus den vielfältigen Systemdefinitionen, die in der Literatur zu finden sind, eine Begriffsbestimmung herauszuarbeiten, die den Zielen einer Allgemeinen Systemtheorie entspricht.

3. 111 Der Systembegriff in der Literatur

In verschiedenen Disziplinen und im täglichen Sprachgebrauch werden unterschiedliche Sachverhalte als Systeme bezeichnet. In der Regel wird der Terminus System durch Attribute wie biologisch, psychologisch, soziologisch näher bestimmt oder in Form von Wortverbindungen wie Zahlensystem, Planetensystem, Wirtschaftssystem verwendet (7). Trotz der vielfältigen Verwendungsmöglichkeiten des Begriffs System werden grundsätzlich zwei Bereiche angesprochen. Zum einen handelt es sich um materielle Objekte, zum anderen um Aussagenkomplexe in Form von Modellen und Theorien über diese Objekte. Obschon die genannten Sachverhalte auf verschiedenen Ebe-

---

(7)   Eine Zusammenstellung von in der Literatur als "System" bezeichneten Sachverhalten findet sich bei Kosiol, Erich; Szyperski, Norbert; Chmielewicz, Klaus: Zum Standort der Systemforschung im Rahmen der Wissenschaften, a. a. O. , S. 339; Ellis, David O. ; Ludwig, Fred J. : Systems Philosophy, a. a. O. , S. 2; Ackoff, Russell L. : Systems, Organizations, and Interdisciplinary Research. In: Systems: Research and Design. Proceedings of the First Systems Symposium at Case Institute of Technology, hrsg. v. Donald P. Eckman, New York - London (1961), S. 27; Mesarović, Mihajlo D. : Foundations for a General Systems Theory, a. a. O. , S. 1.

nen liegen, läßt sich der Systembegriff einheitlich als eine Anzahl von Elementen mit Eigenschaften, die durch Beziehungen miteinander verknüpft sind, definieren (8).

Etymologisch wird der Begriff System von dem griechischen Wort "systema" abgeleitet und beinhaltet "das aus mehreren Teilen zusammengesetzte und geordnete Ganze" (9). In philosophischer Interpretation wird dem Terminus System die Bedeutung des ganzheitlichen Zusammenhangs von Dingen, Vorgängen und Teilen beigemessen, indem das Wesen der einzelnen Bestandteile vom übergeordneten Ganzen bestimmt wird (10).

Häufig wird der Systembegriff im Zusammenhang mit der Ganzheit in enger Verbindung mit den Begriffen Organisation und Ordnung verwendet. So betont beispielsweise Wieser, daß jedes System eine organisierte Ganzheit darstelle, wobei der Ganzheitscharakter durch die Organisation von miteinander kommunizierenden Elementen konstituiert werde (11). Ähnlich führt Bertalanffy aus biologischer Sicht den Ganzheitscharakter organismischer Systeme auf die Wechselwirkung zwischen den systembildenden Elementen zurück (12).

Weiterhin kann der Systembegriff sowohl strukturell als auch funktional interpretiert werden (13). Während bei der strukturellen Interpretation der Ordnungszusammenhang zwischen den systembildenden Elementen (Aufbau, Struktur, Baumuster) im Vordergrund steht, wird bei der funktionalen Betrachtung die Verhaltensweise des Systems hervorgehoben. So sind beispielsweise nach Ellis und Ludwig (14) solche Objekte als Systeme zu bezeichnen, die Inputs in Form

---

(8) Zu diesem allgemeinen Systembegriff vgl. Hall, A. D.; Fagen, R. E.: Definition of System, a. a. O., S. 18; Fuchs, Herbert: Systemtheorie, a. a. O., Sp. 1620.

(9) Stichwort "System". In: Wörterbuch der philosophischen Begriffe, hrsg. von Johannes Hoffmeister, 2. Aufl., Hamburg (1955), S. 598.

(10) Vgl. Eisler, R.: Wörterbuch der philosophischen Begriffe. 3. Bd., 4. Aufl., Berlin 1930, S. 204.

(11) Vgl. Wieser, Wolfgang: Organismen, Strukturen, Maschinen, a. a. O., S. 12 f.

(12) Vgl. Bertalanffy, Ludwig v.: Das biologische Weltbild, a. a. O., S. 140; Bertalanffy, Ludwig v.: Zu einer allgemeinen Systemlehre, a. a. O., S. 115.

(13) Vgl. hierzu auch Schweiker, Konrad F.: Grundlagen einer Theorie betrieblicher Datenverarbeitung. Wiesbaden (1966), S. 120.

(14) Vgl. Ellis, David O.; Ludwig, Fred J.: Systems Philosophy, a. a. O., S. 3 ff.

von Energie und/oder Materie und/oder Information aus der Umwelt aufnehmen, verarbeiten und als Output an die Umwelt zurückgeben. Aussagen über die Systemstruktur sowie über die Transformationsprozesse im Inneren des Systems werden bei dieser Interpretation nicht gemacht. Das System wird vielmehr als "Black-Box" betrachtet (15).

Während Ellis und Ludwig ausschließlich die makroskopischen Beziehungen zwischen System und Umwelt berücksichtigen, hebt Adam (16) die Intraaktionen zwischen den systembildenden Elementen hervor und fordert, daß die Elemente Leistungen oder Informationsgüter, wie Nachrichten, Energien, Werte, Substanzen, untereinander austauschen. Der Systembegriff wird aber hier zum Zwecke der Aussagengewinnung über reale Systeme durch die Bedingungen präzisiert, daß Elemente nach Art und Zahl erkennbar und statistisch bestimmbar sein müssen und daß das Verhalten des Gesamtsystems statistisch vorherbestimmt werden kann.

Bei engeren Fassungen des Systembegriffs - wie es oben schon zum Ausdruck kam - werden z. B. die spezielle Art des Elementzusammenhangs oder die Verhaltensformen von Systemen als wesensbestimmende Merkmale hervorgehoben. Enge Fassungen ergeben sich z. B. daraus, daß spezielle Beziehungsarten, wie Wechselwirkung, Leistungsaustausch oder Kommunikation, anstelle des allgemeinen Oberbegriffs Beziehung verwendet werden. Diese Begriffsbildungen sind sehr unterschiedlich und uneinheitlich und entsprechen - außer in der allgemeinen Form - nicht dem Anliegen der Allgemeinen Systemtheorie.

Wird der definitorische Grundzusammenhang in einem Differentialgleichungssystem dargestellt, so eröffnen sich hierdurch zum einen interessante Aspekte für die weitere Entwicklung des terminologischen Aussagensystems der Allgemeinen Systemtheorie und zum anderen werden Parallelen zur Regelungstheorie und Kybernetik sichtbar. Bei Ashby, der zur Definition des Systembegriffs Differentialgleichungen heranzieht, konkretisiert sich ein System in einem "Satz

---

(15)   Zur Anwendung der "Black-Box-Methode", insbesondere bei der Untersuchung "äußerst komplexer" Systeme, vgl. Ashby, W. Ross: An Introduction to Cybernetics, 4. Aufl., London 1961, S. 86 - 117; Beer, Stafford: Kybernetik und Management, a. a. O., S. 27 ff. und S. 67 - 77.

(16)   Vgl. hierzu und zum folgenden Adam, Adolf: Messen und Regeln in der Betriebswirtschaft. Einführung in die informationswissenschaftlichen Grundzüge der industriellen Unternehmensforschung. Würzburg 1959, S. 12 f.

von Variablen" (17), deren Anzahl als endlich angenommen wird. Unter einem System ist somit kein Gegenstand, sondern ein vom Beobachter bewußt abstrahierter Komplex zu verstehen, also ein Satz bestimmter Variablen, die unter allen verfügbaren ausgesucht werden können (18). Zwischen den einzelnen Variablen, die als meßbare Größen zu jedem Zeitpunkt einen bestimmten Zahlenwert einnehmen, wird durch die Systemdefinition die Existenz von Relationen implizit vorausgesetzt (19). Ein dynamisches System mit n Variablen x_i kann dann in Abhängigkeit von der Zeit durch ein simultanes Differentialgleichungssystem erster Ordnung dargestellt werden (20):

$$\frac{dx_1}{dt} = f_1 (x_1, x_2, \ldots, x_n)$$

$$\frac{dx_2}{dt} = f_2 (x_1, x_2, \ldots, x_n)$$

$$\cdots \cdots \cdots \cdots \cdots$$

$$\cdots \cdots \cdots \cdots \cdots$$

$$\frac{dx_n}{dt} = f_n (x_1, x_2, \ldots, x_n)$$

Ashbys formale allgemeine Definition stimmt im wesentlichen mit der von Bertalanffy überein, die voraussetzt, daß ein System als eine Anzahl von in Wechselwirkung stehenden Elementen p_1, p_2, $\ldots$, p_n, die durch die quantitativen Maße Q_1, Q_2, $\ldots$, Q_n charakterisiert sind, definiert sei. Dieser Zusammenhang kann durch ein beliebiges System von Gleichungen bestimmt sein. Zum Zwecke der Veranschaulichung kann auch nach Bertalanffy ein einfaches System simultaner Differentialgleichungen gewählt werden (21).

(17) Ashby, W. Ross: An Introduction to Cybernetics, a. a. O. , S. 40.

(18) Vgl. Ashby, W. Ross: Design for a Brain, a. a. O. , S. 16.

(19) Vgl. Ashby, W. Ross: Design for a Brain, a. a. O. , S. 14.

(20) Vgl. Ashby, W. Ross: The Physical Origin of Adaptation by Trial and Error, a. a. O. , S. 20; Ashby, W. Ross: Design for a Brain, a. a. O. , S. 225; Bertalanffy, Ludwig v. : Zu einer allgemeinen Systemlehre, a. a. O. , S. 115; Bertalanffy, Ludwig v. : An Outline of General System Theory, a. a. O. , S. 143. - Vom Mathematischen her kann die diskrete Behandlung von Systemen als Sonderfall der kontinuierlichen Behandlung aufgefaßt werden. Nach Ashbys Meinung können diskrete Systeme jederzeit in stetige überführt werden. Vgl. Ashby, W. Ross: An Introduction to Cybernetics, a. a. O. , S. 9 f.

(21) Vgl. hierzu Bertalanffy, Ludwig v. : Zu einer allgemeinen Systemlehre, a. a. O. , S. 115.

Das oben angeführte Gleichungssystem drückt aus, daß jedes Element von jedem Element abhängen kann; hierdurch ist dann eine wechselseitige Abhängigkeit der Elemente über Beziehungen gegeben, wodurch die Veränderung eines Elements von den Änderungen der übrigen abhängt (22). Außerdem kann durch das Differentialgleichungssystem zum Ausdruck gebracht werden, daß die Variablen voneinander unabhängig sind und somit auch Systeme erfaßt werden, bei denen die Elemente nicht in Wechselwirkung untereinander stehen (23). Diese Alternative steckt implizit im Systemmodell Bertalanffys (24), kommt aber in seiner Systemdefinition nicht explizit zum Ausdruck.

Der Vorteil, zur formalen Betrachtung von Systemen Differentialgleichungen zu wählen, liegt darin, daß die zeitlichen Änderungen von Systemen berücksichtigt werden können (25). Außerdem können Störgrößen durch einen inhomogenen Ansatz erfaßt werden. Die Gemeinsamkeiten der beiden Darstellungen liegen in der formalen mathematischen Formulierung des Sachverhalts.

Obwohl in diesem formalen Modell über die Art der Funktionen f_1, f_2, ..., f_n, und damit über die im System speziell herrschenden Beziehungen nichts ausgesagt wird, können aus dem Gleichungssystem doch gewisse allgemeine Prinzipien abgeleitet werden. Aus dem Gleichungssystem ergeben sich nämlich charakteristische Lösungen, die das Verhalten von Systemen in den Grundzügen formal beschreiben (vgl. S. 81 dieser Arbeit).

---

(22) Bertalanffy interpretiert diesen Sachverhalt dahingehend, daß in einem solchen Falle eine Ganzheit vorliegt. Vgl. Bertalanffy, Ludwig v. : Zu einer allgemeinen Systemlehre, a. a. O. , S. 119.

(23) Zu diesem Sachverhalt der realen Summativität und der fortschreitenden Mechanisierung vgl. Bertalanffy, Ludwig v. : Zu einer allgemeinen Systemlehre, a. a. O. , S. 119; Bertalanffy, Ludwig v. : An Outline of General System Theory, a. a. O. , S. 146 ff.

(24) Vgl. Bertalanffy, Ludwig v. : Zu einer allgemeinen Systemlehre, a. a. O. , S. 119.

(25) In diesem Zusammenhang muß darauf hingewiesen werden, daß bei Ashby im gesamten Satz der Variablen zwischen einem Satz von Variablen und der Variablen der Zeit unterschieden wird. Aus diesem Grunde erscheint auch nicht explizit die Dimension t auf der rechten Seite des Gleichungssystems. Das oben angegebene System kann allgemeiner und die Zeit berücksichtigend folgendermaßen geschrieben werden:

$$\frac{dx_i}{dt} = f_i\,(x_1,\ x_2,\ \ldots,\ x_n,\ t) \text{ für alle } i = 1,\ \ldots,\ n$$

Der formale Ansatz, Systeme mit Hilfe von Differentialgleichungen
zu beschreiben, bietet viele Möglichkeiten, die sich von der Begriffs-
definition bis hin zur Erklärung der Regulation in Wirkungssystemen
erstrecken. Weiterhin können hierdurch auch Eigenschaften, Beziehungen und Zustände von Systemen zumindest theoretisch erfaßt
werden. Gleichzeitig konstituiert sich ein brauchbarer Bezugs- und
Orientierungsrahmen zur Einordnung interdependenter Zusammenhänge, die sich z. B. aus Gleichgewichtsbetrachtungen oder aus der
Regulationsfähigkeit offener Systeme ergeben.

3.112 Die konstituierenden Merkmale des Systembegriffs

Die in der Literatur von subjektiven Vorstellungen abhängigen Systemdefinitionen lassen sich - auch bedingt durch die Interpretation
des Systembegriffs mit Hilfe von Differentialgleichungen - generell
zu der folgenden auf die konstituierenden Merkmale reduzierten Definition zusammenfassen: Ein System besteht aus Elementen (Dingen,
Objekten, Sachen, Komponenten, Teilen, Bausteinen) mit Eigenschaften (Attributen), wobei die Elemente durch Beziehungen (Zusammenhänge, Relationen, Kopplungen, Bindungen) verknüpft sind.

Die für die Begriffsbildung wesentlichen Merkmale können aufgrund
der oben angeführten Definition auf die Begriffe Elemente, Eigenschaften und Beziehungen zurückgeführt werden. Da in dieser allgemeinen Systemdefinition keine Einschränkung hinsichtlich der Art
der Elemente vorgenommen wird, können alle Dinge und Sachverhalte als Elemente oder Systeme bezeichnet werden. Systeme können aber durch differenzierte Beschreibungen der Eigenschaften von
Elementen und der Beziehungen zwischen Elementen näher charakterisiert und voneinander abgegrenzt werden. Außerdem ergeben
sich durch unterschiedliche Eigenschaften der Elemente und durch
einen unterschiedlichen Beziehungskontext zwischen Elementen unterschiedliche Zustände und Verhaltensweisen von Systemen.

3.1121 Elemente

Elemente mit Eigenschaften und Beziehungen sind als konstituierende
Merkmale des Systembegriffs herausgestellt worden und dienen durch
Abstraktion von ihren konkreten, realen Ausprägungsformen der Beschreibung von Systemen. Elemente sind Grundbestandteile, aus denen sich Systeme zusammensetzen (26). Zum Begriff Element werden
viele Synonyma, wie Ding, Objekt, Sache, Komponente, Teil, Bestandteil, Glieder, Baustein, Variable und anderes mehr verwendet.

---

(26) Vgl. zum Begriff Element Wegner, Gertrud: Systemanalyse
    und Sachmitteleinsatz in der Betriebsorganisation, a. a. O.,
    S. 22.

In der allgemeinen Systemdefinition wird keine Einschränkung hinsichtlich der Art der Elemente vorgenommen, und es können alle Dinge und Sachverhalte als Elemente oder Systeme bezeichnet werden (27). Immer dann, wenn ein Phänomen als Teil einer größeren Einheit betrachtet wird, gelangt der Begriff Element zur Anwendung, unabhängig davon, ob dieses Teil für sich gesehen ebenfalls ein System darstellen kann. Der Zusammenhang zwischen den Erscheinungsformen Element und System wird durch das Prinzip der Über- und Unterordnung begründet. Das Ordnungsprinzip der Hierarchie wird"... aus mindestens zwei Rängen, die in einem Über- und Unterordnungsverhältnis stehen" (28) gekennzeichnet. Dieser Sachverhalt der hierarchischen Ordnung (29) wird z. B. durch die Begriffspaare Insystem-Umsystem, Subsystem-Overallsystem umgeschrieben (30). Es können beliebig viele Merkmale herangezogen werden, die das Prinzip dieser Über- und Unterordnung begründen. Deshalb sind auch die mit dieser Frage der Über- und Unterordnung verbundenen Probleme schwer zu operationalisieren.

Die Abgrenzung von System und Element hängt von der Perspektive der Betrachtung, von der spezifischen Zielsetzung der Untersuchung und von dem zu untersuchenden Objekt ab. Daher ist es auch schwierig, allgemeingültig zu bestimmen, was von Fall zu Fall als System bzw. als Element anzusehen ist. Es kann also nur dann von einem System bzw. Element gesprochen werden, wenn angegeben wird, in bezug worauf ein Objekt die Stellung eines Elements bzw. eines Systems innehat. Die Unternehmung kann demnach als System bezeichnet werden, der Beschaffungsbereich z. B. als Subsystem und die sich darin befindlichen Sachmittel und Menschen als Elemente. Im Komplex einer Volkswirtschaft nimmt demgegenüber die Unterneh-

---

(27) Vgl. hierzu und zum folgenden Kosiol, Erich; Szyperski, Norbert; Chmielewicz, Klaus: Zum Standort der Systemforschung im Rahmen der Wissenschaften, a.a.O., S. 339.

(28) Grün, Oskar: Hierarchie. In: Handwörterbuch der Organisation, hrsg. v. Erwin Grochla, Stuttgart 1969, Sp. 677.

(29) Vgl. Bertalanffy, Ludwig v.: Zu einer allgemeinen Systemlehre, a.a.O., S. 121; Hall, A.D.; Fagen, R.E.: Definition of System, a.a.O., S. 20 f.

(30) So z.B. in der anglo-amerikanischen Literatur Ellis, David O.; Ludwig, Fred J.: Systems Philosophy, a.a.O., S. 9 ff.; Hall, A.D.; Fagen, R.E.: Definition of System, a.a.O., S. 20 f.; Sengupta, Sankar S.; Ackoff, Russell L.: Systems Theory from an Operations Research Point of View. General Systems, Bd. X., 1965, S. 44; zur deutschsprachigen Terminologie vgl. Kosiol, Erich; Szyperski, Norbert; Chmielewicz, Klaus: Zum Standort der Systemforschung im Rahmen der Wissenschaften, a.a.O., S. 339.

mung die Stellung eines Subsystems bzw. Elements ein. Die Begriffe System und Element sind demnach sich gegenseitig bedingende
Termini (31).

Tritt nun die Anordnung der Elemente in einem System in den Vordergrund der Betrachtung, so kann die vorliegende Art des Aufbaus
als Struktur bezeichnet werden (32). Der formale Aufbau bzw. die
Struktur eines Systems ist dann durch die Anordnung der Elemente
zu einem gegebenen Zeitpunkt gekennzeichnet (33). Der durch den
Elementkontext begründete Ordnungszusammenhang eines Systems
kann sich jedoch aufgrund interner oder externer Anstöße während
eines Zeitabschnittes ändern. Dieses Phänomen ist zum einen auf die
Eigenschaften von Elementen und Systemen und zum anderen auf die
Beziehungen zwischen Elementen und Systemen und zwischen System
und Umwelt zurückzuführen.

3.1122 Eigenschaften von Elementen

Alle Elemente besitzen bestimmte, durch die Struktur oder durch
Struktur und Funktion begründete Eigenschaften, durch die sie ent -
weder im Kontext eines holistischen Systems einander zugeordnet

---

(31) In diesem Zusammenhang ist noch die Frage aufzuwerfen, ob
      es vom naturwissenschaftlichen Standpunkt aus gerechtfertigt
      ist, von Elementen zu sprechen. In der Chemie wird zwar der
      Begriff Element für die letzten Bausteine der Materie verwen-
      det. Demgegenüber wird aber in der Physik von der Vorstel-
      lung ausgegangen, daß die letzten Materiebausteine eine spe-
      zielle Form von Energieschwingungen darstellen und somit nicht
      als Elemente zu betrachten sind. Vgl. Schrödinger, Erwin:
      Was ist ein Naturgesetz?, a. a. O., S. 102 ff. u. S. 121 ff.;
      Hofmann, Karl A.; Hofmann, Ulrich R.: Anorganische Chemie.
      9. Aufl., Braunschweig 1941, S. 12 u. S. 772 ff. Diese Frage
      zu entscheiden, ist Aufgabe der Naturphilosophie, die zwar für
      die Erkenntnisgewinnung über die letzten Bausteine interessant
      und für die Physik von großer Bedeutung ist. Für die hier zu
      behandelnden Probleme hat sie aber untergeordnete Bedeutung,
      da hier makroskopische Komplexe betrachtet werden, deren
      Gliederung bzw. Teilung in Umwelt, System und Element, wie
      gezeigt wurde, relativ ist.
(32) Vgl. Kosiol, Erich; Szyperski, Norbert; Chmielewicz, Klaus:
      Zum Standort der Systemforschung im Rahmen der Wissen-
      schaften, a. a. O., S. 339; Wieser, Wolfgang: Organismen,
      Strukturen, Maschinen, a. a. O., S. 12.
(33) Vgl. Miller, James G.: Living Systems: Basic Concepts, a. a.
      O., S. 209.

sind oder im Kontext eines Wirkungssystems aktiv wirksam werden
(34). Elemente sind ohne Eigenschaften und ohne Struktur nicht denk-
bar, wobei die Struktur selbst schon eine Eigenschaft eines Elements
oder eines Systems darstellt. Insofern ist auch die Über- und Unterordnung von Elementen in einem System eine spezifische Eigenschaft
von Elementen bzw. Systemen.

Sollen Aussagen über Elemente gemacht werden, so müssen immer
die für sie relevanten Eigenschaften angegeben werden. Eine grundlegende Eigenschaft eines Elements ist zunächst seine Zugehörig-
keit zu einem bestimmten System. Grundsätzlich können viele Eigenschaften von Elementen oder Systemen aufgezeigt werden. Aufzäh-
lungen oder Gliederungen der Menge der Eigenschaften von Elementen - wie z.B. materielle oder ideelle, künstliche oder natürliche
Eigenschaften - sind zwar möglich, aber zwangsläufig subjektiv und
zweckorientiert, da solche Gliederungsversuche nach allen denkba-
ren Merkmalen durchgeführt werden können.

Von genereller Relevanz für das hier darzustellende und weiterzu-
führende Konzept einer Allgemeinen Systemtheorie, das sich auf Wirkungssysteme bezieht, sind folgende Eigenschaften von Elementen:

-       Beziehungen zu anderen Elementen, Systemen oder der Um-
        welt zu haben,

-       einen bestimmten Zustand zu haben (35),

-       sich verhalten zu können.

Beziehungen zwischen Elementen und zur Umwelt und Zustände von
Elementen können quantitativer oder qualitativer Art sein. Quantitative Eigenschaften sind direkt ordinal meßbar, wie z.B. die physikalischen Größen Länge, Gewicht, Temperatur, Druck, Volumen
(36). Werden solche Größen über Gesetzmäßigkeiten verknüpft, so
sind Angaben über die Zustände eines Systems, z.B. im Gleichgewicht zu sein oder nicht, möglich. Demgegenüber sind qualitative

____

(34)   Vgl. Wegner, Gertrud: Systemanalyse und Sachmitteleinsatz
       in der Betriebsorganisation, a.a.O., S. 23; Kosiol, Erich;
       Szyperski, Norbert; Chmielewicz, Klaus: Zum Standort der
       Systemforschung im Rahmen der Wissenschaften, a.a.O., S.
       339.

(35)   Zur Unterscheidung zwischen Zustandseigenschaften und re-
       lationalen Beziehungseigenschaften vgl. Leinfellner, Werner:
       Struktur und Aufbau wissenschaftlicher Theorien, a.a.O., S.
       75 und S. 149 ff.

(36)   Siehe hierzu und speziell zur Problematik der Messung und Ab-
       grenzung von Eigenschaften Leinfellner, Werner: Struktur und
       Aufbau wissenschaftlicher Theorien, a.a.O., S. 149 ff.

Eigenschaften einer direkten Messung nicht zugänglich; sie können nur indirekt nominal gemessen werden.

Aus der Eigenschaft eines Elements, Beziehungen zu anderen Elementen oder zur Umwelt zu haben oder nicht, resultiert die für die Allgemeine Systemtheorie und für eine Organisationstheorie bedeutsame Unterscheidung zwischen offenen und geschlossenen Systemen. Hieraus ergeben sich die übrigen als wesentlich erkannten Eigenschaften, denn offene Systeme unterscheiden sich von geschlossenen durch unterschiedliche Zustände und Verhaltensweisen. Lassen sich die herausgestellten Eigenschaften durch Übertragungsfunktionen erfassen, so ergibt sich hieraus eine wissenschafts-praxeologische Konsequenz, die für die Erforschung von Wirkungssystemen, wie z. B. Organisationen, von Bedeutung ist. Können nämlich für Elemente oder Systeme durch entsprechende Identifikationsmethoden Übertragungsfunktionen ermittelt werden, so sind diese Systeme einer kybernetischen Untersuchung zugänglich.

3. 1123 Beziehungen

Das dritte konstituierende Merkmal eines Systems sind die Beziehungen, die zwischen Elementen, Systemen und der Umwelt bestehen können (37). Synonyma zum Begriff Beziehungen sind: Zusammenhänge, Relationen, Kopplungen, Bindungen.

Die Bedeutung der Beziehungen, die bei Systemen unterschiedliche Eigenschaften, Zustände und Verhaltensweisen aufgrund eines unterschiedlichen Beziehungskontextes zwischen den Elementen hervorrufen (38), wurde bereits durch die angeführten Systemdefinitionen deutlich. Es ist leicht begreiflich, daß mit der Existenz von Dingen notwendigerweise Beziehungen zwischen den Dingen bestehen müssen. Diese Aussage ist trivial, wenn nicht gleichzeitig angegeben werden

---

(37) Vgl. Wegner, Gertrud: Systemanalyse und Sachmitteleinsatz in der Betriebsorganisation, a. a. O. , S. 24.
(38) Vgl. Wieser, Wolfgang: Organismen, Strukturen, Maschinen, a. a. O. , S. 27; ferner Stefanic-Allmayer, Karl: Allgemeine Organisationslehre. Ein Grundriß. Wien - Stuttgart (1950), S. 12. Weiterhin stellen Hall und Fagen fest, daß die Beziehungen die Elemente eines Systems zusammenhalten. Vgl. Hall, A. D. ; Fagen, R. E. : Definition of System, a. a. O. , S. 18. Auch Lektorsky und Sadovsky betonen, daß eine logische Analyse des systemimmanenten Beziehungskontextes für eine exakte Definition und Klassifikation von Systemen unerläßlich sei. Siehe hierzu Lektorsky, V. A. ; Sadovsky, V. N. : On Principles of System Research (Related to L. Bertalanffy's General System Theory). General Systems, Bd. V, 1960, S. 177 f.

kann, welcher Art diese Beziehungen sind und welche Konsequenzen sich aus dem Phänomen Beziehung für Elemente und Systeme ergeben.

Obwohl vielfach auf die Bedeutung der Beziehung als konstituierendes Merkmal des Phänomens System hingewiesen wird, fehlt es bis jetzt an Analysen und Aussagen, die eine exakte Definition und Typisierung von Beziehungen ermöglichen. Es kann also nur eine formale Typisierung der Beziehungsarten aufgrund axiomatisch formulierter Aussagen (39) vorgenommen werden, die zu der folgenden Einteilung führt:

- Nach dem Merkmal Seinsbereich in reale oder ideale Beziehungen
- Nach dem Merkmal Entstehung in natürliche oder künstlich geschaffene Beziehungen
- Nach dem Merkmal Zeit in zeitunabhängige oder zeitabhängige Beziehungen
- Nach dem Merkmal Systembezug in interne oder externe Beziehungen
- Nach dem Merkmal Aktivität in aktive oder inaktive Beziehungen
- Nach dem Merkmal Richtung in einseitige oder wechselseitige Beziehungen.

Diese angeführten Beziehungsarten (40) treffen letztlich für alle Bereiche der Realität zu (41). Aufgrund dieser Typisierung polarer Beziehungen (42) und aufgrund der möglichen Kombinationen verschiedener Beziehungsarten lassen sich Systeme näher determinieren und beschreiben sowie alle Beziehungsphänomene in allgemeingültiger Form erfassen und ordnen.

---

(39) Axiome sind Sätze, die weder falsch noch wahr sind; sie werden innerhalb eines Systems ohne Beweis als richtig angenommen. Vgl. Stichwort Axiom. In: Wörterbuch der philosophischen Begriffe, hrsg. von Johannes Hoffmeister, a.a.O., S. 101 f.; Flechtner, Hans-Joachim: Grundbegriffe der Kybernetik. Eine Einführung. Stuttgart 1966, S. 233.
(40) Vgl. Fuchs, Herbert: Systemtheorie, a.a.O., Sp. 1620.
(41) Vgl. die umfassende Darstellung bei Hartmann, Nicolai: Der Aufbau der realen Welt. 3. Aufl., Berlin 1964. Ebenso Stichwort Kategorie. In: Wörterbuch der philosophischen Begriffe, hrsg. von Johannes Hoffmeister, a.a.O., S. 344 f.
(42) Lehmann spricht bei dieser Form der Ordnung von partieller Typisierung, bei der sich auf den verschiedenen Merkmalsebenen polare Typen ergeben. Vgl. Lehmann, Helmut: Wesen und Formen des Verbundbetriebes. Ein Beitrag zur betriebswirtschaftlichen Morphologie. Berlin (1965), S. 99 ff.

Beziehungen ergeben sich durch den Austausch von Energie, Materie und/oder Information zwischen Elementen oder zwischen Systemen. Diese Größen sollen als Strömungsgrößen bezeichnet werden (43). Solange die Strömungsgrößen nicht gleich Null sind, handelt es sich um aktive Beziehungen bzw. aktive Wirkungsbeziehungen, sind sie jedoch Null, so liegen keine aktiven Wirkungsbeziehungen, sondern nur noch inaktive Beziehungen vor, wie z. B. geographische Lagebeziehungen oder logische Beziehungen zwischen den Elementen von Aussagensystemen.

Stehen Elemente in einem System oder Systeme untereinander oder mit der Umwelt in Aktion oder Interaktion, also in einem aktiven Wirkungszusammenhang, so müssen sie sowohl Inputs als auch Outputs besitzen. Die Inputs und Outputs von Elementen und/oder Systemen konkretisieren sich in den Strömungsgrößen Energie, Materie und/oder Information und sind reale, aktive, natürliche oder künstlich geschaffene Größen, die zeitabhängig oder zeitunabhängig wirken. Ist der Input eines Elements gleich dem Output eines anderen Elements, so liegt eine Beziehung zwischen diesen Elementen vor, die entweder einseitig oder wechselseitig wirken kann.

Die Aufgabe für eine effiziente Erforschung von Systemen besteht nun darin, die relevanten wirkenden Strömungsgrößen zu erkennen und zu messen. Diese Messungen können aufgrund der Beschaffenheit von Beziehungen entweder quantitativ oder qualitativ erfolgen. Werden die gemessenen Outputs zu den gemessenen Inputs in Beziehung gesetzt, so sind gewisse Schlüsse, je nach Güte der Messung, auf die Transformationsprozesse im System und auf die Verhaltensweisen des Systems möglich. Auf dieser Black-Box-Betrachtung basiert auch das Konzept der Übertragungsfunktionen in der Regelungstheorie.

3.12 Varietät, Konnektivität, Komplexität und Variabilität

Die Begriffe Varietät, Konnektivität, Komplexität und Variabilität werden im Rahmen der Allgemeinen Systemtheorie zur Beschreibung der Struktur und der Zustände von Systemen herangezogen. Allerdings werden sie in der Literatur teilweise etwas unterschiedlich verwendet; so werden oft verschiedenartige Sachverhalte mit gleichen Begriffen belegt und umgekehrt. Da diese Größen für eine Systembeschreibung jedoch wesentlich zu sein scheinen, sollen sie im folgenden auf ihren eigentlichen Aussagegehalt reduziert werden.

---

(43) Vgl. Lehmann, Helmut: Integration. In: Handwörterbuch der Organisation, hrsg. von Erwin Grochla, Stuttgart 1969, Sp. 772; Fuchs, Herbert: Systemtheorie, a. a. O. , Sp. 1621.

Die Anzahl diskreter Elemente in einem System wird mit dem Begriff Varietät belegt (44). Unter der Anzahl diskreter Elemente wird die Anzahl unterschiedlicher Elementegruppen verstanden, wobei sich in jeder Gruppe nur Elemente gleicher Eigenschaften befinden (45). Sind demnach in einem System alle Elemente gleicher Art, so ist die Varietät $V = 1$; (46) sind demgegenüber alle Elemente eines Systems von verschiedener Art, so ist $V = max$, bezogen auf die vorhandenen Elementegruppen.

Mit dem Begriff Varietät kann auch die Anzahl diskreter Zustände eines Systems bezeichnet werden (47), denn die verschiedenen Zustände, die ein System einnehmen kann, entsprechen einer Anzahl verschiedener Eigenschaften. Liegt also eine Anzahl unterschiedlicher Klassen von Zuständen vor, so ist V größer 1, und die unterschiedlichen Klassen N sind gleich der Varietät V.

Es gilt somit: $V = N$

Die Varietät wird weiterhin durch den Wert des Logarithmus zur Basis 2 der N verschiedenen Elemente bzw. Zustände ausgedrückt, wobei die Anzahl N der verschiedenen Elemente zur Basis 2 geschrieben wird (48). Die Varietät eines Systems mit $N = 2^n$ unterschiedlichen Elementen ist dann der Wert des Logarithmus zur Basis 2 von N und wird in bit gemessen:

$$V = \mathrm{ld}N = \mathrm{ld}2^n = n \; \left[\mathrm{bit}\right]$$

Die unterschiedliche Anzahl der Elemente oder Zustände eines Systems, also die Varietät, wird hier lediglich durch den Logarithmus zur Basis 2 ausgedrückt. Es ist demnach gleichgültig, ob der Wert der Varietät im dekadischen System oder im binären oder dualen Zahlensystem angegeben wird. In diesem Zusammenhang ist festzustellen, daß der Wert der Varietät $V = \mathrm{ld}N$ eine enge Beziehung zum

(44)   Vgl. Ashby, W. Ross: An Introduction to Cybernetics, a. a. O., S. 126; Beer, Stafford: Kybernetik und Management, a. a. O., S. 61.

(45)   Vgl. hierzu und zum folgenden Flechtner, Hans-Joachim: Grundbegriffe der Kybernetik, a. a. O., S. 368 f. und S. 377.

(46)   Wird die Varietät logarithmisch dargestellt, so ist $V = 0$, da $\mathrm{ld}1 = 0$.

(47)   Vgl. Mirow, Heinz Michael: Kybernetik. Grundlagen einer allgemeinen Theorie der Organisation. Wiesbaden (1969), S. 71.

(48)   Vgl. Ashby, W. Ross: An Introduction to Cybernetics, a. a. O., S. 126; Mirow, Heinz Michael: Kybernetik, a. a. O., S. 71; Flechtner, Hans-Joachim: Grundbegriffe der Kybernetik, a. a. O., S. 369.

Informationsgehalt oder der Negentropie im Rahmen der Informationstheorie aufweist (49).

Die Eigenschaften, Verhaltensweisen und die Zustände von Systemen und somit auch deren Qualität werden weniger durch die Anzahl der Elemente, als vielmehr durch den aktiven Beziehungszusammenhang zwischen den Elementen bestimmt (50). Nach Wieser können demnach Systeme einen qualitativ verschiedenen Wirkungsgrad aufweisen, je nachdem, in welcher Art und Weise gleiche Elemente in einem aktiven Wirkungszusammenhang stehen (51). Die unterschiedliche Qualität und somit auch die Effizienz von Systemen würde demnach nicht auf dem Unterschied der Eigenschaften und der Anzahl der Elemente, also auf der Varietät basieren, sondern vor allen Dingen auf unterschiedlichen Graden der Konnektivität.

---

(49) Der mittlere Informationsgehalt wird durch die Beziehung

$$H = - \sum_{i=1}^{n} p_i \, \mathrm{ld} p_i \; [\mathrm{bit}]$$

angegeben*1). Die Gleichung besagt, daß der Mittelwert der Information pro Entscheidung gleich dem Erwartungswert, der Entropie, ist. Für die Häufigkeiten p_i = konstant, geht die oben angegebene Beziehung in $H = -\mathrm{ld} p_i = \mathrm{ld} n$ über, wobei n die Anzahl der gleichwahrscheinlichen Nachrichten repräsentiert. Nach Shannon wird der Ausdruck H als Entropie bezeichnet*2) und gibt die Entropie der Nachrichtenquelle an.

*1) Vgl. Flechtner, Hans-Joachim: Grundbegriffe der Kybernetik, a.a.O., S. 119; Peters, Johannes: Einführung in die allgemeine Informationstheorie. Berlin - Heidelberg - New York 1967, S. 159.

*2) Shannon wählt hierfür die Bezeichnung Entropie, ohne näher auf die hiermit verbundene Problematik einzugehen. "The form of H will be recognized as that of entropy as defined in certain formulations of statistical mechanics, where p_i is the probability of a system being in cell i of its phase space." Shannon, Claude E.; Weaver, Warren: The Mathematical Theory of Communication. Urbana 1949, S. 20.

(50) Vgl. hierzu Wieser, Wolfgang: Organismen, Strukturen, Maschinen, a.a.O., S. 26 f.; ferner Flechtner, Hans-Joachim: Grundbegriffe der Kybernetik, a.a.O., S. 372 ff.; Känel, Walter: Operations Research und betriebswirtschaftliche Entscheidungen. Hamburg - Berlin 1966, S. 34 ff.

(51) Vgl. Wieser, Wolfgang: Organismen, Strukturen, Maschinen, a.a.O., S. 27; ebenso Schweiker, Konrad F.: Grundlagen einer Theorie betrieblicher Datenverarbeitung, a.a.O., S. 120; Stefanic-Allmayer, Karl: Allgemeine Organisationslehre, a.a.O., S. 12.

Unter der Konnektivität ist die tatsächlich existierende Anzahl der Beziehungen zwischen den Elementen eines Systems zu verstehen (52). In einem System wird nicht immer die maximal mögliche Anzahl von Beziehungen zwischen Elementen vorliegen, denn das würde beinhalten, daß alle Elemente mit allen verbunden wären. Dieser Sachverhalt ist schon dann nicht gegeben, wenn nicht wechselseitige, sondern einseitige Beziehungen bestehen.

Als zentraler Begriff zur Kennzeichnung der Qualität von Systemen wird häufig auch der Ausdruck Komplexität - im Sinne von Kompliziertheit - benutzt. Dabei wird davon ausgegangen, daß die verschiedenen Eigenschaften und Verhaltensweisen von Systemen auf unterschiedlichen Komplexitätsgraden beruhen. Der Grad der Komplexität hängt hierbei wieder nach Wieser nicht von der Zahl der in einem System vorhandenen Elemente ab, sondern ausschließlich von dem Beziehungsreichtum zwischen den Elementen (53). Demgegenüber betont Beer, daß die Komplexität eines Systems an der Varietät zu messen sei (54). Der hier scheinbar vorliegende Widerspruch ist letztlich darauf zurückzuführen, daß Wieser implizit eine Anzahl von Elementen, die in einem Beziehungskontext untereinander stehen, voraussetzt und dann die Komplexität auf den Beziehungsreichtum zurückführt, und Beer demgegenüber von einer gegebenen Elementezahl ausgeht und dann die maximal möglichen Beziehungen zwischen den Elementen berechnet.

Bei der Berechnung der Komplexität werden nach der Formel

$$K = n\,(n-1)$$

die maximal möglichen zweistelligen Beziehungen zwischen den Elementen eines Systems unter der Voraussetzung, daß die Elemente untereinander in wechselseitiger Beziehung stehen, erfaßt. Daraus folgt, daß die Komplexität gleich der maximalen Konnektivität, d. h. also gleich der maximal möglichen Anzahl der Beziehungen zwischen einer gegebenen Anzahl von Elementen ist.

---

(52) Vgl. Beer, Stafford: Kybernetik und Management, a. a. O., S. 24.

(53) Vgl. Wieser, Wolfgang: Organismen, Strukturen, Maschinen, a. a. O., S. 26.

(54) Vgl. Beer, Stafford: Kybernetik und Management, a. a. O., S. 61; ähnlich Känel, Walter: Operations Research und betriebswirtschaftliche Entscheidungen, a. a. O., S. 35; Stranzky, Rolf: Kybernetik ökonomischer Reproduktion. Grundriß einer Theorie der Steuerung wirtschaftlichen Verhaltens. Berlin (1966), S. 24 ff.

Außerdem hängt die Qualität eines Systems noch von der Variabilität, d. h. von den maximal möglichen Wirkungsbeziehungskonstellationen in einem System ab. Jeder dieser unterschiedlichen Beziehungskontexte besitzt andere Eigenschaften oder Zustände. Durch die Variabilität werden also die maximal möglichen Wirkungsbeziehungskonstellationen und die damit verbundenen Zustände eines Systems erfaßt.

Die Variabilität eines Systems wird dargestellt durch:

$$VA = 2^{n\,(n-1)}$$

wobei vorausgesetzt wird, daß jede der n (n-1) Beziehungen zwischen den n Elementen bestehen kann oder nicht (55).

Wird nun in einem System z. B. die Elementezahl um 1 erhöht, so folgt daraus - vorausgesetzt, daß die Elementänderung auch eine Variation des Beziehungsreichtums mit sich bringt - eine erhebliche Erhöhung der Komplexität sowie eine extrem große Erweiterung der Variabilität bei zunehmender Elementezahl.

Diese Zusammenhänge lassen sich an dem folgenden einfachen Beispiel verdeutlichen:

Ein System bestehe aus n diskreten Elementen.
Für n = 4 Elemente beträgt die Varietät:

$$V = N = 4$$

Die Komplexität des Systems berechnet sich aus:

$$K = n\,(n-1),$$

wobei wechselseitige Beziehungen zwischen den Elementen vorausgesetzt sind; denn $A \longrightarrow B \neq B \longrightarrow A$ (56).

Für n = 4 Elemente beträgt die Komplexität:

$$K = 4 \cdot (4-1) = 12$$

Die Komplexität von 12 entspricht also auch der maximalen Konnektivität.

---

(55) Vgl. hierzu auch Beer, Stafford: Kybernetik und Management, a. a. O. , S. 25 f.

(56) Bei einseitigen Beziehungen ergibt sich die Form

$$K = \frac{n\,(n-1)}{2}$$

Die Variabilität des Systems errechnet sich aus:

$$VA = 2^{n\,(n-1)}$$

Für n = 4 Elemente beträgt die Variabilität:

$$VA = 2^{4\,(4-1)} = 2^{12} = 4096$$

Das System kann also 4096 verschiedene Zustände einnehmen. Bei erst fünf Elementen beträgt die Komplexität 20 und die Variabilität schon 1.048.576.

Diese formale quantitative Bestimmung der Komplexität und der Variabilität ist aber wenig operational. Sind z. B. nicht alle Elemente untereinander verbunden, wie dies für Wirkungssysteme zutreffen dürfte – denn die Annahme, daß alle Elemente mit allen in Wechselwirkung stehen, entspricht nicht der Realität – so sind bei einer größeren Anzahl unterschiedlicher Elemente keine realistischen Aussagen mehr über den Komplexitätsgrad und über die im System herrschende Variabilität möglich. Solche Aussagen sind dann nur noch auf dem Wege empirischer Untersuchungen bezüglich der Variabilität und Konnektivität zu gewinnen. Liegen empirisch erfaßte Systeme mit der Anzahl ihrer Elemente und der Anzahl der zwischen ihnen tatsächlich bestehenden Beziehungen vor, so könnte zu deren Vergleich untereinander eine Kennzahl dienen, die aus dem Quotienten der Konnektivität zur Komplexität besteht.

In diesem Zusammenhang ist noch auf den Tatbestand hinzuweisen, daß die Qualität eines Wirkungssystems durchaus durch die Elementqualitäten mitbestimmt wird (57). Haben Elemente verschiedene Eigenschaften, die über Beziehungen zu anderen Elementen aktiviert werden können, so brauchen aber noch nicht alle Eigenschaften der Elemente in einem speziellen Beziehungskontext ausgeschöpft zu werden. Dieser Sachverhalt beruht auf einem latenten Vorhandensein von Eigenschaften in Elementen. Hierdurch wird letztlich die Fähigkeit eines Systems begründet, unterschiedliche Beziehungskonstellationen bei gleicher Elementezahl aufgrund unterschiedlicher Eigenschaften der Elemente anzunehmen. Ohne diesen Tatbestand wäre z. B. die Anpassungsfähigkeit von Wirkungssystemen bei gegebener Varietät nur über den Austausch von Elementen mit den entsprechenden Eigenschaften möglich. Dies aber widerspricht der Realität. Denn gerade Wirkungssysteme, wie z. B. Organismen und Unternehmungen, sind in der Lage, ohne Elemente auszutauschen, Aktivitäten und andersartige Beziehungskontexte aufgrund geeigneter Eigenschaf-

---

(57) Anders Wieser, Wolfgang: Organismen, Strukturen, Maschinen, a. a. O. , S. 27.

ten von Elementen zu konstituieren, um sich so veränderten Umweltbedingungen anzupassen. Wenn es allerdings nicht mehr möglich ist, die Anpassungsfähigkeit, z. B. einer Unternehmung, aufgrund der den Elementen inhärenten Eigenschaften aufrechtzuerhalten, so müssen ursprüngliche Elemente durch geeignetere ausgewechselt oder zusätzliche Elemente hinzugenommen werden.

Das Qualitätsniveau von Systemen kann also nicht allein über die Konnektivität bestimmt werden, da die Qualität außerdem von der Variabilität, d. h. von den durch die Varietät und durch die Konnektivität bewirkten systemimmanenten Beziehungskonstellationen, abhängt. Da durch eine Veränderung der Elementezahl oder durch die Nutzung nicht genutzter Eigenschaften von Elementen auch eine Veränderung der Konnektivität und somit auch eine Veränderung des Komplexitätsgrades und der Variabilität hervorgerufen werden kann, können sich unterschiedliche Eigenschaften, Zustände und Verhaltensweisen von Systemen ergeben.

3.13 Struktur und Funktion

Ein System wurde als ein Komplex gekennzeichnet, dessen Elemente in einem aktiven oder inaktiven Beziehungskontext untereinander stehen. Nur in dem Fall, in dem die Elemente eines Systems in einem aktiven Beziehungszusammenhang untereinander stehen und außerdem Systeme Umwelteinflüssen unterliegen, handelt es sich um Wirkungssysteme, wie Organismen, Gruppen und Unternehmungen.

Wird die Anordnung der Elemente innerhalb eines Systems betrachtet, so wird die jeweils vorliegende Art des formalen Aufbaus als Struktur, Baumuster oder Gliederung bezeichnet (58). Das entspricht dem morphologischen Aufbau des Systems. Diese strukturelle Betrachtung eines Systems kann dann sowohl auf Wirkungssysteme als auch auf solche Systeme angewendet werden, deren Elemente in einem inaktiven Beziehungszusammenhang zueinander stehen, z. B. dann, wenn das räumliche oder begriffliche Beziehungsgefüge solcher Systeme betrachtet wird. Demgegenüber kann der Prozeß oder die Funktion nur an Wirkungssystemen beobachtet werden, die letztlich Gegenstand der hier vorliegenden Betrachtung sind. Die beiden Phä-

----

(58) Vgl. Stranzky, Rolf: Kybernetik ökonomischer Reproduktion, a. a. O. , S. 25; Miller, James G. : Living Systems: Basic Concepts, a. a. O. , S. 209 ff. ; Wieser, Wolfgang: Organismen, Strukturen, Maschinen, a. a. O. , S. 12; Beer, Stafford: Kybernetik und Management, a. a. O. , S. 25; Leinfellner, Werner: Struktur und Aufbau wissenschaftlicher Theorien, a. a. O. , S. 202 f. und S. 224; Stefanic-Allmayer, Karl: Allgemeine Organisationslehre, a. a. O. , S. 19.

nomene Struktur und Funktion, die bei Wirkungssystemen auftreten, scheinen komplementärer Natur zu sein.

Bei Beschreibungen von Systemen und bei der Erkenntnisfindung über Systeme wird oft versucht, das Wesen über die Struktur zu entschlüsseln. Die Struktur wird also zuerst gesucht, und mit ihrer Hilfe sollen dann organisierende Kräfte, die eine Funktion dieser Struktur bedingen, nachträglich gefunden werden (59). Auf der anderen Seite steht die Ansicht Bertalanffys, daß eine Struktur nur über die Funktion bzw. über den Prozeß, der sie begründet, determiniert werden könne. Strukturbildende Kriterien dürfen somit nicht in der Struktur selbst gesucht werden, sondern vielmehr im Prozeß; d. h. die Struktur und die Form können niemals als primär und somit als Ausgangspunkt hingestellt werden (60).

Ein Wirkungssystem ist der "Ausdruck eines immerwährenden Prozesses, wie andererseits die Prozesse durch Strukturen und Formen getragen werden" (61). Obwohl aus diesen Ausführungen Bertalanffys ersichtlich ist, daß beide Phänomene ineinander übergehen, räumt er dennoch der Funktion gegenüber der Struktur die primäre Stellung ein (62). Strukturen bedeuten für ihn lang ausgedehnte, langsam sich vollziehende Prozeßwellen, wohingegen die Funktionen durch kurze, rasche Prozeßwellen, die die Strukturen überlagern, gekennzeichnet sind. Dadurch sind die Prozeßwellen der Funktionen auch in der Lage, Strukturen zu verändern. Dies wird durch die Superposition der beiden Wellenzüge leicht begreiflich.

Nach Bendmann liegt die primäre Stellung der Funktion gegenüber der Struktur dann vor, wenn es sich um die Entstehung und die Entwicklung von Wirkungssystemen handelt. Demgegenüber muß die bereits vorhandene Struktur als Basis und damit als primär gegenüber der Funktion angesehen werden, wenn es sich um die Existenz oder die Fortdauer eines Systems handelt (63).

---

(59)   Vgl. Kamarýt, Jan: Die Bedeutung der Theorie des offenen Systems in der gegenwärtigen Biologie, a. a. O. , S. 1246 f. (2046 f.).

(60)   In diesem Zusammenhang spricht Bertalanffy von einer "dynamischen Morphologie". Vgl. Bertalanffy, Ludwig v. : Das biologische Weltbild, a. a. O. , S. 130.

(61)   Bertalanffy, Ludwig v. : Das biologische Weltbild, a. a. O. , S. 129.

(62)   Vgl. Bertalanffy, Ludwig v. : Das biologische Weltbild, a. a. O. , S. 128 ff.

(63)   Vgl. Bendmann, Arno: L. von Bertalanffys organismische Auffassung des Lebens in ihren philosophischen Konsequenzen. Jena 1967, S. 74.

Die Änderungsvorgänge des inneren Ordnungszusammenhangs eines Systems - also die Änderungen der Struktur - können komparativ statisch betrachtet werden. Bedingt durch die Betrachtung eines Wirkungssystems zu einem bestimmten Zeitpunkt - vorausgesetzt, daß dies überhaupt möglich ist - scheinen die Prozesse erstarrt zu sein, und das System repräsentiert sich in seiner Struktur. Dieser statische Zustand eines Systems zu einem bestimmten Zeitpunkt kann als Struktur bezeichnet werden (64).

Es scheint möglich zu sein, zum einen die Anordnung der Elemente, also die Struktur, isoliert zu betrachten und zum anderen die zwischen Elementen ablaufenden Prozesse, also die Funktion. Diese unterschiedlichen Betrachtungsweisen beruhen auf der gedanklichen Trennung zwischen Struktur (Aufbau, Statik) und Funktion (Ablauf, Prozeß, Dynamik). Eine größere Bedeutung dürfte aber der funktionalen Interpretation von Systemen zukommen, welche die in den systembildenden Einheiten ablaufenden Prozesse und die Strukturveränderungen sowie die Verhaltensweisen von Systemen im Zeitablauf beschreibt. Obwohl aus methodischen Gründen oft eine Trennung zwischen Struktur und Funktion zweckmäßig zu sein scheint, gehen jedoch beide Phänomene ineinander über und bedingen sich gegenseitig (65).

Wirkungssysteme sind immer bestrebt, ihre Strukturen und auch ihre Funktionen in gewissen Grenzen und über eine gewisse Zeit konstant zu erhalten, also einen Gleichgewichtszustand zu erreichen und zu erhalten; trotzdem verändern sich aber im Laufe der Zeit ihre Struktur- und Funktionszusammenhänge (66). Dabei sind solche Systeme zu unterscheiden, die ihre Struktur im Zeitablauf nicht selbst verändern können und solche, die ihre Struktur aus sich selbst heraus konstant erhalten oder verändern. Während bei geschlossenen Systemen der Änderungsprozeß durch einen externen Anstoß bewirkt wird,

---

(64) "This process halted at any given moment - as when motion is frozen by a high-speed photograph - would reveal the three-dimensional spatial arrangement of the system's components as of that instant. " Miller, James G. : Living Systems: Basic Concepts, a. a. O. , S. 209.

(65) Vgl. Acker, Heinrich B. : Organisationsstruktur. In: Organisation. Bd. I der TFB-Handbuchreihe, hrsg. von Erich Schnaufer und Klaus Agthe, Berlin - Baden-Baden (1961), S. 119 ff. ; Kosiol, Erich: Organisation der Unternehmung, a. a. O. , S. 32 und S. 188; Merton, R. K. : Social Theory and Social Structure. Glencoe, Ill. 1967, S. 46 f.

(66) Vgl. Miller, James G. : Living Systems: Basic Concepts, a. a. O. , S. 209; weiterhin Stefanic-Allmayer, Karl: Allgemeine Organisationslehre, a. a. O. , S. 19.

können bestimmte offene Systeme, wie Wirkungssysteme, ihren Strukturzusammenhang aus sich selbst heraus verändern. Diese Veränderungen des Strukturzusammenhangs werden durch die zwischen den Elementen auszutauschenden Strömungsgrößen und durch die Beziehungen zur Umwelt hervorgerufen. Das System paßt sich also an neue Bedingungen an. Durch diesen Anpassungsprozeß werden neue Strukturen geschaffen. Diese Strukturbildung wird auf die Gesetze der modernen Thermodynamik zurückgeführt, bei der das offene System Gegenstand der Untersuchung ist (67). Der Sachverhalt der Strukturbildung beruht aus der Sicht der Thermodynamik darauf, daß die Entropieänderung in einem offenen System sowohl positiv als auch negativ sein kann (68).

Die getrennte Betrachtung von Funktion und Struktur ist aber vielmehr auf die komplementäre Erscheinungsform von Wirkungssystemen zurückzuführen als auf die vorgetragenen Argumente. Wird nämlich die Struktur zu einem beliebigen Zeitpunkt oder zu mehreren Zeitpunkten (komparativ-statische Betrachtung), also die erstarrte Funktionsstruktur betrachtet, so ist kein Zugang mehr zu den Prozessen, der Funktion möglich; und werden die Funktionen, also die Prozesse in ihrem Ablauf und ihren Veränderungen betrachtet, so kann die jeweils momentan bestehende Struktur nicht erfaßt werden. Hier liegt ein analoges Problem zu dem Problem der Physik vor, das dadurch entsteht, daß entweder nur der Ort eines Elektrons, also das Ruhende, oder nur die Geschwindigkeit, also das sich Bewegende, gemessen werden kann. In diesem Sinne sind also Struktur und Funktion komplementär, und damit wirft auch die Untersuchung und Beschreibung von Wirkungssystemen erhebliche methodische Schwierigkeiten auf.

Auf der Grundlage von nur strukturorientierten Systemuntersuchungen können lediglich statische Betrachtungen vorgenommen und statische Modelle entwickelt werden, was bisher vorwiegend auch geschehen ist. So stellen z. B. die traditionellen Ansätze zur Untersuchung von Systemen die strukturelle Erscheinungsform von Phänomenen in den Vordergrund ihrer Betrachtung, und die aus dieser Betrachtungsweise entwickelten Modelle beschreiben dann hauptsäch-

---

(67) Vgl. Kamarýt, Jan: Die Bedeutung der Theorie des offenen Systems in der gegenwärtigen Biologie, a. a. O. , S. 1247 (2047); Haase, R. : Der zweite Hauptsatz der Thermodynamik und die Strukturbildung in der Natur. In: Die Naturwissenschaften, 44. Jg. 1957, S. 411 und S. 413; Haase, R. : Der zweite Hauptsatz in der Biologie. Zeitschrift für Elektrochemie. Bd. 55, 1951, S. 568.

(68) Vgl. Haase, R. : Der zweite Hauptsatz der Thermodynamik und die Strukturbildung in der Natur, a. a. O. , S. 409 f.

lich statische Gleichgewichtszustände von Systemen. Soll jedoch die Interdependenz von Struktur und Funktion von Systemen erfaßt werden, so ist dies nur mit Hilfe dynamischer Modelle möglich, die das zeitliche Verhalten von Systemen berücksichtigen (69). Derartige Modelle sind Gegenstand der Allgemeinen Systemtheorie, so daß die bisherige Betrachtung von Systemen durchaus mit neuen Aspekten angereichert werden dürfte.

3. 2 Systemtypisierung

Neben der Beschreibung von Systemen durch ihre konstituierenden Merkmale läßt sich durch Typisierung der in der Realität anzutreffenden unterschiedlichen Erscheinungsformen eine zusätzliche Kennzeichnung des allgemeinen Phänomens System vornehmen. Systeme lassen sich hinsichtlich ihrer speziellen, realen Ausprägungsform durch nähere Bestimmung charakteristischer Eigenschaften, wie unterschiedliche Elemente, Beziehungen, Zustände und Verhaltensweisen, beschreiben und voneinander abgrenzen. Werden einige typische Eigenschaften von Systemen als Merkmale herausgestellt und treffen bestimmte Merkmalkombinationen für mehrere Systeme zu, so lassen sich Systemgruppen, -arten oder -typen bilden (70). Die Auswahlkriterien oder Merkmale, die als Basis für Systemklassifikationen und Systemtypologien dienen, sind grundsätzlich zweckorientiert und subjektiv. Es können demnach beliebig viele Eigenschaften als Merkmale zur Einteilung, Klassifikation und Typenbildung von Systemen benutzt und zu einem allgemeinen Beschreibungsmodell von Systemen zusammengefaßt werden (71).

---

(69)   Vgl. hierzu auch Kade, Gerhard; Ipsen, Dirk; Hujer, Reinhard: Modellanalyse ökonomischer Systeme. Regelung, Steuerung oder Automatismus? Jahrbücher für Nationalökonomie und Statistik. Band 182, Heft 1, 1968, S. 22 ff.; Schiemenz, Bernd : Die mathematische Systemtheorie als Hilfe bei der Bildung betriebswirtschaftlicher Modelle. Zeitschrift für Betriebswirtschaft, 40. Jg. 1970, S. 782 f.

(70)   Vgl. hierzu Kosiol, Erich: Die Unternehmung als wirtschaftliches Aktionszentrum. Einführung in die Betriebswirtschaftslehre. Reinbek b. Hamburg (1966), S. 23 ff.

(71)   Vgl. Schmidt, Franz: Ordnungslehre. München - Basel 1956, S. 20; Kosiol, Erich: Die Unternehmung als wirtschaftliches Aktionszentrum, a. a. O. , S. 23. Eine Zusammenstellung von möglichen Systemeigenschaften findet sich beispielsweise bei Kosiol, Erich; Szyperski, Norbert; Chmielewicz, Klaus: Zum Standort der Systemforschung im Rahmen der Wissenschaften, a. a. O. , S. 351. Zu der Beziehung zwischen Beschreibungsmodell und Realität vgl. Albert, Hans: Probleme der Wissen-

Die Kombinationen unterschiedlicher Eigenschaften können zu verschiedenen Merkmalsgruppen zusammengefaßt werden, die einen speziellen Systemtyp repräsentieren. Werden diese Systemtypen ein- oder mehrdimensional geordnet, so ergibt sich eine Systemtypologie (72).

In der Literatur lassen sich viele Ansätze zu Systemtypologien finden; es sollen hier aber nur wenige repräsentative angeführt werden. Beer unterscheidet z. B. Systeme nach dem Grad der Komplexität, indem er Systeme nach Regelungstypen (73) willkürlich ordnet. Da-

Bestimmbarkeit Komplexität	DETERMINIERT	PROBABILISTISCH
EINFACH	Fenstergriff Anordnung einer Maschinenhalle	Münzenwerfen Statistische Qualitätskontrolle
KOMPLEX	Digitaler Elektronenrechner Planetensystem	Lagerhaltung Bedingte Reflexe
ÄUSSERST KOMPLEX	Unbesetzt	Volkswirtschaft Unternehmung

Abb. 1

Forts. Fußnote (71):
schaftslehre in der Sozialforschung. In: Handbuch der empirischen Sozialforschung, Bd. I, hrsg. von René König unter Mitwirkung von Heinz Maus, Stuttgart 1962, S. 51.

(72) Vgl. Hempel, Carl G. : Typologische Methoden in den Sozialwissenschaften. In: Logik der Sozialwissenschaften, hrsg. von Ernst Topitsch, Köln - Berlin (1965), S. 85 - 103; Kosiol, Erich: Die Unternehmung als wirtschaftliches Aktionszentrum, a. a. O. , S. 23 ff.

(73) Siehe Beer, Stafford: Kybernetik und Management, a. a. O. , S. 33.

bei differenziert er zwischen einfachen, komplexen und äußerst komplexen Systemen und unterteilt diese noch nach der Bestimmbarkeit in determinierte oder probabilistische Systeme. Die Kombination beider Merkmalsgruppen ergibt dann sechs Kategorien (vgl. Abb. 1) (74).

Boulding z. B. entwickelt eine neunstufige Komplexitätshierarchie für Systeme, indem er ausgehend von der statischen Stufe des Elementaufbaus bis hin zum dynamischen Interaktionsnetz zwischen System und Umwelt Systeme nach Komplexitätsgraden ordnet (75). Die Boulding'sche Systemhierarchie wird in der Literatur oft (76), aber manchmal etwas mißverständlich, angeführt und als Beispiel für eine Typologie von Systemen schlechthin betrachtet; deshalb soll hier näher auf sie eingegangen werden. Diese Typologie ist insofern interessant, als sie eng mit den Aufgaben und Zielen und dem interdisziplinären Charakter der Allgemeinen Systemtheorie zusammenhängt.

Um theoretische, allgemeingültige Modelle zur Beschreibung und Erklärung von Systemen zu entwickeln, sieht Boulding folgende zwei Möglichkeiten: "The first approach is to look over the empirical universe and to pick out certain general phenomena which are found in many different disciplines, and to seek to build up general theoretical models relevant to these phenomena. The second approach is to arrange the empirical fields in a hierarchy of complexity of organization of their basic 'individual' or unit behavior and to try to develop a level of abstraction to each" (77).

---

(74) Vgl. hierzu Beer, Stafford: Kybernetik und Management, a. a. O. , S. 27 - 34. Beer weist auf S. 33 f. auf die Möglichkeit hin, zwischen formalen, physikalischen, mechanischen und lebenden Systemen zu unterscheiden, Abb. S. 33.

(75) Vgl. hierzu und zum folgenden Boulding, Kenneth: General System Theory - The Skeleton of Science, a. a. O. , S. 14 - 17.

(76) So z. B. bei Goode, H. : A Decision Model for a Fourth-Level Model in the Boulding Sense. In: Systems: Research and Design. Proceedings of the First Systems Symposium at Case Institute of Technology, hrsg. von Donald P. Eckman, New York - London (1961), S. 105 - 107; weiterhin Johnson, Richard A. ; Kast, Fremont E. ; Rosenzweig, James E. : The Theory and Management of Systems, a. a. O. , S. 7 - 9; anders Kosiol, Erich; Szyperski, Norbert; Chmielewicz, Klaus: Zum Standort der Systemforschung im Rahmen der Wissenschaften, a. a. O. , S. 350 f.

(77) Boulding, Kenneth: General System Theory - The Skeleton of Science, a. a. O. , S. 13.

Boulding gibt der zweiten Vorgehensweise den Vorzug, weil sie nach seiner Meinung systematischer sei als die erste, die zu einem System von Systemen führen würde. Demgegenüber ermöglicht die zweite Vorgehensweise, Systeme nach ihrer Komplexität in eine Hierarchie zu ordnen, eine Zusammenfassung gleichartiger theoretischer Systeme auf einer Ebene und somit eine theoretische Abstufung realer Phänomensysteme (78). Die auf den einzelnen Ebenen angegebenen Phänomensysteme - in der folgenden Gliederung in Klammern geschrieben - stehen lediglich beispielhaft für die den einzelnen Ebenen zugeordneten theoretischen Systemtypen mit gleichem Beziehungsmuster (79). Die folgende Wiedergabe der Systemhierarchie Bouldings soll die diskutierten Zusammenhänge näher erläutern; außerdem soll versucht werden, die einzelnen Ebenen der neunstufigen Hierarchie zu den bisherigen Überlegungen in Beziehung zu setzen (80):

I. Systeme mit statischen Strukturen (z. B. Elementarzusammenhänge). Nach der oben entwickelten Beziehungsklassifikation sind dies solche Systeme, deren Elemente in einer inaktiven Beziehungskonstellation zueinander stehen. Auf dem Wege einer gedanklichen Abstraktion zwischen Funktion und Struktur kann jeder augenblickliche systemimmanente Strukturzustand als statische Struktur verstanden werden.

II. Einfache dynamische Systeme mit determinierten Bewegungsabläufen (z. B. Uhrwerk). Hierzu zählen Systeme, deren Elemente in irgendeiner Form durch aktive Wirkungsbeziehungen miteinander verknüpft sind. Hinsichtlich der Gleichgewichts-

---

(78) Vgl. Boulding, Kenneth: General System Theory - The Skeleton of Science, a. a. O. , S. 14. Auf jeder Ebene sind dann Systeme mit gleichem Beziehungsmuster zusammengefaßt. Vgl. Johnson, Richard A. ; Kast, Fremont E. ; Rosenzweig, James E. : The Theory and Management of Systems, a. a. O. , S. 7-9.

(79) Es wäre also ebensogut möglich, anstelle der von Boulding genannten Realsysteme (framework, clockwork, thermostat usw.) beliebige andere Systeme zur Verdeutlichung der einzelnen Stufen anzugeben. Vgl. auch Johnson, Richard A. ; Kast, Fremont, E. : Rosenzweig, James E. : The Theory and Management of Systems, a. a. O. , S. 7. So verallgemeinert beispielsweise Goode die Zell-Stufe, indem er diese mit einem Luftwaffenverteidigungssystem vergleicht. Siehe Goode, H. : A Decision Model for a Fourth-Level Model in the Boulding Sense, a. a. O. , S. 105 - 107.

(80) Vgl. Boulding, Kenneth: General System Theory - The Skeleton of Science, a. a. O. , S. 14 ff.

tendenz dieser Systeme lassen sich nach Boulding zwei Fälle unterscheiden:

a. Einfache Gleichgewichtssysteme, die einem echten Gleichgewicht entgegengehen. Ob hiermit thermodynamisch zu interpretierende Systeme gemeint sind, deren Entropieänderungen gegen ein Maximum streben, ist nicht ersichtlich (81).

b. Stochastisch-dynamische Systeme mit der Tendenz zum stationären Gleichgewicht. Es ist fraglich, ob in diesem Falle nach Boulding noch von determinierten Prozeßstrukturen gesprochen werden kann.

III. Kybernetische Systeme mit Kontrollmechanismen (z. B. Thermostat). Diese Systeme sind ebenfalls dynamischer Art. Sie vermögen innerhalb einer gewissen Bandbreite eine Vielzahl von vorgegebenen Gleichgewichtszuständen zu erreichen. Die Regulation dieser multivariablen Gleichgewichtszustände erfolgt durch Feed-Back-Mechanismen. Jeder Gleichgewichtszustand entspricht hierbei einer ganz bestimmten Wirkungsbeziehungskonstellation zu einem bestimmten Zeitpunkt.

IV. Offene Systeme oder Systeme mit sich selbsterhaltenden Strukturen (z. B. Zelle). Auf dieser Stufe beginnt nach Ansicht Bouldings der Unterschied zwischen belebten und unbelebten Systemen. Allerdings ist zu beachten, daß es auch im Bereich des anorganischen, wenngleich einfache, so doch dem Kriterium eines offenen Systems genügende Gebilde gibt (82). In engem Zusammenhang mit dem Merkmal Selbsterhaltung der Struktur durch Materieaustausch mit der Umwelt steht nach Boulding auch das Merkmal der Selbstreproduktion.

V. Systeme, deren Elemente (Zellen) in Arbeitsteilung und deren Elementkombinationen in differenzierter und wechselseitiger Interdependenz untereinander stehen (z. B. Pflanze).

VI. Systeme, die durch zunehmende Mobilität, teleologisches Verhalten und Bewußtsein gekennzeichnet sind (z. B. Tiere). Bei diesen Systemen ist insbesondere die Aufnahme und Verarbeitung von Informationen weitgehend spezialisiert.

VII. Systeme mit der Fähigkeit zur Selbstreflektion (z. B. Menschen). Diese Systeme besitzen die Fähigkeit zu sprechen, Sig-

---

(81) Zur thermodynamischen Interpretation vgl. S. 67 ff. dieser Arbeit.

(82) Vgl. Bertalanffy, Ludwig v.:Zu einer allgemeinen Systemlehre, a. a. O. , S. 127.

nale (Symbole im weitesten Sinne) zu schaffen, zu empfangen und zu interpretieren.

VIII. Zusammenschluß der Systeme mit Selbstreflektion zu neuen Einheiten (z. B. Organisationen).

IX. Nicht faßbare, transzendentale Systeme.

Bei der Darstellung dieser Typologie wurde versucht, von den empirisch erfahrbaren, realen Erscheinungsformen, auf denen die formalen Unterscheidungsmerkmale offenbar basieren, zu abstrahieren, um die der Typologie zugrunde liegenden formalen Merkmale herauszustellen. Insgesamt entsteht aber der Eindruck, daß die angeführten Kriterien teilweise zu unbestimmt und vieldeutig sind, als daß sie zu einem, um mit Boulding zu sprechen, "... arrangement of 'levels' of theoretical discourse" (83) zusammengefaßt werden könnten. Während die Stufen eins bis vier sich relativ klar voneinander abgrenzen lassen, scheinen insbesondere die nachfolgenden Stufen eher einer globalen empirischen Beschreibung verschiedener Seinsschichten zu entsprechen (84). So stellt Boulding selbst diesbezüglich fest: "One advantage of exhibiting a hierarchy of systems in this way is that it gives us some idea of the present gaps in both theoretical and empirical knowledge. Adequate theoretical models extend up to about the fourth level, and not much beyond. Empirical knowledge is deficient at practically all levels" (85).

Durch Differenzierung des Merkmals Komplexität werden also Systeme voneinander abgegrenzt oder entsprechend ihrer Komplexitäts-

---

(83) Boulding, Kenneth: General System Theory - The Skeleton of Science, a. a. O. , S. 14.

(84) Dieser Stufenbau der Realität ist nicht neu. So unterscheidet u. a. bereits Thomas von Aquin zwischen folgenden Seinsstufen: 1. Unbeseelte materielle Körper, 2. Pflanzen, 3. Tiere, 4. Menschen mit Wissen um ihr Tun, 5. Engel, 6. Gott. Vgl. hierzu Kropp, Gerhard: Philosophie. Ein Gang durch ihre Geschichte. 2. Aufl. , München o. J. , S. 53. Vgl. ferner Stefanic-Allmayer, Karl: Allgemeine Organisationslehre, a. a. O. , S. 7; Bertalanffy, Ludwig v. : Das biologische Weltbild, a. a. O. , S. 34 ff. ; Miller, James E. : Living Systems: Basic Concepts, a. a. O. , S. 211 ff. sowie Gerard, R. W. : Entitation, Animorgs, and other Systems. In: Views on General Systems Theory. Proceedings of the Second Systems Symposium at Case Institute of Technology, hrsg. von Mihajlo D. Mesarović, New York - London - Sydney (1964), S. 122 f.

(85) Boulding, Kenneth: General System Theory - The Skeleton of Science, a. a. O. , S. 16.

grade zu Systemtypen zusammengefaßt, obwohl es problematisch ist, einen exakten Grad der Komplexität zu bestimmen, wie vorher dargelegt wurde. Die Versuche, Systeme nach dieser Eigenschaft zu gliedern, sind mehr intuitiv und entspringen letztlich dem Erfahrungsbereich des täglichen Lebens und der verfolgten Zielsetzung.

Unabhängig von den oben angeführten Typisierungen können Systeme zunächst nach den Merkmalen Seinsbereich, Entstehung und Umweltbeziehungen typisiert und durch Bildung von Merkmalkombinationen voneinander abgegrenzt werden:

- Nach dem Seinsbereich kann zwischen realen und idealen Systemen unterschieden werden (86). Bei den realen Systemen handelt es sich um materielle Objektsysteme der erfahrbaren Realität; bei den idealen Systemen um logisch-theoretische Verknüpfungen in Form von Theorien und Modellen über die Realität und um Aussagekomplexe über Theorien und Modelle.

- Nach dem Merkmal Entstehung kann zwischen künstlichen und natürlichen Systemen differenziert werden (87). Bestimmte Kombinationen von künstlichen und natürlichen Systemen werden auch als "Mensch-Maschine-Systeme" (88) oder im amerikanischen Sprachraum als "Hybrid-Systems" (89) bezeichnet.

---

(86) Vgl. u. a. Flechtner, Hans-Joachim: Grundbegriffe der Kybernetik, a. a. O. , S. 229; Ackoff, Russel L. : Systems, Organizations, and Interdisciplinary Research, a. a. O. , S. 1; Beer, Stafford: Kybernetik und Management, a. a. O. , S. 33 f; Miller unterscheidet in conceptual systems, concrete systems und abstract systems. Vgl. Miller, James G. : Living Systems: Basic Concepts, a. a. O. , S. 201 ff.

(87) Eine nähere Beschreibung von realen, ideellen, künstlichen und natürlichen Systemen findet sich bei Flechtner, Hans-Joachim: Grundbegriffe der Kybernetik, a. a. O. , S. 229. Für betriebswirtschaftliche Zwecke ist die Unterscheidung zwischen natürlichen Mensch-Mensch-Systemen, kombinierten Mensch-Maschine-Systemen und künstlichen Maschine-Maschine-Systemen von besonderer Bedeutung. Vgl. hierzu Grochla, Erwin: Automation und Organisation, a. a. O. , S. 76 ff. Im anglo-amerikanischen Sprachgebrauch wird von "natural" und "man-made" systems gesprochen. Vgl. Hall, A. D. ; Fagen, R. E. : Definition of System, a. a. O. , S. 22 ff.

(88) Vgl. Grochla, Erwin: Automation und Organisation, a. a. O. , S. 76.

(89) Vgl. Ellis, David O. ; Ludwig, Fred J. : Systems Philosophy, a. a. O. , S. 4.

- Nach dem Merkmal der Umweltbeziehung ist zwischen geschlossenen und offenen Systemen zu unterscheiden (90). Bei dieser Typisierung wird der Zusammenhang zu der Typisierung der Beziehungsarten deutlich, denn offene Systeme müssen im Gegensatz zu geschlossenen Systemen externe Beziehungen aufrechterhalten. In der Unterscheidung zwischen offenen und geschlossenen Systemen und insbesondere in der Beschreibung und Erklärung der Zustände und Verhaltensweisen offener Systeme liegt der Schwerpunkt der Allgemeinen Systemtheorie.

Es ist festzustellen, daß die dieser Typisierung zugrunde gelegten Merkmale teilweise denen der Beziehungstypisierung übereinstimmen. Dies darf aber nicht verwundern, denn bestimmte allgemeine Beziehungsarten müssen notwendigerweise an allgemeine Systemtypen gebunden sein. Durch Kombination der Merkmale der hier vorgeschlagenen Systemtypisierung mit speziellen Beziehungsarten, wie intern oder extern, aktiv oder inaktiv, einseitig oder wechselseitig, können Systeme stärker differenziert und abgegrenzt werden.

Die aus den skizzierten Merkmalen zu gewinnenden Systemtypologien weisen einen hohen Abstraktionsgrad auf und können in verschiedenen Disziplinen verwendet werden. Es wird also nicht disziplinspezifisch zwischen biologischen, physikalischen, psychologischen, soziologischen und wirtschaftlichen Systemen unterschieden, sondern ganz allgemein z. B. von künstlichen, natürlichen, offenen und geschlossenen Systemen gesprochen.. Mit Hilfe dieser Systemtypen können unterschiedliche Objektsysteme einheitlich erfaßt und abgebildet werden, so daß von interdisziplinären Systemtypen gesprochen werden kann.

Werden diese Systemtypen, wie dies im Rahmen der Allgemeinen Systemtheorie geschieht, als Modelle verwendet, so sind diese Modelle als interdisziplinär zu bezeichnen, und die an diesen Modellen gewonnenen Erkenntnisse können zu interdisziplinären Theorien zusammengefaßt werden. In diesem Sinne stellt das offene Systemkon-

---

(90)   Zu der grundlegenden Unterscheidung in "offene" und "geschlossene" Systeme vgl. neben zahlreichen weiteren Autoren Bertalanffy, Ludwig v. : Biophysik des Fließgleichgewichts, a. a. O. , S. 1 ff. ; Flechtner, Hans-Joachim: Grundbegriffe der Kybernetik, a. a. O. , S. 23; Wisdom, J. O. : The Hypothesis of Cybernetics. General Systems, Bd. I, 1956, S. 120; Kamarýt, Jan: Die Bedeutung der Theorie des offenen Systems in der gegenwärtigen Biologie, a. a. O. , S. 1244 (2044); Hall, A. D. ; Fagen, R. E. : Definition of System, a. a. O. , S. 23.

zept ein interdisziplinäres Modell dar, und die Theorie der offenen Systeme ist als interdisziplinäre Theorie zu bezeichnen.

Die von Bertalanffy vorgeschlagene Unterscheidung in geschlossene und offene Systeme ist von besonderer Bedeutung, da das Offene-System-Modell nicht nur den Kern der Allgemeinen Systemtheorie darstellt, sondern darüber hinaus auch zur Erklärung betriebswirtschaftlich-organisatorischer Probleme geeignet ist.

3. 3 Die Theorie offener Systeme

Die Theorie offener Systeme, die durch Verallgemeinerung der ursprünglich biologisch-organismischen Theorie der offenen Systeme entstanden ist, wird zur Erklärung von Wachstumsprozessen, Anpassungsvorgängen und teleologischen Verhaltensformen von Systemen herangezogen. Sie hat - nicht zuletzt durch ihre allgemeine Terminologie - eine Reihe von Begriffen zur Verfügung gestellt, die über den ursprünglich engen Anwendungsbereich in der Biologie hinausgehen und zur Beschreibung struktureller und funktionaler Zusammenhänge von Systemen geeignet sind. Bedingt durch die von Bertalanffy vollzogene Verallgemeinerung des Offenen-System-Konzepts ist es möglich, auch nichtnaturwissenschaftliche Problemstellungen anhand des Modells und der Theorie offener Systeme abzuhandeln.

3.31 Phänomenologische Beschreibung geschlossener und offener Systeme

Ganz allgemein kann festgestellt werden, daß Systeme Materie und/ oder Energie mit anderen Systemen oder auch der Umwelt austauschen können. Während alle Systeme mit der Umwelt Energie austauschen, besteht ein stoffliches bzw. materielles Austauschverhältnis zwischen Systemen und der Umwelt nur in besonderen Fällen (91). Dieses stoffliche, materielle Austauschverhältnis ist z. B. bei Organismen und Unternehmungen zu beobachten. Aus diesem Sachverhalt wird in der Literatur gefolgert, daß das Merkmal Stoff- bzw. Materieaustausch zur Abgrenzung von geschlossenen und offenen Systemen verwendet werden kann, während das Merkmal Energieaustausch hierzu nicht geeignet ist (92). Steht nun ein System in einer

---

(91) Vgl. Kremyanskiy, V. I.: Certain Peculiarities of Organisms as a "System" from the Point of View of Physics, Cybernetics, an Biology. General Systems, Bd. V, 1960, S. 222.

(92) Allerdings ist auch diese Annahme problematisch, da die moderne Physik keinen Unterschied zwischen Energie und Materie sieht, denn die Materie wird als eine spezielle Form der Energie betrachtet. Vgl. Hofmann, Karl A.; Hofmann, Ulrich R.: Anorganische Chemie, a.a.O., S. 772 f.

materiellen Austauschbeziehung mit der Umwelt, so kann es nach diesen Aussagen - phänomenologisch gesehen - als offen bezeichnet werden. Besteht ein solches Austauschverhältnis nicht, d. h. liegen ausschließlich energetische Beziehungen vor, so kann von einem geschlossenen System gesprochen werden (93).

Außerdem scheint es zweckmäßig zu sein, neben den materiellen und energetischen Austauschprozessen zwischen offenen Systemen und der Umwelt die Aufnahme und Abgabe von Informationen zu berücksichtigen (94). Auf diesen Tatbestand wird zwar schon bei der Systemdefinition hingewiesen, aber auf die hiermit verbundene Problematik kaum eingegangen. Materie und Energie lassen sich zwar ineinander überführen, ob aber eine plausible Überführung der Information in eine dieser Größen möglich ist, scheint zweifelhaft. Nach den bisherigen Ausführungen und unter der Annahme, die Information ließe sich auf ähnliche Weise behandeln wie die Strömungsgrößen Materie und Energie, wäre ein System dann als offenes System zu bezeichnen, wenn es Strömungsgrößen, wie Energie, Materie und Information aus der Umwelt aufnimmt, diese Größen in seinem Innern einem Prozeß unterwirft und sie in umgewandelter Form an die Umwelt zurückgibt. Im Gegensatz zu den geschlossenen Systemen besteht also zwischen den offenen Systemen und der Umwelt ein fortwährender Austausch von Materie, Energie und Information.

Obwohl Systeme mit der Umwelt Energie, Materie und Information austauschen können, werden in der Literatur geschlossene und offene Systeme mit Hilfe des Merkmals Stoff- bzw. Materieaustausch abgegrenzt. Je nach der Art des Austausches werden dann folgende Systemtypen unterschieden (95):

---

(93) Vgl. Bertalanffy, Ludwig v. :Biophysik des Fließgleichgewichts, a. a. O. , S. 11.

(94) Vgl. Hall, A. D. ; Fagen, R. E. : Definition of System, a. a. O. , S. 23; Ellis, David O. ; Ludwig, Fred J. : Systems Philosophy, a. a. O. , S. 3; Adam bezeichnet in diesem Zusammenhang die Austauschgüter "Energie" und "Materie" als "Informationsgüter". Siehe Adam, Adolf: Messen und Regeln in der Betriebswirtschaft, a. a. O. , S. 12 f; vgl. außerdem Johnson, Richard A. ; Kast, Fremont E. ; Rosenzweig, James E. : The Theory and Management of Systems, a. a. O. , S. 4 ff.

(95) Vgl. Bertalanffy, Ludwig v. :Biophysik des Fließgleichgewichts, a. a. O. , S. 11; Kamarýt, Jan: Die Bedeutung der Theorie des offenen Systems in der gegenwärtigen Biologie, a. a. O. , S. 1244 (2044); Foster, C. ; Rapoport, A. ; Trucco, E. : Some Unsolved Problems in the Theory of Non-Isolated Systems. General Systems, Bd. II, 1957, S. 9; Denbigh, Kenneth: Prinzipien des

- Offene (absolut offene) Systeme; sie tauschen mit der Umwelt Energie und Materie aus.
- Geschlossene (relativ geschlossene) Systeme; sie tauschen mit der Umwelt nur Energie aus.
- Isolierte (abgeschlossene, absolut geschlossene) Systeme; sie tauschen mit der Umwelt weder Energie noch Materie aus.

Offene Systeme tauschen also Materie und Energie mit der Umwelt aus. Bei diesem Austauschprozeß zwischen offenen Systemen und der Umwelt werden Eingangsgrößen mit hoher freier Energie vom System aufgenommen, in seinem Innern abgebaut und schließlich in Form von energetisch entwerteten End.produkten an die Umgebung zurückgeführt (96). Obwohl die äußere Form und der Zustand solcher Systeme unverändert bleiben können, werden die Subsysteme fortwährend abgebaut und erneuert, d. h. in diesen Systemen findet ein kontinuierlicher Fluß und eine ständige Transformation von Energie und Materie statt. Diese Fähigkeit offener Systeme, sich bei fortwährendem Durchfluß von Strömungsgrößen und ständigem Wechsel der Elemente zu erhalten, wird nach Bertalanffy als dynamisches Gleichgewicht oder Fließgleichgewicht bezeichnet (97). Die Definition des Fließgleichgewichts ist bei Bertalanffy aufgrund der rein phänomenologischen Beschreibung stark durch die Beobachtung an Organismen geprägt; es wird zu zeigen sein, daß sich das Fließgleichgewicht ganz allgemein aus den Entropieänderungen erklären läßt.

Forts. Fußnote (95):
chemischen Gleichgewichts. Eine Thermodynamik für Chemiker und Chemie-Ingenieure. Übersetzung der englischen Originalausgabe "The Principles of Chemical Equilibrium. With Applications in Chemistry and Chemical Engineering", besorgt von H. J. Oel, Darmstadt 1959, S. 5 f.; Prigogine, I.; Defay, R.: Chemische Thermodynamik. Aus dem Französischen übersetzt von M. Winiker, Leipzig 1962, S. 48 - 49.

(96) Vgl. hierzu und zum folgenden Bertalanffy, Ludwig v.: Biophysik des Fließgleichgewichts, a.a.O., S. 2 ff.; bezüglich der Eigenschaften und Verhaltensweisen offener Systeme siehe weiterhin Bertalanffy, Ludwig v.: The Theory of Open Systems in Physics and Biology, a.a.O., S. 23; Bertalanffy, Ludwig v.: An Outline of General System Theory, a.a.O., S. 155 ff.; Kamarýt, Jan: Die Bedeutung der Theorie des offenen Systems in der gegenwärtigen Biologie, a.a.O., S. 1244 ff. (2044 ff.).

(97) Im anglo-amerikanischen Sprachraum ist der Terminus "steady state" gebräuchlich. Vgl. Bertalanffy, Ludwig v.: General System Theory, a.a.O., S. 3; Bertalanffy, Ludwig v.: Biophysik des Fließgleichgewichts, a.a.O., S. 2 und S. 11; vgl. hierzu auch Ungerer, Emil: Die Wissenschaft vom Leben, a.a.O., S. 69.

Offene Systeme können nach dieser Definition in einen zeitunabhängigen Zustand des Fließgleichgewichts übergehen (98); demgegenüber erreichen geschlossene Systeme einen zeitunabhängigen Endzustand des echten Gleichgewichts. Im Zustand des echten Gleichgewichts bleiben die makroskopischen Größen des geschlossenen Systems unverändert und die mikroskopischen Prozesse in seinem Innern kommen zum Stillstand. In gleicher Weise bleibt bei offenen Systemen im Zustand des Fließgleichgewichts der Gesamtzustand, d. h. die äußere Form konstant, wogegen die Stoffaustauschprozesse zwischen System und Umwelt sowie die Prozesse im Innern des Systems fortdauern. Damit offene Systeme sich in einem Fließgleichgewicht erhalten können, müssen die makroskopischen Austauschprozesse und die mikroskopischen Umsatzprozesse in ihrer Ablaufgeschwindigkeit aufeinander abgestimmt sein (99).

Das Erreichen eines Fließgleichgewichts hängt nicht von den Anfangsbedingungen des Systems, sondern ausschließlich von den aktuellen Systemparametern ab. Das heißt, ein offenes System kann von verschiedenen Anfangsbedingungen aus auf verschiedenen Wegen und trotz interner und/oder externer Störeinflüsse einen Zustand des Fließgleichgewichts erreichen. Weiterhin können offene Systeme im Gegensatz zu geschlossenen Systemen ihren inneren Ordnungszusammenhang trotz innerer und äußerer Störungen nicht nur aufrechterhalten, sondern häufig höhere Stufen der Organisation erreichen (100), wobei die zu dieser Strukturverbesserung erforderliche Arbeit durch Entwertung der aus der Umwelt importierten Strömungsgrößen gewonnen wird.

Diese kurze phänomenologische Charakteristik reicht allerdings nicht aus, um die Unterscheidung zwischen offenen und geschlossenen Systemen zu erfassen und um die Zustände und Verhaltensweisen offener Systeme hinreichend zu erklären, denn neben den genannten phänomenologischen Kriterien ist außerdem entscheidend, wie sich der Anteil der freien Energie, der in Arbeit umsetzbar ist, zu der gesamten Energie des Systems im Zeitablauf verändert. Außerdem muß neben dem Stoff- und dem Energieaustausch im Rahmen einer Allgemeinen Systemtheorie noch der Austausch von Information zwischen Systemen berücksichtigt werden.

---

(98) Vgl. hierzu und zum folgenden Bertalanffy, Ludwig v.: Biophysik des Fließgleichgewichts, a. a. O., S. 11.

(99) Vgl. Bertalanffy, Ludwig v.: Biophysik des Fließgleichgewichts, a. a. O., S. 13.

(100) Vgl. Bertalanffy, Ludwig v.: Das biologische Weltbild, a. a. O., S. 137 f.

3.32 Zustände von Systemen

Zustände von Systemen sind z. B. Gleichgewichte und Ordnungszustände. Beide Zustandsgrößen hängen eng mit der Zustandsgröße Entropie zusammen. Gleichgewichte und Entropie werden zum einen durch das makroskopische Konzept der Thermodynamik - soweit es sich um Energieaustausch handelt - und zum anderen durch das erweiterte oder auch moderne Konzept der Thermodynamik erklärt, wenn sich zusätzlich ein Materieaustausch vollzieht. Demgegenüber finden die Ordnungszustände im Zusammenhang mit der statistischen Erklärung der Entropie im mikroskopischen Konzept der Thermodynamik nach Boltzmann und in der Informationstheorie Berücksichtigung. Es besteht ein wesentlicher Unterschied zwischen der thermodynamischen Betrachtungsweise, die sich auf die makroskopischen Erscheinungen realer Systeme stützt, und der mikroskopischen Betrachtungsweise, die auf statistischen Mittelwerten von Kollektionen kleinster Teile basiert.

3. 321 Entropie

In diesem Abschnitt wird die Entropie zunächst als physikalische makroskopische Zustandsgröße betrachtet. Die Entropie ist eine Zustandsgröße, die den Ablauf von Prozessen in der Natur und deren Prozeßrichtung beschreibt. Im Rahmen der Thermodynamik stellt die Entropie eine kalorische Zustandsgröße dar, die von zwei der drei meßbaren thermischen Zustandsgrößen Temperatur, Druck und Volumen abhängt (101). Die Dimension der Entropie S ist $\left[\text{Kcal}/^{\circ}\text{K}\right]$.

In der Physik steht der Systembegriff in engem Zusammenhang mit den allgemeinen Erhaltungssätzen. Ein System ist so zu definieren, daß der entsprechende Erhaltungssatz gültig ist. Dabei ist der erste Hauptsatz der Thermodynamik, der Satz von der Erhaltung der Energie, am allgemeinsten definiert: "In einem abgeschlossenen System, in dem beliebige (mechanische, thermische, elektrische, chemische) Vorgänge vor sich gehen, ist es auf keine Weise möglich, die Gesamtenergie des Systems zu verändern, es sei denn, daß von außen her Arbeitswerte zugeführt werden" (102). Die gesamte Energie ei-

---

(101) Vgl. Dubbels Taschenbuch für den Maschinenbau, Bd. I, Berlin - Göttingen - Heidelberg 1953, S. 411.
(102) Bergmann, Ludwig; Schäfer, Clemens: Lehrbuch der Experimentalphysik. Teil 1: Mechanik, Akustik, Wärme. 4. Aufl., Berlin 1954, S. 490.

nes abgeschlossenen Systems ist also konstant. Der erste Hauptsatz
der Thermodynamik läßt sich folgendermaßen schreiben (103):

$$dq = du + Pdv$$

Hierbei bedeuten: dq die pro Masseneinheit aufgewendete Wärme, u
die spezifische innere Energie, v das spezifische Volumen, P der
Druck.

Der erste Hauptsatz beinhaltet das Phänomen der Erhaltung und der
Umwandlung der Energie; demgegenüber werden im zweiten Hauptsatz Aussagen über die Entropie getroffen, die dann den ersten Hauptsatz einschränken, was noch näher darzulegen ist. Um aber auf den
zweiten Hauptsatz eingehen zu können, müssen noch einige Bemerkungen vorausgeschickt werden.

Beim Ablauf eines reversiblen (umkehrbaren) Prozesses müssen alle Veränderungen, die durch ihn in einem System und seiner Umwelt
hervorgerufen werden, wieder dadurch rückgängig gemacht werden
können, daß der Prozeß in umgekehrter Richtung abläuft (104). In
diesem Fall ist die Übertragungswahrscheinlichkeit für eine Zustandsänderung p_a (A⟶B) annähernd gleich der Zustandsänderung
p_b (B⟶A), und $\Delta p = p_a - p_b$ ist vernachlässigbar klein, wodurch
der Prozeß idealisiert als reversibler Prozeß gekennzeichnet werden
kann. Wenn der Prozeß dagegen irreversibel, also nicht umkehrbar
verläuft, so kann der ursprüngliche Zustand des Systems und der
Umwelt nicht völlig wiederhergestellt werden. In diesem Fall ist
Δp nicht vernachlässigbar klein (105).

In der Natur kommen ausschließlich irreversible Prozesse vor. Obwohl die Gesamtenergie in einem geschlossenen System nach dem
ersten Hauptsatz konstant bleibt, kann trotzdem die in einem System
z. B. als mechanische, thermische oder chemische Energie vorlie-

---

(103) Vgl. hierzu Dubbels Taschenbuch für den Maschinenbau. Bd. I,
       a. a. O. , S. 408; Fast, J. D. : Entropie. Die Bedeutung des En-
       tropiebegriffes und seine Anwendung in Wissenschaft und Tech-
       nik. Hilversum - Eindhoven 1960, S. 22; Groot, S. R. de: Ther-
       modynamik irreversibler Prozesse. Ins Deutsche übersetzt von
       Herbert Staude. Mannheim (1960), S. 27.
(104) Vgl. hierzu und zum folgenden Fast, J. D. : Entropie, a. a. O. ,
       S. 13.
(105) Vgl. Prigogine, I. ; Defay, R. : Chemische Thermodynamik, a.
       a. O. , S. 62; Tribus, Myron: Information Theory as the Ba-
       sis for Thermostatics and Thermodynamics. General Systems,
       Bd. VI, 1961, S. 135.

gende Energieform von der einen Energieform in die andere übergehen. Die Änderungen der Energieform sind aber nicht beliebig möglich, denn bestimmte Zustände sind wahrscheinlicher als andere. Hierdurch vollziehen sich also bestimmte Zustandsänderungen in verschiedener Richtung, aber mit unterschiedlicher Wahrscheinlichkeit. Danach ist eine irreversible Zustandsänderung immer durch den Übergang von einer höheren in eine niedrigere Energieform gekennzeichnet.

Liegt z. B. ein Stein auf einer bestimmten Höhe, so hat er eine bestimmte potentielle Energie und die kinetische Energie ist gleich Null. Fällt dieser Stein von dieser bestimmten Höhe herab, so nimmt seine potentielle Energie ab und seine kinetische Energie zu. Hat der Stein gerade den Boden erreicht, dann ist die potentielle Energie gleich Null und die kinetische maximal. Beim Aufprall geht aber sämtliche kinetische Energie verloren, indem sie in Wärme umgesetzt wird. Der erste Hauptsatz beinhaltet aber, da keine Energie verlorengeht, auch den umgekehrten Fall: Ein Stein entzieht der Umwelt soviel Wärme, wie notwendig ist, um in die entsprechende Höhe zu steigen, bei der die aufgenommene Wärme der potentiellen Energie gleich ist. Die Möglichkeit, den letzteren Fall zu beobachten, ist nicht nur gering, sondern ausgeschlossen, wie die Erfahrung lehrt, obwohl dieser Fall im ersten Hauptsatz enthalten ist. Dieser Fall kann auch deshalb nicht eintreten, weil eine Energieumwandlung ohne Verluste nur von einer höheren in eine niedrigere Stufe, z. B. mechanische in thermische Energie und nicht umgekehrt, möglich ist. Es ist also festzustellen, daß Prozesse nur in einer bestimmten Richtung ablaufen. Diese Einschränkung wird durch den zweiten Hauptsatz der Thermodynamik festgelegt. Es handelt sich bei beiden Hauptsätzen der Thermodynamik um Axiome. Die enge Verknüpfung der traditionellen Thermodynamik mit dem Erhaltungssatz der Energie legt es nahe, die thermodynamische Theorie der geschlossenen Systeme als ein statisches Modell zu interpretieren (106).

Die Formulierung des zweiten Hauptsatzes und die Einführung der Entropie gehen auf Clausius zurück und resultieren aus dem ersten Hauptsatz der Thermodynamik, der besagt, daß keine Energie bei gleichzeitiger Umwandlung unterschiedlicher Energieformen verlorengehen kann (107). Um ein System von einem Zustand 1 in einen

---

(106) So bezeichnet v. Bertalanffy die klassische Thermodynamik als Thermostatik. Vgl. Bertalanffy, Ludwig v.: Biophysik des Fließgleichgewichts, a. a. O., S. 5; ähnlich auch Denbigh, Kenneth: The Thermodynamics of Steady State. Methuens Monographs on Chemical Subjects. London 1951, S. 25.
(107) Vgl. Mirow, Heinz Michael: Kybernetik, a. a. O., S. 55.

Zustand 2 zu überführen, ist eine Wärmemenge $_1\int^2 dQ$ notwendig (108), die aber nicht eindeutig bestimmt ist, da die Wärmemenge von der Art und Weise des Übergangs abhängt, d. h. vom Weg abhängig ist. Wird ein System vom Zustand 1 in den Zustand 2 gebracht, so besitzt $S_{1,2} = {}_1\int^2 \frac{dQ}{T}$ einen Wert, der nur von dem Zustand 1 und dem Zustand 2 abhängt. Die Größe $S_{1,2}$ ist dabei die Entropieänderung ΔS beim Übergang vom Zustand 1 in den Zustand 2 (109). Dieser Vorgang liegt in dem idealisierten Modell einer Wärmekraftmaschine vor, bei der eine Wärmemenge zugeführt und in mechanische Energie umgewandelt wird, ohne daß Verluste auftreten. Hierfür ergibt sich (110):

$$\Delta S = S_2 - S_1 = \frac{Q_2}{T_2} - \frac{Q_1}{T_1} = 0$$

In der Realität treten aber Verluste durch Wärmeabgabe an die Umwelt, bedingt durch unvollkommene Isolierung und durch Reibung, auf. Durch diese Verluste entsteht eine Entropiezunahme im System, und die Entropiedifferenz ist positiv und somit ist $\Delta S > 0$. Da die Verluste nicht mehr zurückgewonnen werden können, also nicht mehr in mechanische Energie umsetzbar sind, ist dieser Prozeß irreversibel.

Das Verhalten geschlossener Systeme, also der Sachverhalt, daß für reale Systeme die Übergangswahrscheinlichkeiten der Zustände vom Wege abhängig sind, wird im zweiten Hauptsatz der Thermodynamik wie folgt beschrieben: "... alle in einem abgeschlossenen System auftretenden Zustandsänderungen verlaufen so, daß die Entropie des abgeschlossenen Systems zunimmt. Ein abgeschlossenes System wird daher solange Zustandsänderungen unterworfen sein, bis die Entropie einen Höchstwert erreicht hat" (111); d. h. die Entropie kann bei einer von selbst eintretenden irreversiblen Veränderung nur zunehmen (112). Da gleichzeitig mit der Entropiezunahme eine Abnahme der freien Energie verbunden ist, ist der Zustand geschlossener Systeme durch ein Maximum an Entropie und ein Mi-

---

(108) Vgl. Fast, J. D.: Entropie, a. a. O. , S. 1.

(109) Vgl. Fast, J. D.: Entropie, a. a. O. , S. 38.

(110) Vgl. Mirow, Heinz Michael: Kybernetik, a. a. O. , S. 55.

(111) Kannegiesser, Karl-Heinz: Zum zweiten Hauptsatz der Thermodynamik. Deutsche Zeitschrift für Philosophie, 9. Jg. 1961, S. 848.

(112) Vgl. Bergmann, Ludwig; Schäfer, Clemens: Lehrbuch der Experimentalphysik, a. a. O. , S. 538.

nimum an freier Energie charakterisiert (113), und das System befindet sich in diesem Zustand im Gleichgewicht.

Aus der Formulierung des zweiten Hauptsatzes lassen sich folgende Schlüsse ziehen (114):

- Bei allen Prozessen, die in einem geschlossenen System ablaufen, nimmt die Entropie zu.
- Die Entropieänderungen vollziehen sich in einem geschlossenen System nur solange, wie die Entropie noch zunehmen kann, also noch nicht ihr Maximum erreicht hat.
- Die Entropieänderungen vollziehen sich langsamer, wenn sie sich dem Entropiemaximum nähern (vgl. Abb. 2).
- Hat die Entropie ihr Maximum erreicht, so befindet sich das geschlossene System in einem stabilen Gleichgewicht.

Hierbei kann das Prinzip der Zunahme der Entropie als allgemeinste Formulierung des zweiten Hauptsatzes angesehen werden.

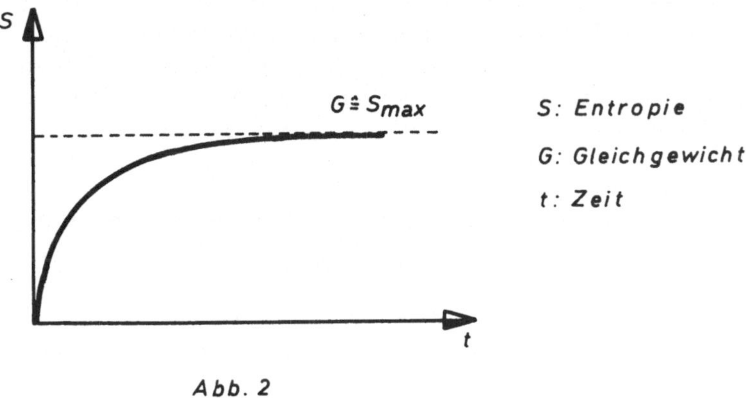

Abb. 2

(113) Vgl. Bertalanffy, Ludwig v.: Zu einer allgemeinen Systemlehre, a.a.O., S. 122; Kamarýt, Jan: Die Bedeutung der Theorie des offenen Systems in der gegenwärtigen Biologie, a.a.O., S. 1244 (2044).
(114) Vgl. Fast, J. D.: Entropie, a.a.O., S. 46; Bertalanffy, Ludwig v.: Zu einer allgemeinen Systemlehre, a.a.O., S. 122; Kamarýt, Jan: Die Bedeutung der Theorie des offenen Systems in der gegenwärtigen Biologie, a.a.O., S. 1244 (2044); Brillouin, Léon: Science and Information Theory. 2. Aufl., New York (1963), S. 119.

Treten in einem geschlossenen System nicht nur von selbst induzierte Veränderungen auf, sondern auch Veränderungen, die durch äußere
Einflüsse hervorgerufen werden - dies ist bei einem geschlossenen
System möglich, da Energietransporte laut Definition nicht ausgeschlossen wurden -, so kann sich unter Umständen die Entropie vermindern. Das bedeutet, daß sich in einem System, bei dem gleichzeitig von selbst ablaufende Prozesse und von außen induzierte Prozesse wirken, die Entropie vermehren, verringern oder daß sie konstant bleiben kann, je nachdem, welcher der Prozesse überwiegt. In
jedem dieser Fälle kann sich dann ein Zustand einstellen, in dem die
Änderungen der Entropie $dS/dt = 0$ sind, also die Entropie S konstant
ist.

Der Sachverhalt, daß sich die Entropie in einem System vermindern
kann, wird für ein geschlossenes System durch die Carnot-Clausius-
Beziehung für irreversible Prozesse beschrieben (115):

$$dS = d_a S + d_i S = \frac{dQ}{T} + d_i S$$

Hierbei bedeuten: $d_a S$ die Entropie, die dem System von außen zugeführt wird; $d_i S$ die im System durch irreversible Prozesse erzeugte
Entropie; dQ die Wärme, die dem System von außen zugeführt wird;
T die Temperatur. Der Zuwachs der äußeren Entropie $d_a S$ kann, wie
oben schon erwähnt, positiv, Null oder negativ sein; dagegen ist die
im Innern des Systems erzeugte Entropie $d_i S$ immer positiv.

Ist $d_i S = 0$, so ergibt sich der zweite Hauptsatz für reversible Prozesse (116), also für die idealisierten Prozesse der Thermodynamik:

$$dS = \frac{dQ}{T}$$

Ist $d_i S > 0$, so ergibt sich die Ungleichung der irreversiblen Prozesse (117):

$$dS > \frac{dQ}{T}$$

---

(115) Vgl. hierzu und zum folgenden Groot, S. R. de: Thermodynamik
   irreversibler Prozesse, a.a.O., S. 8 f.; Kamaryt, Jan: Die
   Bedeutung der Theorie des offenen Systems in der gegenwärtigen Biologie, a.a.O., S. 1245 (2045).
(116) Vgl. Fast, J. D.: Entropie, a.a.O., S. 38; Groot, S. R. de:
   Thermodynamik irreversibler Prozesse, a.a.O., S. 9; weiterhin Haase, R.: Der zweite Hauptsatz der Thermodynamik
   und die Strukturbildung in der Natur, a.a.O., S. 409 f.

Liegt außer Energieaustausch noch Materieaustausch vor, so handelt es sich nach der vorläufig vorgenommenen Abgrenzung um offene Systeme. Dieser Fall der offenen Systeme wird zusätzlich im Rahmen der thermodynamischen Theorie der irreversiblen Prozesse berücksichtigt, indem ein zusätzlicher Bestandteil, der den Zuwachs an Entropie durch Materieimport enthält, eingeführt wird. Dieser Bestandteil entspricht dann der Entropie d_aS, die von außen zugeführt wird (118). Auf der Grundlage der Theorie irreversibler Prozesse können demnach offene Systeme mit Energie- und Materieaustausch und mit zusätzlich stattfindenden chemischen Reaktionen behandelt werden (119).

Diese Zusammenhänge tragen auch zu einem besseren Verständnis der Vorgänge in Wirkungssystemen wie etwa Organismen bei. Ein

---

(117) Clausius formuliert hierfür $dS = \dfrac{dQ}{T} + \dfrac{dQ'}{T}$, wobei dQ' dem hier verwendeten Td_iS entspricht. Vgl. Clausius, R.: Die mechanische Wärmetheorie. 3. Aufl., Bd. I, Braunschweig 1887, S. 220 ff.; Prigogine, I.; Defay, R.: Chemische Thermodynamik, a.a.O., S. 65; Groot, S.R. de: Thermodynamik irreversibler Prozesse, a.a.O., S. 9.

(118) Dieser Sachverhalt wird in der Thermodynamik irreversibler Prozesse im ersten Hauptsatz folgendermaßen berücksichtigt, indem geschrieben wird*1):

$$dQ = dU + PdV - hdM$$

Hierbei ist h = H/M = u + Pv die mittlere spezifische Enthalpie. - Für den zweiten Hauptsatz ergibt sich die Gültigkeit der Gibbs'schen Gleichung*2):

$$TdS = dU + PdV - \sum_i \eta_i \, dM_i$$

Hierbei ist: U die Energie, P der Druck, V das Volumen, M_i die Masse und η_i; das chemische Potential der Komponente i des Systems.

*1) Vgl. Groot, S.R. de: Thermodynamik irreversibler Prozesse, a.a.O., S. 28 und S. 50. Die Form dQ = dU + PdV - hdM geht aus dem I. Hauptsatz für geschlossene Systeme dq = du + Pdv hervor, in dem für die gesamte Masse die entsprechenden Größen dQ = Mdq (angenommene Wärme), U = Mu (totale Energie) und V = Mv (Gesamtvolumen) eingeführt werden.

*2) Vgl. Groot, S.R. de: Thermodynamik irreversibler Prozesse, a.a.O., S. 9 und S. 50. Ohne den Materieaustausch zu berücksichtigen, ergibt sich aus dS = dQ/T und
dQ = dU + PdV
TdS = dU + PdV

Organismus ist ein offenes System, das Energie und Materie aufnimmt, in seinem Innern durch chemische Umwandlungen transformiert, um abgebaute Elemente wieder aufzubauen, um also die Struktur zu erhalten, und das Endprodukte, die um freie Energie gemindert
sind, an die Umwelt abgibt. Durch die Aufnahme von Energie und
Materie wird negative Entropie d_aS/dt in das System importiert, die
die positive Entropieerzeugung d_iS/dt aufgrund irreversibler Prozesse im System kompensiert, so daß sich ein Organismus langsam
in Richtung auf einen stationären Zustand hin entwickeln kann, bei
dem die Entropie S konstant ist (120).

Wird ein offenes System mit seinem entsprechenden Umweltausschnitt
betrachtet, so liegt als Ganzes wieder ein abgeschlossenes System
vor, dessen Entropieänderungen nur positiv sein können. Ob ein System als geschlossen oder offen zu bezeichnen ist, hängt demnach
grundsätzlich von der Perspektive der Betrachtung ab. "So ist z. B.
der Organismus als solcher ein offenes System par excellence; der
Organismus plus einem passend gewählten Umweltausschnitt kann
als geschlossenes System betrachtet werden" (121). Stellt nun das
gesamte Weltall ein abgeschlossenes System dar, so müßte dieses
System aufgrund der Verallgemeinerung des zweiten Hauptsatzes,
der sich dann auf das gesamte Naturgeschehen bezieht, nach einer
bestimmten aber unendlich langen Zeit sein Entropiemaximum erreichen. Dies würde bedeuten, daß dann alle Prozesse zum Stillstand
kämen. Diese vor etwa 100 Jahren von Clausius aufgestellte "Theorie
vom Wärmetod" wird jedoch aufgrund von Relativitätsüberlegungen
angezweifelt. Hiermit wird dann die grundsätzliche Frage aufgeworfen, ob das Universum als geschlossenes oder offenes System zu betrachten ist (122).

Hier interessieren nur offene Systeme, die mit einem bestimmten
Umweltausschnitt über Energie-, Materie- und Informationsaustausch in Beziehung stehen. Durch die Theorie der irreversiblen

---

(119) Vgl. Groot, S. R. de: Thermodynamik irreversibler Prozesse, a. a. O., S. 65 ff.

(120) Vgl. Groot, S. R. de: Thermodynamik irreversibler Prozesse, a. a. O., S. 188; zur Gültigkeit dieser Annahme vgl. Haase, R.: Der zweite Hauptsatz der Thermodynamik und die Strukturbildung in der Natur, a. a. O., S. 412 ff.; Haase, R.: Der
zweite Hauptsatz in der Biologie, a. a. O., S. 566 ff.

(121) Bertalanffy, Ludwig v.: Biophysik des Fließgleichgewichts,
a. a. O., S. 4. Vgl. ferner Hall, A. D.; Fagen, R. E.: Definition of System, a. a. O., S. 23.

(122) Vgl. Landau, L. D.; Lifschitz, E. M.: Lehrbuch der theoretischen Physik. Bd. 5: Statistische Physik. Berlin 1966, S. 75
- 82.

Prozesse kann es als gesichert angesehen werden, daß der Energie-
und Materieaustausch bei offenen Systemen behandelt werden kann.
Wird außerdem unterstellt, daß auch Informationsprozesse irreversibel ablaufen, so ist es gerechtfertigt, auch solche Prozesse anhand
von Entropieänderungen zu beschreiben. Da weiterhin von der Verallgemeinerung des zweiten Hauptsatzes und von der Tatsache ausgegangen werden kann, daß alle Prozesse in der Natur irreversibel
verlaufen und daß Entropieänderungen ganz allgemein den Ablauf von
Prozessen kennzeichnen, so können die im folgenden zu behandelnden
Gleichgewichtsfragen allgemein über Entropieänderungen beschrieben und erklärt werden.

3.322 Gleichgewichte von Systemen

Der Begriff des Gleichgewichts, der aus den Naturwissenschaften
stammt, ist eine physikalische bzw. eine chemische Zustandsgröße.
Er findet auch zur Kennzeichnung von stabilen Zuständen gesamt-
wirtschaftlicher und betrieblicher Systeme Verwendung. So wird beispielsweise im makroökonomischen Bereich von Gleichgewicht gesprochen, wenn die am Markt angebotenen Mengen an Gütern und
Diensten mit den nachgefragten Mengen übereinstimmen (123); wenn
die notwendigen Ausgaben durch Einnahmen gedeckt sind, so liegt
aus betriebswirtschaftlicher Sicht ein finanzielles Gleichgewicht vor
(124); ein Organisationsgleichgewicht wird z. B. dann angenommen,
"wenn das Verhältnis von Kosten und Leistung der Organisation ein
optimales ist" (125). Bei den Gleichgewichtsbetrachtungen im Rahmen der Wirtschafts- und Sozialwissenschaften handelt es sich noch
vorwiegend um statische Betrachtungen; doch wird darauf hingewiesen, daß die Gleichgewichte auch hier dynamischen Charakter aufweisen (126). Während in den Naturwissenschaften Gleichgewichte
exakt ermittelt werden können, bringt die Anwendung des Gleichge-
wichtsbegriffes in den Wirtschafts- und Sozialwissenschaften jedoch
große Schwierigkeiten hinsichtlich der quantitativen Erfassung mit
sich. Es scheint daher sinnvoll zu sein, zunächst die generellen Zusammenhänge und Bedingungen von Gleichgewichten formal aufzu-

---

(123) Vgl. Schneider, Erich: Einführung in die Wirtschaftstheorie.
     Bd. II, 7. Aufl., Tübingen 1961, S. 280 ff.
(124) Vgl. Kosiol, Erich: Die Unternehmung als wirtschaftliches Ak-
     tionszentrum, a.a.O., S. 134.
(125) Dorn, Gerhard: Gedanken zum organisatorischen Gleichge-
     wicht der Unternehmung. Zeitschrift für Organisation, 38. Jg.
     1/2-1969, S. 64.
(126) Der dynamische Charakter solcher Gleichgewichte wurde ins-
     besondere in der Beschäftigungstheorie sowie in der modernen
     Preistheorie berücksichtigt.

zeigen, um auf dieser Grundlage die Voraussetzungen für die Bestimmung ökonomischer und speziell organisatorischer Gleichgewichte zu schaffen.

Ein Gleichgewicht ist ein Zustand geschlossener oder offener Systeme, der nach den vorhergehenden Ausführungen dann vorliegt, wenn die Entropie eines Systems konstant bleibt, d. h. wenn die zeitliche Ableitung der Entropie zu Null geworden ist. Also $dS/dt = 0$.

Gleichgewichte von Systemen können in verschiedenen Arten auftreten, die sich durch die Kompensation von Kräften oder Strömungsgrößen ergeben. In der Mechanik wird beispielsweise zwischen folgenden Gleichgewichtsarten unterschieden (127):

-   Stabiles Gleichgewicht. Bei dieser Art des Gleichgewichts stellt sich nach jeder Störung die gleiche Ausgangssituation wieder ein. Beispiel: Eine in einer Hohlkugel aus der Ruhelage gebrachte Kugel kehrt in die gleiche Ruhelage zurück.

-   Labiles Gleichgewicht. Hierbei führt die Störung entweder kontinuierlich von der Ausgangssituation weg, oder es stellt sich ein Gleichgewicht auf einem anderen Niveau ein. Beispiel: Eine Kugel liegt auf einer Halbkugel, die im unteren Teil nach außen harmonisch parallel zur Horizontalen ausläuft und in sie übergeht. Wird die Kugel angestoßen, so entfernt sie sich von ihrem Ausgangspunkt und kommt aufgrund der Reibung irgendwo zum Stillstand.

-   Indifferentes Gleichgewicht. Bei dieser Art des Gleichgewichts stellt sich nach jeder Störung ein Gleichgewicht, aber entfernt von der Ausgangssituation ein. Beispiel: Eine auf einer Ebene liegende Kugel wird durch eine Störung aus der Ruhelage gebracht; sie kommt an einer anderen Stelle zum Stillstand und befindet sich wieder in einem indifferenten Gleichgewicht.

Anstelle der oben aufgeführten Unterscheidungen wird häufig nur zwischen stabilen und instabilen Gleichgewichten unterschieden. Dieser Sachverhalt ist darauf zurückzuführen, daß meistens nur stabile Gleichgewichte interessieren.

Ein System ist für die Zeitdauer in einem stabilen Zustand, während der die Entropieänderungen gleich Null sind; wird dieser Zustand durch äußere Einwirkungen gestört, so entfernt es sich aus diesem

---

(127) Vgl. Dubbels Taschenbuch für den Maschinenbau, Bd. I, a. a. O., S. 196; weiterhin Dorn, Gerhard: Organisationsgleichgewicht. In: Handwörterbuch der Organisation, hrsg. von Erwin Grochla, Stuttgart 1969, Sp. 1137.

Zustand, um eventuell wieder in einen Zustand konstanter Entropie zu gelangen. Soll beispielsweise ein betriebliches System konzipiert oder umstrukturiert werden, so ist damit immer die Zielsetzung verbunden, dieses strukturierte System über eine gewisse Zeit trotz wirkender Umwelteinflüsse in einem stabilen Zustand zu erhalten. Paßt sich das System Umwelteinflüssen an, so kann es wieder stabile Zustände erreichen (128).

Fragen der Stabilität können formal und in allgemeingültiger Form anhand von Differentialgleichungen betrachtet werden. Diesen Weg wählen sowohl Ashby als auch Bertalanffy, um zu quantitativen Aussagen über die Stabilität von Systemen zu gelangen (129). Bei der Betrachtung von Differentialgleichungssystemen können zwei Fälle unterschieden werden, die auf geschlossene bzw. offene Systeme anwendbar sind. So läßt sich z. B. mit Hilfe eines homogenen Systems von Differentialgleichungen mit konstanten Koeffizienten das Zeitverhalten für geschlossene Systeme bis zum Erreichen des Gleichgewichts beschreiben. Die Gleichgewichtszustände werden dabei allein durch die Anfangsbedingungen im Zeitpunkt $t = t_o$ und durch die Koeffizientenmatrix bestimmt.

Demgegenüber kann mit einem inhomogenen Differentialgleichungssystem das Zeitverhalten für offene Systeme beschrieben werden. Über die Zustände offener Systeme im Zeitablauf lassen sich keine allgemeinen Aussagen machen; offene Systeme können unter bestimmten, noch näher zu determinierenden Voraussetzungen sowohl einen Zustand konstanter Entropie als auch beliebige Nichtgleichgewichtszustände anstreben. Für eine Vielzahl offener Systeme ist es charakteristisch, daß der Zustand zum Zeitpunkt t vom Anfangszustand unabhängig ist, wenn von einer Anlaufphase abgesehen wird. Entscheidend für das Systemverhalten ist die Abstimmung der Koeffizientenmatrix auf die zu kompensierenden Störeinflüsse. So wird z. B. eine wirksame Regelung Störeinflüssen stets in der Weise entgegenwirken, daß sich der Zustand in Richtung auf den Zustand konstanter Entropie hin ändert.

---

(128) "Die Organisation schafft demnach für gleichartige, immer wiederkehrende Aufgaben einen festen Rahmen, der den reibungslosen Ablauf der Arbeitstätigkeiten auf lange Sicht hin gewährleistet. Die Organisation hat den Charakter der Dauerhaftigkeit. Sie erreicht dadurch eine gewisse Stabilität. "Grochla, Erwin: Betriebsverband und Verbandbetrieb. Berlin 1959, S. 114.

(129) Vgl. Ashby, W. Ross: Design for a Brain, a. a. O. , S. 244 ff. ; Bertalanffy, Ludwig v. : An Outline of General System Theory, a. a. O. , S. 143 ff.

Aufgrund der Gemeinsamkeiten von homogenem und inhomogenem Ansatz hinsichtlich der Gleichgewichtsbedingungen ist es zunächst ausreichend, wenn das einfachere homogene System mit gleicher Koeffizientenmatrix untersucht wird. Aus dieser Betrachtung können bereits Schlüsse gezogen werden, die Aussagen über die Stabilität des Systems zulassen. Erreicht das homogene System keinen Gleichgewichtszustand, so ist auch nicht zu erwarten, daß das inhomogene System einem Gleichgewichtszustand zustrebt.

Ausgehend von der Definition des Systembegriffs in der dargelegten Form eines Systems von Differentialgleichungen erster Ordnung (130)

$$\frac{dx_1(t)}{dt} = f_1(x_1(t), x_2(t), \ldots, x_n(t))$$

$$\frac{dx_2(t)}{dt} = f_2(x_1(t), x_2(t), \ldots, x_n(t))$$

$$\vdots$$

$$\frac{dx_n(t)}{dt} = f_n(x_1(t), x_2(t), \ldots, x_n(t))$$

oder kurz in Matrizen-Schreibweise

$$\frac{dx(t)}{dt} = F(x(t)) \quad (131)$$

kann das asymptotische Stabilitätsverhalten von Systemen untersucht werden, wenn das vorliegende Differentialgleichungssystem in ein lineares homogenes Differentialgleichungssystem mit konstanten Koeffizienten überführt werden kann. Ashby und Bertalanffy beschränken sich auf einen Ansatz, der eine Taylor-Entwicklung erlaubt und bei dem Nichtlinearitäten ausgeschlossen werden können. Dieses Vorgehen ist insofern gerechtfertigt, als stabile Systeme in der Nähe ih-

---

(130) Die in der Literatur zu findenden Ansätze sind gegenüber der allgemeinsten Form

$$0 = f_i(y_i, x_1(t), x_2(t), \ldots, x_n(t), \ldots, x_1^{(p)}(t), \ldots, x_n^{(p)}(t), t)$$

i = 1, \ldots, n sehr stark vereinfacht.

(131) Vgl. La Salle, J.; Lefschetz, S.: Die Stabilitätstheorie von Ljapunow. Die direkte Methode mit Anwendungen. Mannheim (1967), S. 30.

rer Gleichgewichtszustände durch lineare Verläufe charakterisiert sind. Das Verhalten der Systeme soll also nur in der Nähe ihrer Gleichgewichtszustände betrachtet werden; somit reduziert sich die Behandlung der Stabilitätsfragen auf Systeme linearer Differentialgleichungen.

Die Umformungen der Ausgangsgleichung werden folgendermaßen vorgenommen:

Zum Zeitpunkt $t = t_o$ sei $x^o = x(t_o)$ und $F(x^o) = 0$.

Offensichtlich finden während t_o im Punkt $x^o \in I\!R^n$ keine Systemänderungen statt. Um nun das Verhalten des Systems in der Nähe dieses - in der Literatur oft als singulär bezeichneten - Punktes zu untersuchen, wird durch die vektorielle Transformation

$$\hat{x}(t) = x(t) - x^o$$

ein Differentialgleichungssystem

$$\frac{d\hat{x}(t)}{dt} = G(\hat{x}(t))$$

in den neuen Variablen erzeugt, dessen singulärer Punkt zum Zeitpunkt t_o im Ursprung liegt.

Unter bestimmten Regularitätsannahmen über die Vektorfunktion G, die eine Taylor-Entwicklung erlauben, ergibt sich ein neues Differentialgleichungssystem

$$\frac{d\hat{x}(t)}{dt} = A\hat{x}(t) + R(\hat{x}(t))$$

mit einer n-dimensionalen Matrix $A = (a_{ij})$, deren Koeffizienten a_{ij} sich gemäß

$$a_{ij} = \left. \frac{\delta f_i}{\delta x_j} \right|_{x = x^o}$$

bestimmen, und mit einem n-dimensionalen Restvektor R, der alle nichtlinearen Terme enthält (132).

Ist das System stabil, befindet es sich also bereits in der Nähe seines Gleichgewichtspunktes, so ist sein Verhalten dort durch lineare Verläufe gekennzeichnet.

---

(132) Macfarlane, A. G. J.: Analyse technischer Systeme. Mannheim (1967), S. 273.

Das linearisierte Differentialgleichungssystem (Vernachlässigung des Restvektors) beschreibt das Systemverhalten in der Nähe von x^0 hinreichend genau. Ist das System hingegen instabil, so wird eine Untersuchung der Matrix A diese Tatsache bestätigen.

Um nicht triviale Lösungen des Systemverhaltens, 1. Näherung in der Umgebung des im Ursprung liegenden singulären Punktes, zu bestimmen

$$\frac{d\hat{x}(t)}{dt} = A \cdot \hat{x}(t), \quad (133)$$

sind die Eigenwerte der Matrix A zu bestimmen (134). Sie ergeben sich als Wurzeln des charakteristischen Polynoms

$$\det (A - \lambda E) = 0.$$

Überlagerungen von exponentiellen Termen oder Sinus- bzw. Cosinusschwingungen in t bestimmen den allgemeinen Lösungssatz. Im Falle n verschiedener Wurzeln $\lambda_1, \ldots, \lambda_n$ sieht die Lösung folgendermaßen aus:

$$\hat{x}_1(t) = A_{11}e^{\lambda_1 t} + A_{12}e^{\lambda_2 t} + \ldots + A_{1n}e^{\lambda_n t}$$

$$\hat{x}_2(t) = A_{21}e^{\lambda_1 t} + A_{22}e^{\lambda_2 t} + \ldots + A_{2n}e^{\lambda_n t}$$

$$\vdots$$

$$\hat{x}_n(t) = A_{n1}e^{\lambda_1 t} + A_{n2}e^{\lambda_2 t} + \ldots + A_{nn}e^{\lambda_n t}$$

Sind alle λ_i $(i = 1, \ldots, n)$ negativ, so ist stabiles Systemverhalten zu erkennen, denn dann gilt

$$\lim_{t \to \infty} \hat{x}_i(t) = 0 \quad (i = 1, \ldots, n).$$

---

(133) Dieser Ansatz findet sich auch bei anderen Autoren. Vgl. Ashby, W. Ross: Design for a Brain, a.a.O., S. 241 ff.; Hall, A.D.; Fagen, R.E.: Definition of System, a.a.O., S. 18 ff.; Ashby, W. Ross: Dynamics of the Cerebral Cortex: The Behavioural Properties of Systems in Equilibrium. The American Journal of Psychology, Bd. 59, 1946, S. 683; Wisdom, J.O.: The Hypothesis of Cybernetics, a.a.O., S. 113.

(134) Vgl. Zurmühl, Rudolf: Matrizen und ihre technischen Anwendungen. 3. Aufl., Berlin - Göttingen - Heidelberg 1961, S. 150 ff.

und impliziert

$$\lim_{t \to \infty} x_i(t) = x_i^O \qquad (i = 1, \ldots, n).$$

Eine notwendige und hinreichende Bedingung für asymptotische Stabilität stellt die Verallgemeinerung dar, daß keine der Wurzeln einen positiven Realteil hat (135). Die sich aus der Gleichung ergebenden Wurzeln können reell oder imaginär sein, und es ergeben sich stabile Lösungen, wenn alle λ_i negativ und reell sind. Ist dagegen mindestens ein λ_i positiv, so hat das System keine stabilen Lösungen, es ist instabil. Ergeben sich komplexe λ_i, so oszillieren die x_i mit wachsender, konstanter oder abnehmender Amplitude - je nach Größe der a_{ij} - um den Gleichgewichtszustand (136).

Die zeitlichen Verläufe der Variablen x_i werden durch die Koeffizienten-Matrix bestimmt. Da die Koeffizienten in ihren Werten große Unterschiede aufweisen können, ergeben sich unterschiedliche Verläufe für die x_i und damit auch unterschiedliche Verhaltensweisen für das zu untersuchende System. Darüber hinaus ergibt sich aus der Koeffizienten-Matrix auch ein bestimmter Endzustand des Systems für $t \to \infty$. Die hierbei auftretenden Lösungen können je nach den Koeffizienten der Koeffizienten-Matrix bestimmte Gleichgewichtszustände (labil, indifferent, stabil, Oszillation) wie auch instabile Zustände ergeben.

Besondere Bedeutung hat der oben dargelegte Ansatz für die Untersuchung offener Systeme. Für die Beschreibung offener Systeme ist die Trennung der Variablen in folgende Klassen zweckmäßig:

- Variable, die die Beziehungen der Elemente innerhalb des Systems beschreiben,

- Variable, die die Beziehungen zur Umwelt erfassen.

Werden dabei die Variablen der zweiten Klasse als systemunabhängige Störgrößen eingeführt, so ergibt sich aus dem linearen, homogenen Differentialgleichungssystem mit konstanten Koeffizienten z. B. ein Gleichungssystem, dessen inhomogener Teil (linker Teil) die Störgrößen enthält:

---

(135) Durch ähnliche Ansätze kann die asymptotische Stabilität in der Nähe singulärer Kurven (Lösungskurven) anstelle singulärer Punkte untersucht werden.

(136) Vgl. La Salle, J.; Lefschetz, S.: Die Stabilitätstheorie, a. a. O., S. 48 f.

$$b_1 y_1 = \dot{x}_1 + a_{11} x_1 + a_{12} x_2 + \ldots + a_{1n} x_n$$

$$b_2 y_2 = \dot{x}_2 + a_{21} x_1 + a_{22} x_2 + \ldots + a_{2n} x_n$$

$$\cdot \quad \cdot \quad \cdot \quad \cdot \quad \cdot \quad \cdot \quad \cdot \quad \cdot \quad \cdot \quad \cdot \quad \cdot \quad \cdot \quad \cdot$$

$$\cdot \quad \cdot \quad \cdot \quad \cdot \quad \cdot \quad \cdot \quad \cdot \quad \cdot \quad \cdot \quad \cdot \quad \cdot \quad \cdot \quad \cdot$$

$$b_n y_n = \dot{x}_n + a_{n1} x_1 + a_{n2} x_2 + \ldots + a_{nn} x_n$$

Die Gleichgewichtszustände eines solchen Systems sind dadurch gekennzeichnet, daß alle

$$\dot{x}_i(t) = \frac{dx_i}{dt} = 0 \qquad i = 1, \ldots, n \text{ werden und daß alle}$$

$$x_i(t), \; y_i(t) \qquad i = 1, \ldots, n$$

von Null verschieden sein können. Solche Gleichgewichtszustände offener Systeme werden in Anlehnung an die Terminologie v. Bertalanffys als Zustände des Fließgleichgewichts bezeichnet (137). Danach befindet sich ein offenes System im Zustand des Fließgleichgewichts, wenn die zeitlichen Differentiale Null geworden sind, wobei die Strömungsgrößen durchaus fortbestehen, d. h. von Null verschieden sein müssen. Der Zustand des Fließgleichgewichts läßt sich

---

(137) Zur Untersuchung von Fließgleichgewichtszuständen verwendet v. Bertalanffy folgenden Ansatz einer Transportgleichung:

$$\frac{\delta Q_i}{\delta t} = T_i + P_i \qquad i = 1, \ldots, n$$

Dabei ist T_i die Geschwindigkeit des Transportes des Elementes; Q_i ist ein Volumenelement in einem bestimmten Raumpunkt, also eine Funktion, die den Transport beschreibt; P_i ist dann eine Funktion, die die Geschwindigkeit der Produktion des Elementes an diesem Punkt beschreibt. Bertalanffy kommt bei diesem Ansatz zu den gleichen Ergebnissen, was die Stabilitätsfragen anbelangt. Zur Ableitung und Diskussion dieser Vorgehensweise vgl. Bertalanffy, Ludwig v.: Zu einer allgemeinen Systemlehre, a. a. O. , S. 122 f. ; Bertalanffy, Ludwig v.: Biophysik des Fließgleichgewichts, a. a. O. , S. 14 ff. ; Bertalanffy, Ludwig v.: Der Organismus als physikalisches System betrachtet. Die Naturwissenschaften, 28. Jg. , 33/1940, S. 524 ff. ; eine kritische Stellungnahme hierzu findet sich bei Dehlinger, U. ; Wertz, E. : Biologische Grundfragen in physikalischer Betrachtung. Die Naturwissenschaften, 30. Jg. , 17/18, 1942, S. 250 ff.

für offene Systeme, bezogen auf die Strömungsgrößen Energie, Materie und Information, durch die folgenden Aussagen kennzeichnen:

- Die Änderung der Strömungsgrößen ist Null.

- Die Strömungsgrößen sind von Null verschieden.

Der inhomogene Ansatz hat wesentliche Gemeinsamkeiten mit dem entsprechenden homogenen Ansatz gleicher Koeffizienten-Matrix, denn die homogene Differentialgleichung stellt letztlich einen Spezialfall der inhomogenen Differentialgleichung dar, bei der die $y_i = 0$ sind. Mit Hilfe eines inhomogenen Ansatzes lassen sich zusätzlich Systeme darstellen, die systemunabhängigen, permanenten Störeinflüssen von außen unterworfen sind. Inhomogene Ansätze eignen sich insofern zur Darstellung offener Systeme, als die Strömungsgrößen, die von außen auf ein offenes System wirken, in den externen Größen y_i erfaßt werden können.

An dieser Stelle kann eine Parallele zu den Ausführungen über die Entropie im Rahmen der traditionellen Thermodynamik und zu der als modern bezeichneten Thermodynamik der irreversiblen Prozesse gezogen werden. Dort wurde festgestellt, daß ein System dann im Gleichgewicht ist, wenn das zeitliche Differential zu Null geworden ist:

$$\frac{dS}{dt} = 0$$

Dies entspricht dann den aufgezeigten Lösungen der homogenen und der inhomogenen Differentialgleichungen, wenn diese ein stabiles Gleichgewicht erreichen. Ein Gleichgewichtszustand ist nämlich dadurch gekennzeichnet, daß alle

$$\frac{dx_i}{dt} = 0 \text{ sind.}$$

So beschreiben die homogenen Differentialgleichungen geschlossene Systeme, die einem Gleichgewicht mit maximaler Entropie zustreben. Demgegenüber beschreiben inhomogene Differentialgleichungen offene Systeme, die sich im Fließgleichgewicht aufgrund wirkender Strömungsgrößen bei konstanter Entropie oder in Zuständen des Nichtgleichgewichts befinden.

Die formale Übereinstimmung besteht hierbei darin, daß einmal die zeitlichen Ableitungen

$\frac{dx_i}{dt} = 0$ sind und nicht alle $x_i(t)$ sowie $y_i(t)$ zu Null geworden sind und daß zum anderen aufgrund der Relation $dS = d_a S + d_i S$ die Entropie sich - bedingt durch den gleichzeitigen Ablauf von innen und außen induzierter irreversibler Prozesse - vermehren, vermindern und/ oder konstant erhalten kann. Liegt der Fall vor, daß

$\dfrac{dS}{dt} = 0$, daß sich also konstante Entropie bei gleichzeitigem Import

und Export von Energie und Materie ergibt, so kann dieser Zustand wieder als Fließgleichgewicht bezeichnet werden.

3.323 Gleichgewicht und Entropie offener Systeme

Der Anstoß zur Entwicklung einer Theorie offener Systeme ging von den Naturwissenschaften und hauptsächlich von der Biologie mit der Zwecksetzung aus, Wachstumsprozesse, Anpassungsvorgänge und teleologisches Verhalten unterschiedlicher Phänomensysteme zu untersuchen und zu erklären. Lange Zeit wurden reale Prozesse, also irreversible Prozesse, über Relationen behandelt, die streng genommen nur für reversible Prozesse, also für ideale Prozesse gelten. Die irreversiblen Prozesse wurden annäherungsweise als reversibel betrachtet, und die Entwicklung einer Theorie der irreversiblen Prozesse schien deshalb nicht erforderlich. Erst bei der Untersuchung von Stofftransportproblemen in der Biologie, in der chemischen Kinetik und in der Verfahrenstechnik zeigte sich die Notwendigkeit, eine Theorie der irreversiblen Prozesse zu entwickeln. Bei diesen Entwicklungen handelt es sich vorwiegend um die Behandlung irreversibler Prozesse in der Physik, der Chemie und der Biologie. Hauptsächlich erfuhr die Theorie offener Systeme durch v. Bertalanffy und durch die Vertreter der "Belgischen Schule der Thermodynamik", wie Casimir, De Donder, De Groot, Onsager, Prigogine u. a. neue Impulse.

Die Möglichkeit, mit Hilfe der Theorie offener Systeme auch Probleme des Materie- und Informationsaustausches behandeln zu können, bleibt nicht ohne Auswirkungen auf andere Wissenschaften. Die Allgemeingültigkeit der Theorie der offenen Systeme und insbesondere der Theorie der irreversiblen Prozesse, die im Mittelpunkt der Allgemeinen Systemtheorie stehen, gestattet es, auch andere Sachverhalte, die irreversibel ablaufen und bei denen Strömungsgrößen wirken, über die hier gewonnenen Aussagen zu behandeln. Um jedoch zu plausiblen Ergebnissen zu kommen, ist es notwendig, die relevanten Größen messen zu können; dies bereitet jedoch bei Wirkungssystemen, die die komplexeste Form offener Systeme repräsentieren, große Schwierigkeiten.

3.3231 Gleichgewicht und Fließgleichgewicht

Im Rahmen der phänomenologischen Interpretation von Systemen wurde die Abgrenzung zwischen offenen und geschlossenen Systemen anhand der Art der Strömungsgrößen vorgenommen. Danach wurde ein System als geschlossen definiert, wenn es mit der Umwelt nur Energie austauscht. Diese Abgrenzung muß jedoch aufgrund der vorangegangenen Entropie- und Gleichgewichtsbetrachtungen abgewandelt werden.

Wenn ein sogenanntes geschlossenes System mit der Umwelt Energie austauscht - also nicht nur für eine gewisse Zeit Energie aufnimmt und danach nur noch abgibt -, zeigt es solange nicht die Tendenz, in den Zustand maximaler Entropie zu gelangen, wie die Strömungsgröße Energie nicht zu Null wird und die hierdurch importierte, also von außen zugeführte negative Entropie größer oder mindestens gleich der im Innern des Systems erzeugten positiven Entropie ist. Ein solches System ist nach den gewonnenen Definitionen also auch als offenes System zu bezeichnen. Es kann nur aufgrund der Beziehung $dS = d_aS + d_iS$ und der Differenzierung, daß durch von selbst eintretende und von außen einwirkende Prozesse, je nach deren Dominanz, die Entropie in einem System wachsen, abnehmen oder konstant bleiben kann, zwischen offenen und geschlossenen Systemen unterschieden werden. Demnach kann ganz allgemein dann von offenen Systemen gesprochen werden, wenn Strömungsgrößen von außen wirken und das System nicht sein Entropiemaximum erreicht hat.

Nach diesen Überlegungen ist es zweckmäßig, abgeschlossene, geschlossene und offene Systeme nach den folgenden Kriterien abzugrenzen:

-       Abgeschlossene Systeme liegen dann vor, wenn sich Systeme im Gleichgewicht mit maximaler Entropie befinden.

-       Geschlossene Systeme sind dadurch gekennzeichnet, daß sie nur in den Zustand maximaler Entropie übergehen können.

-       Offene Systeme können sich in einem Zustand erhalten, der vom Gleichgewicht mit maximaler Entropie abweicht.

Ein Austausch von Strömungsgrößen zwischen einem offenen System und seiner Umwelt einerseits und zwischen den Elementen des Systems andererseits ist nur im Zeitablauf möglich. Der Zustand eines Systems läßt sich im allgemeinen nur dann eindeutig kennzeichnen, wenn er auf einen bestimmten Zeitpunkt bezogen ist. Eine Ausnahme stellen jedoch die Gleichgewichtszustände offener Systeme dar. Unter einem Gleichgewichtszustand ist der Zustand eines Systems zu verstehen, bei dem sich die zu beobachtenden Strömungsgrößen im Zeitablauf nicht ändern und die zeitlichen Differentiale Null sind. Zustandsänderungen geschlossener Systeme, bei denen also keine Strömungsgrößen dauernd von außen wirken, sondern lediglich ein einmaliger Anstoß vorliegt, führen nach dem Gesetz von der Erhaltung der Energie und nach dem zweiten Hauptsatz der Thermodynamik stets zu einem Gleichgewichtszustand, der durch maximale Entropie gekennzeichnet ist. Demgegenüber lassen sich Zustandsänderungen offener Systeme nicht derart eindeutig beschreiben. Sie hängen von den Austauschrelationen der Strömungsgrößen mit der Umwelt ab und von den Möglichkeiten des Systems, diese zu regulieren. Bedingt durch die unterschiedliche Intensität der Strömungsgrößen kann ein offenes System im Zeitablauf beliebige Nichtgleichgewichtszustände oder Fließgleichgewichtszustände annehmen. Verfügt demgegenüber ein offenes System über eine entsprechende Regulationsfähigkeit, so kann es sich über längere Zeit hinweg in einem bestimmten Fließgleichgewichtszustand erhalten.

Im zweiten Hauptsatz der Thermodynamik wird der Sachverhalt, daß die Übergangswahrscheinlichkeiten der Zustände eines realen Systems vom Weg abhängig sind, in der Weise beschrieben, daß in einem geschlossenen System die Entropie bei einer von selbst eintretenden, irreversiblen Veränderung - also nicht bei ständigem Strömungsgrößenimport - nur zunehmen kann. Nach dem zweiten Hauptsatz streben also alle geschlossenen Systeme einem Zustand des statischen Gleichgewichts - auch echtes Gleichgewicht genannt - zu, der durch maximale Entropie gekennzeichnet ist. Da gleichzeitig mit der Entropiezunahme die freie Energie abnimmt, wird im Zustand des statischen Gleichgewichts ein Minimum an freier Energie erreicht (138), und der Energiefluß ist dann gleich Null geworden. Solange die Entropie nicht ihren maximalen Wert erreicht hat, ist ein Teil der noch vorhandenen Gesamtenergie des Systems in Form von freier Energie oder von Potential verfügbar (vgl. Abb. 3).

Diese Zusammenhänge sollen durch die Abbildung verdeutlicht werden. Bei einem einmaligen Anstoß bewegen sich die Entropieänderungen asymptotisch auf das Gleichgewichtsniveau zu und erreichen in G das Gleichgewicht, also bei dem definierten Punkt G, bei dem die Entropie ihr Maximum erreicht hat. Das geschlossene System ist also in Ruhe, und es besteht kein Gefälle mehr zur Umwelt. Aus dem Verlauf der Kurve ist auch ersichtlich, daß die Entropieänderungen um so langsamer verlaufen, je mehr sie sich dem Gleichgewicht nähern. Der Abstand zwischen der Asymptote und dem

---

(138) Vgl. Bertalanffy, Ludwig v.: Zu einer allgemeinen Systemlehre, a.a.O., S. 122; Kamarýt, Jan: Die Bedeutung der Theorie des offenen Systems in der gegenwärtigen Biologie, a.a.O., S. 1244 (2044); Brillouin, Léon: Science and Information Theory, a.a.O., S. 119.

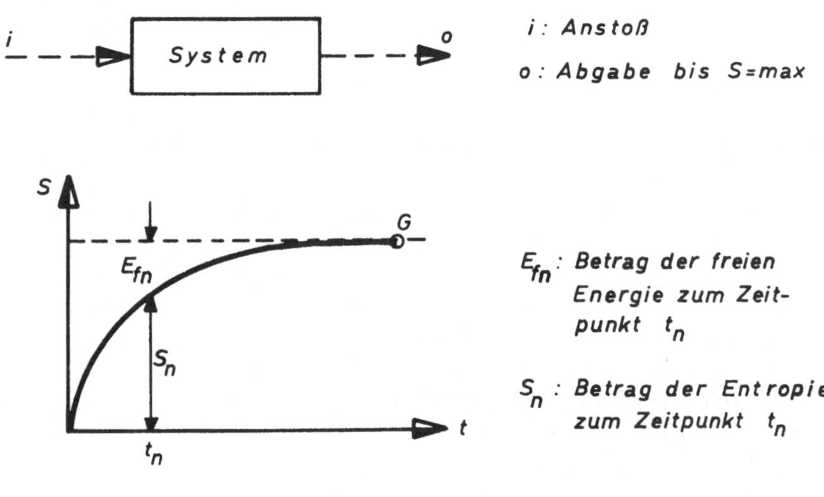

Abb. 3

Kurvenzug repräsentiert den Betrag der im System enthaltenen freien Energie zu jedem Zeitpunkt t_n, der Abstand zwischen der Amplitude und dem Kurvenzug den entsprechenden Betrag der Entropie. Im Gleichgewicht ist demnach ein geschlossenes System durch maximale Entropie und durch ein Minimum an freier Energie gekennzeichnet.

Geschlossene Systeme befinden sich also im Zustand des Gleichgewichts, wenn keine Strömungsgrößen mit der Umwelt ausgetauscht werden, also wenn:

$$E = 0; \quad M = 0; \quad I = 0 \quad \text{und somit St = 0}$$

$$\text{und wenn S = max und somit } \frac{dS}{dt} = 0$$

Hierbei sind: M = Materie, E = Energie, I = Information, St = Strömungsgröße, S = Entropie.

Soll demgegenüber ein System zur ständigen Arbeit genutzt werden, so müssen ständig Strömungsgrößen, etwa in Form von Energie, Materie und/oder Information von außen dem System zugeführt werden (139). Liegt dieser Fall vor, so handelt es sich um ein offenes System.

---

(139) Vgl. Bertalanffy, Ludwig v.: Biophysik des Fließgleichgewichts, a.a.O., S. 13; Miller, James G.: Living Systems: Basic Concepts, a.a.O., S. 203 f. und S. 224 f.

Bei dem Austauschprozeß zwischen offenem System und der Umwelt werden Strömungsgrößen mit hoher freier Energie in das System importiert, in seinem Innern transformiert und in Form von um freie Energie geminderten Endprodukten an die Umwelt zurückgegeben (140). Werden die in einem System eintretenden Veränderungen durch von außen wirkende Strömungsgrößen hervorgerufen, so läßt sich in bestimmten Fällen eine Entropieverminderung feststellen. Laufen in einem System von außen hervorgerufene Zufuhrprozesse und von selbst eintretende Abbauprozesse ab, so kann sich die Entropie verringern, konstant bleiben oder wachsen, je nachdem, welcher der Prozesse überwiegt. Wenn ständig Strömungsgrößen wirken, kann sich in all diesen Fällen nach einiger Zeit ebenfalls ein Gleichgewichtszustand, also ein Zustand konstanter Entropie, bei dem $dS/dt = 0$ ist, einpendeln. Dieser Zustand konstanter Entropie unterscheidet sich jedoch in zwei wesentlichen Punkten vom Gleichgewichtszustand geschlossener Systeme:

- Der Gleichgewichtszustand kann sich auch bei anderer als maximaler Entropie einstellen.

- Im Gleichgewichtszustand sind nicht alle Strömungsgrößen zu Null geworden.

Besteht zwischen System und Umwelt ein fortwährender Strömungsgrößenaustausch und sind die Entropieänderungen gleich Null, so liegt ein Fließgleichgewicht vor, und das offene System kann in diesem Zustand Arbeit verrichten (141). Sind demgegenüber bei anhaltender Wirkung von Strömungsgrößen die Entropieänderungen nicht gleich Null und die Entropie nicht maximal, dann liegen Nichtgleichgewichtszustände vor. Auch in diesem Fall kann das offene System Arbeit leisten, aber nur solange es seine maximale Entropie nicht erreicht hat. Die Arbeitsfähigkeit eines offenen Systems kann durch den Abstand der zu einem bestimmten Zeitpunkt vorliegenden tatsächlichen Entropie zur maximalen Entropie des Systems gekennzeichnet werden (142). Danach bestimmt sich die Fähigkeit eines Systems, Arbeit zu leisten, aus der Differenz zwischen maximaler und tatsächlich vorhandener Entropie, und je größer dieser Betrag ist, desto leistungsfähiger, also effizienter ist das System. Diese Zusammenhänge lassen sich an der folgenden Abbildung veranschaulichen (vgl. Abb. 4).

---

(140) Vgl. hierzu Bertalanffy, Ludwig v.: Biophysik des Fließgleichgewichts, a.a.O., S. 2 ff.

(141) Vgl. ebenda, S. 13; Ungerer, Emil: Die Wissenschaft vom Leben, a.a.O., S. 69.

(142) Vgl. Bertalanffy, Ludwig v.: Das biologische Weltbild, a.a.O., S. 127; Bertalanffy, Ludwig v.: Zu einer allgemeinen Systemlehre, a.a.O., S. 122.

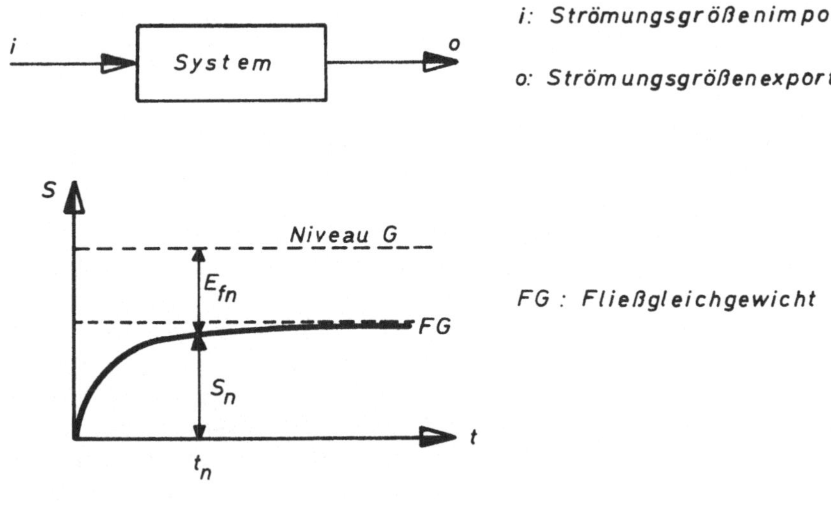

Abb. 4

Durch dauernden Import von Strömungsgrößen mit hoher freier Energie, die im Innern des Systems transformiert werden, kann ein offenes System den Zustand eines Fließgleichgewichts erreichen und erhalten, der vom Gleichgewicht mit maximaler Entropie entfernt ist.
Ein offenes System befindet sich dann im Zustand des Fließgleichgewichts, wenn:

$$E \neq 0 \text{ oder } M \neq 0 \text{ oder } I \neq 0 \text{ und somit } St \neq 0, \text{ aber konstant,}$$

und wenn

$$\frac{dE}{dt} = 0; \quad \frac{dM}{dt} = 0; \quad \frac{dI}{dt} = 0 \text{ und somit } \frac{dSt}{dt} = 0$$

und wenn $S \neq max$ und $\frac{dS}{dt} = 0$.

Befindet sich ein System im Fließgleichgewicht, so ist es auch in
der Lage, Arbeit aufgrund vorhandener freier Energie E_f, die in Arbeit umsetzbar ist, zu verrichten. Gehen jedoch bei einem offenen
System die Strömungsgrößen gegen Null, so verliert das System seine Arbeitsfähigkeit, denn das offene System geht in ein geschlossenes System über und erreicht nach einiger Zeit den Zustand maximaler Entropie (143).

---

(143) Vgl. Bertalanffy, Ludwig v.: Biophysik des Fließgleichgewichts, a.a.O., S. 11.

In dieser allgemeinen Fassung ist das Offene-System-Konzept nicht nur auf Organismen beschränkt - wie dies durch die biologische Prägung v. Bertalanffys den Anschein erweckt -, sondern kann auch andere Phänomene, wie Maschinen oder Unternehmungen, angewendet werden. Solange beispielsweise einer Maschine Energie zugeführt wird, kann sie Arbeit verrichten und befindet sich unter Umständen in einem Fließgleichgewicht, aber nicht im Gleichgewicht mit maximaler Entropie. Wird die Maschine abgestellt, so erfolgt keine Energiezufuhr mehr, sie ist in die Form eines geschlossenen Systems übergegangen. Die z. B. durch Reibung erhitzten Teile kühlen sich ab, und nach einiger Zeit erreicht das System sein Entropiemaximum, bei dem kein Gefälle mehr zur Umwelt vorliegt; die Prozesse sind zur Ruhe gekommen. Dieser Vorgang kann bei einer Maschine beliebig wiederholt werden, solange sie funktionsfähig bleibt. Gleiche Verhältnisse liegen auch bei einem Organismus vor, der solange lebensfähig ist, wie er sich durch Strömungsgrößenimport in einem Fließgleichgewicht mit konstanter Entropie, aber entfernt vom Entropiemaximum erhalten kann. Geht der Strömungsgrößenimport gegen Null, so lassen die Transformationsprozesse nach, bis die schließlich ganz aufhören; der Organismus ist zu einem geschlossenen System geworden, und die Lebensprozesse sind beendet. Danach werden sich noch chemische Umwandlungen und energetische Prozesse vollziehen, bis auch diese zum Stillstand gekommen sind; auch hier besteht dann kein Gefälle zur Umwelt mehr. Das System hat sein Entropiemaximum erreicht. Für beide Phänomene sind also die allgemeinen Bedingungen gleich, die sich aus dem Offenen-System-Konzept, basierend auf der Theorie irreversibler Prozesse, ergeben.

Das Offene-System-Konzept im Rahmen der Allgemeinen Systemtheorie ist also für alle Systeme verbindlich, die mit der Umwelt Strömungsgrößen austauschen und von ihrem Entropiemaximum entfernt sind. Das Konzept des offenen Systems kann demnach auch zur Erklärung von Unternehmungen und deren Organisation herangezogen werden, da diese als Wirkungssysteme gekennzeichnet wurden, die mit ihrer Umwelt in Strömungsgrößenaustausch stehen. Wenngleich die sich hieraus ergebende formale Beschreibung der Zusammenhänge offener Systeme als allgemeingültig anzusehen ist, wird demgegenüber die Operationalisierung des Entropiekonzepts, z. B. als Maß für die Beurteilung der Effizienz organisatorischer Strukturen, infolge fehlender geeigneter Größen und auftretender Meßprobleme, noch erhebliche Schwierigkeiten bereiten.

3. 3232 Besonderheiten des Fließgleichgewichts

Die Möglichkeit der Aufnahme von Strömungsgrößen und deren Durchfluß durch offene Systeme bringen es mit sich, daß ein System bei

Strömungsgrößenvariation auf unterschiedliche Intensitäten der Strömungsgrößen reagieren muß. Hierdurch entstehen viele Eigenschaften offener Systeme, die auf Fließgleichgewichtsänderungen oder auch Fließgleichgewichtsregulationen beruhen und bei geschlossenen Systemen nicht auftreten können (144).

Die makroskopischen Größen des offenen Systems, der Elementeaufbau sowie die Prozeßstruktur repräsentieren sich im Zustand des Fließgleichgewichts scheinbar unveränderlich, also in Ruhe. Demgegenüber werden aber die Elemente - beispielsweise bei einem biologischen System - durch den Strömungsgrößenaustausch mit der Umwelt dauernd abgebaut und erneuert. Das System verharrt demnach bei kontinuierlichem Wechsel der Bestandteile im Zustand des Fließgleichgewichts (145). Ähnlich liegen die Verhältnisse bei Maschinen, die jedoch durch Eingriffe von außen, indem schadhafte Teile ausgetauscht werden, in einem arbeitsfähigen Zustand erhalten werden können.

Zur Erhaltung eines Systems im Fließgleichgewicht ist es notwendig, daß die Zu- und Abfuhrprozesse und die Transformationen im System genau aufeinander abgestimmt sind. Ändert sich der Strömungsgrößenimport oder tritt eine Änderung der Transformationsprozesse ein, so können sich bestimmte Systeme, wie Organismen und Unternehmungen, nicht in dem ursprünglichen Fließgleichgewichtszustand erhalten. Sie werden aus diesem stationären Zustand hinausgedrängt. Bei diesem Vorgang kann sich die Entropie des Systems je nach Art der Änderungsprozesse verringern oder vergrößern, und es kann sich ein Fließgleichgewichtszustand bei einem höheren oder niedrigeren Niveau einstellen. Bestimmte offene Systeme können, wenn sie ihr Niveau des Fließgleichgewichts erhöhen, höhere und bessere Formen der Leistungsfähigkeit durch Vergrößern des Abstandes zum Gleichgewicht erreichen. Deshalb hängt auch das Erreichen eines Fließgleichgewichts nicht von den Anfangsbedingungen des Systems, sondern ausschließlich von den aktuellen Systemparametern ab, d. h. offene Systeme - außer z. B. Maschinen - können aus sich heraus von verschiedenen Anfangsbedingungen aus und/oder auf verschiedenen Wegen trotz interner und/oder externer Störeinflüsse einen Zustand des Fließgleichgewichts erreichen. Diese

---

(144) Vgl. Bertalanffy, Ludwig v.: Biophysik des Fließgleichgewichts, a. a. O., S. 14.

(145) Vgl. Bertalanffy, Ludwig v.: Das biologische Weltbild, a. a. O., S. 120; Bertalanffy, Ludwig v.: Biophysik des Fließgleichgewichts, a. a. O., S. 10 f.; vgl. weiterhin die entsprechende soziologische Interpretation des Gleichgewichts in Organisationen bei Mayntz, Renate: Soziologie der Organisation, a. a. O., S. 46.

Besonderheit tritt nur bei offenen Systemen auf und ist bei geschlossenen Systemen unmöglich, da hier der Endzustand des Gleichgewichts mit maximaler Entropie durch die Anfangsbedingungen determiniert ist. Da ein offenes System auf verschiedenen Wegen einen
Fließgleichgewichtszustand erreichen kann, ergeben sich unterschiedliche Einschwingvorgänge von einem bestehenden Fließgleichgewichtszustand in einen neuen anderen (vgl. hierzu Abb. 5). In der
Abbildung werden lediglich einige typische Einschwingvorgänge von
Fließgleichgewichten betrachtet.

Bei allen Abbildungen (a - e) soll sich das System bis zum Zeitpunkt
t_o in einem Fließgleichgewicht befinden; das Niveau des bisherigen
Fließgleichgewichts soll identisch mit der Abszisse sein. Zum Zeitpunkt t_o tritt eine Störung, also ein Ereignis auf, das das offene System aus dem bisherigen Fließgleichgewicht bringt. Nach einiger
Zeit soll sich über Nichtgleichgewichtszustände wieder ein Zustand
eines Fließgleichgewichts einstellen.

Der Verlauf der Kurve (a) zeigt den Normalfall, bei dem sich die
Kurve asymptotisch dem neuen Fließgleichgewichtszustand nähert.
Solche Verläufe treten hauptsächlich bei Wachstumsprozessen auf.
Die zweite Form (b) stellt eine logistische Funktion dar, die z. B.
bei der Neueinführung eines Produktes gegeben sein kann. Der Ein-
schwingvorgang, der durch die Kurve (c) repräsentiert wird, wird
als Overshoot (146) bezeichnet. Diese Form kommt dadurch zustande, daß zum Zeitpunkt t_o z. B. ein Katalysator in den Prozeß gebracht wird, der eine Überschwingweite hervorruft, die dann nach
einiger Zeit wieder abklingt. Solche Kurvenverläufe können sich z.
B. auch bei Innovationen ergeben. Das Gegenteil des Overshoot stellt
der Verlauf (d) dar, der als falscher Start (147) bezeichnet wird.
Die Kurve (e) schließlich ist der typische Fall einer Oszillation, die
zusätzlich noch gedämpft ist. Durch diesen Verlauf können z. B. erfolgreiche "trial and error"-Prozesse charakterisiert werden.

---

(146) Vgl. Bertalanffy, Ludwig v.: Biophysik des Fließgleichge-
       wichts, a. a. O., S. 19 f.; Bendmann, Arno: L. von Bertalanf-
       fys organismische Auffassung des Lebens in ihren philosophi-
       schen Konsequenzen, a. a. O., S. 48. Der Vorgang kann als
       "über-das-Ziel-schießen" charakterisiert werden. Vgl. Ber-
       talanffy, Ludwig v.: Biophysik des Fließgleichgewichts, a. a.
       O., S. 19.
(147) Vgl. Bertalanffy, Ludwig v.: Biophysik des Fließgleichge-
       wichts, a. a. O., S. 19 f.; Bendmann, Arno: L. von Bertalanf-
       fys organismische Auffassung des Lebens in ihren philosophi-
       schen Konsequenzen, a. a. O., S. 48.

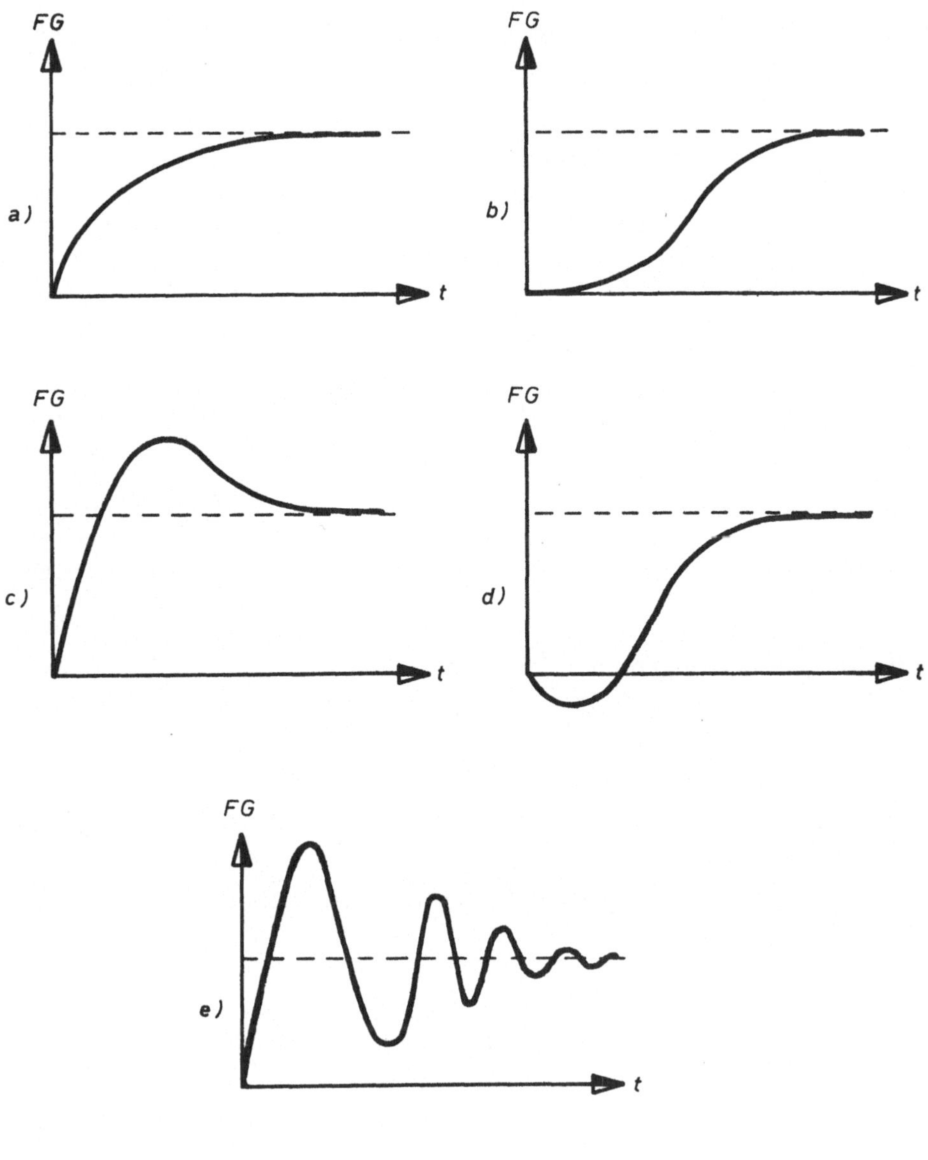

Abb. 5

Alle diese hier aufgeführten idealtypischen Kurvenverläufe stellen durch Störungen verursachte Anpassungsvorgänge dar. Ein neues Fließgleichgewicht wird dadurch erreicht, daß das offene System die Transformationsprozesse oder die innere Struktur auf die geänderten Strömungsgrößen abstimmt. Abstimmungsmaßnahmen über Transformationsprozesse zum Zwecke des Erreichens eines neuen Fließgleichgewichts sind auch bei Maschinen möglich, wenn diese über geeignete Mechanismen zur Regelung verfügen.

Durch Änderung des Fließgleichgewichts können auch interne Struktur- und Prozeßänderungen bewirkt werden. Die Empirie zeigt, daß bestimmte offene Systeme sich in einem vom Entropiemaximum entfernten Zustand im Fließgleichgewicht und in einem relativen Ordnungsgefüge erhalten können. Darüber hinaus vermögen bei einer Entropieverminderung bestimmte offene Systeme höhere Stufen der Ordnung und der Organisation zu erreichen (148). Offene Systeme können also im Gegensatz zu geschlossenen Systemen ihren inneren Ordnungszusammenhang trotz innerer und äußerer Störungen nicht nur aufrechterhalten, sondern durch Entropieverminderungen auch höhere Stufen der Ordnung und der Organisation erreichen. Die zu dieser Strukturverbesserung erforderliche Arbeit wird durch Entwertung der aus der Umwelt importierten Strömungsgrößen gewonnen.

Unter den Aspekten der Entropieverminderung und der Fähigkeit, unterschiedliche Ordnungszustände erreichen zu können, läßt sich die folgende näher spezifizierte Definition offener Systeme vornehmen.

Offene Systeme liegen dann vor, wenn

- deren Strömungsgrößen nicht gleich Null werden,

- die Entropie nicht den maximalen Wert erreicht,

- Strömungsgrößen, die freie Energie enthalten, in ein System eingehen,

- diese Strömungsgrößen im Innern transformiert werden, um zusätzliche Arbeit freizusetzen und/oder die innere Struktur konstant zu erhalten, auf- oder abzubauen, um neue Ordnungszustände zu erreichen,

- Endprodukte in Form von entwerteten Strömungsgrößen an die Umwelt abgegeben werden.

3.324 Entropie und Organisation

Vielfach wird der Entropiebegriff im Zusammenhang mit der molekular-statistischen Interpretation mit den Begriffen der Ordnung und der Organisation in Verbindung gebracht. Dabei kennzeichnet eine Entropiezunahme eine Abnahme und eine Entropieabnahme eine Zunahme der Ordnung. Die Wärmelehre der klassischen Physik beschreibt das Verhalten geschlossener Systeme im zweiten Hauptsatz

---

(148) Vgl. Bertalanffy, Ludwig v.: Biophysik des Fließgleichgewichts, a.a.O., S. 4 ff. und S. 47; Kamarýt, Jan: Die Bedeutung der Theorie des offenen Systems in der gegenwärtigen Biologie, a.a.O., S. 1255 (2055).

der Thermodynamik wie folgt: Während der Zustandsänderungen in einem geschlossenen System nimmt die Entropie fortwährend zu, während die freie Energie abnimmt. Wird die Entropie als Maß der Unordnung aufgefaßt, so gehen geschlossene Systeme von Zuständen der Ordnung in solche der Unordnung über (149). Jedes geschlossene System erreicht nach dem zweiten Hauptsatz einen zeitunabhängigen Endzustand des Gleichgewichts, der durch maximale Entropie und ein Höchstmaß an Unordnung charakterisiert ist (150). Eine Verallgemeinerung des zweiten Hauptsatzes der Thermodynamik würde beinhalten, daß alle Systeme durch von selbst ablaufende Prozesse von Zuständen relativer Ordnung in solche der Unordnung überführt würden. Demgegenüber können sich jedoch offene Systeme in einem Zustand relativer Ordnung erhalten und darüber hinaus ihre Entropie vermindern, wodurch das System spontan Zustände höherer Ordnung und somit bessere Formen der Organisation erreichen kann (151). Dieser Sachverhalt trifft z. B. auch für Unternehmungen zu, bei denen durch bewußte Strukturierungshandlungen ein Ordnungsgefüge erstellt, erhalten und verbessert wird.

Aufgrund dieser Aussagen liegt die Vermutung nahe, daß die Entropie als Maß der Ordnung und der Organisation (152) für offene Systeme geeignet sei und daß hierdurch Strukturvergleiche ermöglicht würden. Um aber auf dieses Problem näher eingehen zu können, ist es erforderlich, die statistische Interpretation der Entropie in der Thermodynamik und in der Informationstheorie zu betrachten.

3. 3241 Statistische Interpretation der Entropie

Die allgemeine Aussage, daß eine Entropieverminderung zu einem höheren Ordnungsgrad bzw. zu einem besseren Ordnungsgefüge führe, scheint zuzutreffen, aber nur dann operationalisierbar zu sein, wenn die die Entropie begründenden makroskopischen Größen bekannt und meßbar sind. Durch die molekular-statistische Definition der Entropie wird in der Thermodynamik demgegenüber eine spezielle Interpretation der Ordnung erreicht. In diesem Zusammenhang

---

(149) Vgl. Kannegiesser, Karl-Heinz: Zum zweiten Hauptsatz der Thermodynamik, a. a. O., S. 849.
(150) Vgl. Bertalanffy, Ludwig v.: Zu einer allgemeinen Systemlehre, a. a. O., S. 121 f.
(151) Vgl. Bertalanffy, Ludwig v.: Biophysik des Fließgleichgewichts, a. a. O., S. 48; Kamarýt, Jan: Die Bedeutung der Theorie des offenen Systems in der gegenwärtigen Biologie, a. a. O., S. 1246 (2046); Krech, David: Dynamic Systems as Open Neurological Systems, a. a. O., S. 154.
(152) Zum Ordnungs- und Organisationsgrad vgl. Mirow, Heinz Michael: Kybernetik, a. a. O., S. 67 f. und S. 80 ff.

ist jedoch hervorzuheben, daß es in der Physik gelungen ist, die makroskopische und die mikroskopische Interpretation ineinander zu überführen, und daß in beiden Fällen dieselbe Dimension $[\text{kcal}/^{\circ}\text{K}]$ vorliegt. Auch im Rahmen der Informationstheorie wird versucht, ein Maß der Ordnung zu gewinnen, und zwar über die von Shannon formulierte Entropie, auch als Negentropie oder mittlerer Informationsgehalt bezeichnet. Es ist allerdings fraglich, ob der in der Informationstheorie angewendete Begriff der Entropie, der sich auf syntaktische Zusammenhänge bezieht, der gewünschten Anwendung des Entropiebegriffs als Maß der Ordnung entspricht. Weiterhin wird versucht, die physikalische und die informationstheoretische Interpretation der Entropie aufgrund der statistischen Betrachtung ineinander zu überführen. Eine Isomorphie zwischen Thermodynamik und Informationstheorie würde dann bestehen, wenn die Gesetzmäßigkeiten sich entsprächen und sich auch die Dimensionen der beiden Bereiche aufeinander beziehen ließen (153).

3.32411 Molekular-statistische Interpretation der Thermodynamik

Der Entropiebegriff läßt sich in Anlehnung an Boltzmann molekularstatistisch interpretieren. Bei dieser Interpretation wird von den makroskopischen Größen Druck, Volumen und Temperatur abstrahiert und lediglich die statistische Verteilung der Moleküle in einem absolut geschlossenen System betrachtet. Demnach handelt es sich hier um eine mikro-physikalische Betrachtungsweise, bei der ein Zusammenhang zwischen Entropie und Wahrscheinlichkeit hergestellt wird. Dieser Zusammenhang wird deutlich, wenn zwei ideale Gase betrachtet werden, die in einem Behälter durch eine Trennwand voneinander getrennt sind (154). Wird die Trennwand entfernt, so tritt eine spontane Mischung der beiden Gase ein, die so lange anhält, bis bei dem homogenen Gasgemisch der Druck und die Temperatur überall gleich sind. Bei diesem Vorgang nimmt die Entropie so lange zu, bis sie ihr Maximum erreicht hat; das ist der Zustand, bei dem die Größen Druck und Temperatur ausgeglichen sind.

---

(153) Vgl. Peters, Johannes: Einführung in die allgemeine Informationstheorie, a.a.O., S. 33.

(154) Vgl. hierzu 'Der Neue Grimsehl'. Physik II. bearbeitet und hrsg. von Wilhelm German, Herbert Graewe u.a., Stuttgart o.J., S. 103; Stichwort "Entropie". In: Wörterbuch der philosophischen Begriffe, hrsg. von Johannes Hoffmeister, a.a.O., S. 203; Kannegiesser, Karl-Heinz: Zum zweiten Hauptsatz der Thermodynamik, a.a.O., S. 849 ff.; Brillouin, Léon: Science and Information Theory, a.a.O., S. 119 ff.; Bertalanffy, Ludwig v.: General System Theory, a.a.O., S. 3; Ducrocq, Albert: Die Entdeckung der Kybernetik. Über Rechenanlagen, Regelungstechnik und Informationstheorie. Übersetzung des Origi-

Wie schon erwähnt, basiert der zweite Hauptsatz der Thermodynamik auf der Erfahrungstatsache, daß alle selbständig ablaufenden Prozesse irreversibel sind. Deshalb kann auch das hier betrachtete System nach Erreichen seines Endzustandes nicht wieder von selbst in einen seiner früheren Zustände zurückkehren. Wird die Ausgangsbasis des Experiments, bei der die beiden Gase getrennt sind, als Ordnung bezeichnet, so haben die Gase nach ihrer Mischung im Endzustand ein Höchstmaß an Unordnung erreicht. Der Übergang eines geschlossenen Systems vom Zustand der Ordnung in einen solchen der Unordnung ist also wahrscheinlicher als umgekehrt. Deshalb ist auch die wahrscheinlichste Verteilung der Moleküle in dem Gemisch die der Unordnung und die unwahrscheinlichste die der Ordnung (155).

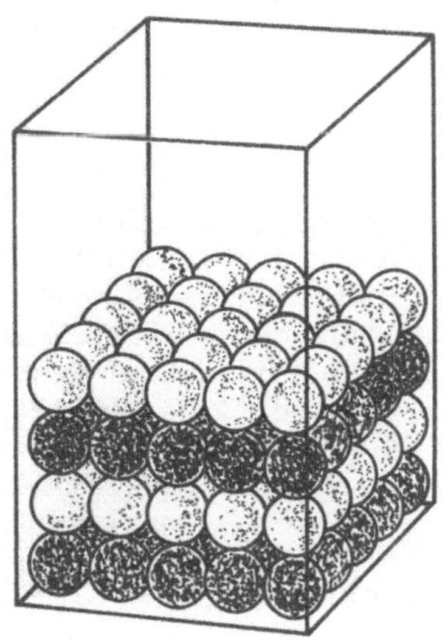

Abb. 6

Forts. Fußnote (154):
nals "Découverte de la Cybernetique", besorgt von Gertrud Walther, (Frankfurt/Main 1959), S. 186 ff. ; Fast, J. D. : Entropie, a. a. O. , S. 51.

(155) Vgl. hierzu Bertalanffy, Ludwig v. : Zur Geschichte theoretischer Modelle in der Biologie. Studium Generale, 18. Jg. 1965, S. 294; Flechtner, Hans-Joachim: Grundbegriffe der Kybernetik, a. a. O. , S. 75 und S. 376 f. ; Kannegiesser, Karl-Heinz: Zum zweiten Hauptsatz der Thermodynamik, a. a. O. , S. 849 f.; Kamarýt, Jan: Die Bedeutung der Theorie des offenen Systems in der gegenwärtigen Biologie, a. a. O. , S. 1245 (2045); Schrödinger, Erwin: Was ist ein Naturgesetz?, a. a. O. , S. 13.

Dieses Phänomen kann an dem folgenden Beispiel besser verdeutlicht werden (156). Die Anzahl der Moleküle der beiden Gase wird durch eine wesentlich geringere Anzahl roter und weißer Kugeln, je 50 Stück, ersetzt. Als Anfangszustand wird eine bestimmte regelmäßige Verteilung der Kugeln in einem Gefäß vorausgesetzt (vgl. Abb. 6) (157). Um die thermische Bewegung zu simulieren, wird das Gefäß mit den anfänglich geordneten Kugeln eine zeitlang geschüttelt. Nach dem Schütteln hat sich eine bestimmte Konstellation der Kugeln untereinander eingestellt, die nicht dem Anfangszustand entspricht. Die Erfahrung lehrt, daß niemals der geordnete Anfangszustand wiederhergestellt werden kann, auch wenn noch so oft geschüttelt wird. Es ergibt sich immer eine ungeordnete Verteilung der roten und weißen Kugeln, obwohl es sicher ist, daß alle Konstellationen, die auftreten können, die gleiche Wahrscheinlichkeit besitzen. Danach müßte sich auch die Ausgangssituation wieder einstellen können. Daß dies praktisch aber nicht eintrifft, liegt darin begründet, daß wesentlich mehr ungeordnete als geordnete Verteilungen in diesem System existieren.

Wären alle 100 Kugeln durch Ziffern markiert, so gäbe es 100! unterschiedliche Möglichkeiten der Verteilung der Kugeln im Gefäß. Dieser Fall liegt aber nicht vor, da gleichfarbige Kugeln nicht zu unterscheiden sind. Deshalb bleibt auch die Anordnung einer bestimmten Konstellation beim Vertauschen von gleichfarbigen Kugeln unverändert. Hierdurch wird die Zahl der unterscheidbaren möglichen Anordnungen im Gefäß reduziert. Trotzdem ergibt sich für alle möglichen unterscheidbaren Anordnungen m noch eine unvorstellbar hohe Zahl (158):

$$m = \frac{100!}{50!\,50!} = 1,01 \cdot 10^{29}$$

Aufgrund des Ergebnisses muß also durchschnittlich 10^{29} mal geschüttelt werden, um eine ganz bestimmte Verteilung der Kugeln, z. B. eine geordnete Verteilung, zu erhalten. Deshalb ist auch die Wahrscheinlichkeit, daß nach dem Schütteln in einem geschlossenen System eine geordnete Verteilung in irgendeiner Form auftritt, z. B. daß die roten und weißen Kugeln in Schichten liegen oder die eine Hälfte des Gefäßes nur rote, die andere nur weiße Kugeln enthält, aufgrund der geringen Zahl geordneter Verteilungen gegenüber der

---

(156) Zu diesem Experiment vgl. Fast, J. D. : Entropie, a. a. O. , S. 52.
(157) Die Abbildung ist entnommen aus Fast, J. D. : Entropie, a. a. O. , S. 52.
(158) Vgl. zur Berechnung Fast, J. D. : Entropie, a. a. O. , S. 53.

sehr hohen Zahl ungeordneter Verteilungen nahezu gleich Null (159). Deshalb ist auch der Endzustand eines geschlossenen Systems durch maximale Entropie und durch die Wahrscheinlichkeit, daß keine geordnete Verteilung auftritt, also durch ein Höchstmaß an Unordnung gekennzeichnet.

Der Zustand der maximalen Entropie nach dem zweiten Hauptsatz ist ein Makrozustand mit einer hohen Zahl von Realisierungsmöglichkeiten, also ein wahrscheinlicher Zustand. Makrozustände sind Klassen von Mikrozuständen, die einem thermischen Zustand entsprechen. Dieser thermische Zustand ist durch eine geringe Zahl makroskopischer Größen, wie Druck, Temperatur, Volumen, gekennzeichnet (160). Demgegenüber wurden bei dem Schüttelversuch Mikrozustände betrachtet. Es wurde vorausgesetzt, daß sämtliche $m = 10^{29}$ Anordnungen die gleiche Wahrscheinlichkeit $w = \frac{1}{m}$ haben (161). Diese Mikrozustände lassen sich zu Makrozuständen gleichen Ordnungsgrades zusammenfassen, da die Wahrscheinlichkeit jedes einzelnen Makrozustandes durch die Anzahl der realisierbaren Mikrozustände bestimmt wird.

Die Unterscheidung zwischen Mikro- und Makrozustand läßt sich am Beispiel eines Würfels verdeutlichen. Angenommen die Zahlen 2, 4, 6 seien die Mikrozustände und der Makrozustand sei "gerade Zahl", dann ist die Wahrscheinlichkeit des Makrozustandes, der durch die drei Mikrozustände, 2, 4, 6, realisiert wird,

$$w = \frac{3}{6} = \frac{1}{2},$$

wenn alle sechs Zahlen des Würfels die gleiche Wahrscheinlichkeit besitzen.

Dem makroskopischen Zustand der maximalen Entropie, dem ein System aufgrund des zweiten Hauptsatzes zustrebt, entspricht also die statistische Ermittlung der Entropie durch Zählung von Mikrozuständen. Für die hier vorzunehmende vereinfachte Ableitung (162) der statistisch zu bestimmenden Entropie sei ein Volumen angenom-

(159) Vgl. Fast, J. D.: Entropie, a. a. O., S. 54.
(160) Ebenda, S. 62.
(161) Zu Mikro- und Makrozuständen vgl. Fast, J. D.: Entropie, a. a. O., S. 54 ff., insbesondere S. 61 ff.; weiterhin Denbigh, Kenneth: Prinzipien des chemischen Gleichgewichts, a. a. O., S. 325.
(162) Es ist hier zulässig und einfacher, in klassischer Weise die Zahl der möglichen Molekülanordnungen im verfügbaren Raum und ihre Verteilung über die verschiedenen Geschwindigkeiten gesondert zu betrachten. Von den möglichen Quantenzuständen

men, in dem sich ein Gas befindet. Das Volumen sei in sehr viele, sehr kleine Zellen unterteilt, so daß wesentlich mehr Zellen vorhanden sind als Gasmoleküle (163). Hierdurch steht der größte Teil der Zellen leer; nur wenige Zellen sind mit Gasmolekülen besetzt. Infolge der thermischen Bewegungen wechseln die Besetzungen der Zellen fortlaufend. Werden z Zellen und n Moleküle angenommen, so ergeben sich n besetzte Zellen und (z-n) unbesetzte Zellen. Die Gesamtzahl der Mikrozustände m ergibt sich dann, da sowohl die Vertauschung von zwei leeren Zellen als auch die Vertauschung von zwei besetzten Zellen eine gegebene Verteilung unverändert läßt, aus den Gesetzen der Kombinatorik (164):

$$m = \frac{z!}{n! \ (z-n)!}$$

Die m Mikrozustände seien durch

$$x_1, \ \ldots, \ x_i, \ \ldots, \ x_m \ \text{ausgedrückt.}$$

Wenn nun den m Mikrozuständen folgende Wahrscheinlichkeitszahlen zugeordnet werden:

$$p(x_1), \ \ldots, \ p(x_i), \ \ldots, \ p(x_m),$$

so ergibt sich die Entropie nach Boltzmann:

$$S = -K \sum_{i=1}^{m} p(x_i) \ \ln p(x_i)$$

Forts. Fußnote (162):
kann deshalb abgesehen werden. Vgl. zu den hier dargestellten Zusammenhängen auch Denbigh, Kenneth: Prinzipien des chemischen Gleichgewichts, a. a. O. , S. 342; Boltzmann, Ludwig: Vorlesungen über die Gas-Theorie. I. Teil. 3. Aufl. , Leipzig 1923, S. 32.

(163) Die hier geschilderte Aufteilung des Volumens in Zellen stellt in dieser Form eine starke Vereinfachung dar. Letztlich handelt es sich hier um einen Phasenraum, einen sechsdimensionalen Orts-Impulsraum, der in Zellen aufgeteilt ist. Vgl. Fast, J. D. : Entropie, a. a. O. , S. 59 u. S. 66 f. ; Flechtner, Hans-Joachim: Grundbegriffe der Kybernetik, a. a. O. , S. 121 f. ; Peters, Johannes: Einführung in die allgemeine Informationstheorie, a. a. O. , S. 30.

(164) Vgl. Fast, J. D. : Entropie in Wissenschaft und Technik. Teil I (Der Entropiebegriff). Philips' technische Rundschau, 16. Jg. 1955, S. 284; Fast, J. D. : Entropie, a. a. O. , S. 59; Peters, Johannes: Einführung in die allgemeine Informationstheorie, a. a. O. , S. 30.

Haben alle Mikrozustände die gleiche Wahrscheinlichkeit 1/m, so ergibt sich die Boltzmann-Plancksche Formel (165):

$$S = K \ \ln \ m \ \left[kcal/^{O}K\right]$$

Hierbei sind m die Mikrozustände und K die Boltzmannsche Konstante.

Nach dem zweiten Hauptsatz erreicht ein geschlossenes System immer den Endzustand der maximalen Entropie und nach den hier gewonnenen Aussagen den Zustand maximaler Unordnung. Die Änderungen der Entropie bis zum Entropiemaximum beinhalten nach der oben angegebenen Beziehung (S = K ln m) das Streben nach einem Zustand - also nach einem wahrscheinlicheren Zustand - bei dem die maximal möglichen Mikrozustände erreicht werden. Es liegen demnach in der Physik zwei mögliche Inhalte der Entropie vor: Die Entropie als makroskopische Zustandsgröße und die Entropie als mikroskopische Zustandsgröße. "Die Gleichsetzung dieser beiden Begriffe in der Physik ist eine der hervorragendsten Leistungen der theoretischen Physik überhaupt" (166).

Die hier geschilderten Zusammenhänge gelten nur für geschlossene Systeme. In einem offenen System kann demgegenüber durch Strömungsgrößenimport oder spezieller durch gezielte Eingriffe aufgrund von Information die Entropie vermindert und dadurch Zustände der Ordnung hergestellt werden (167). Der Betrag der notwendig einzuführenden negativen Entropie muß der Umwelt entnommen worden sein, also in gespeicherter Form vorliegen, oder der Umwelt entnommen und dem offenen System zugeführt werden. Da Organisationen einen bestimmten Grad der Ordnung aufweisen und bessere Ordnungskonstellationen aufgrund von Strukturierungsmaßnahmen erzielt werden können, wird durch Gestaltungshandlungen die Entropie in einem

------

(165) Vgl. zu den obigen Ausführungen Peters, Johannes: Einführung in die allgemeine Informationstheorie, a.a.O., S. 30; weiterhin Fast, J. D.: Entropie, a.a.O., S. 64, sowie auch Planck, Max: Über die statistische Entropiefunktion. In: Sitzungsberichte der Preussischen Akademie der Wissenschaften, Nr. XXI, 1925, S. 442 - 451; Schrödinger, Erwin: Bemerkungen über die statistische Entropiefunktion beim idealen Gas. In: Sitzungsberichte der Preussischen Akademie der Wissenschaften, Nr. XXI, 1925, S. 434 - 441; Schaefer, Clemens: Einführung in die theoretische Physik. Bd. 2: Theorie der Wärme, molekular-kinetische Theorie der Materie. 3. Aufl., Berlin 1958, S. 460 - 466.

(166) Peters, Johannes: Einführung in die Allgemeine Informationstheorie, a.a.O., S. 160. Vgl. hierzu auch Fast, J. D.: Entropie, a.a.O., S. 65.

solchen offenen System verringert. Deshalb muß auch die Tätigkeit des Organisierens als Entropieverminderung verstanden werden.

3.32412 Statistische Interpretation der Informationstheorie

Zwischen dem mikroskopischen Entropiebegriff der Physik und dem von Shannon entwickelten Entropiebegriff der Informationstheorie besteht eine auffällige Analogie, die schon viel Verwirrung hervorgerufen hat. Um diese Analogie aufzuzeigen, soll vorerst die folgende Ableitung (168) gewählt werden, bei der nicht nur die analoge Schreibweise, sondern auch die analoge Ableitung der informationstheoretischen Entropie deutlich wird.

Bei dieser Betrachtung wird ein Alphabet von

$$a_1, \ldots, a_j, \ldots, a_n$$

Elementen vorausgesetzt. In diesem Alphabet hat jedes Element die Wahrscheinlichkeit

$$p(a_1), \ldots, p(a_j), \ldots, p(a_n).$$

Durch Definition hat ein bestimmtes Element des Alphabets die Information

$$I(a_j) = -ld\, p(a_j).$$

Der Erwartungswert an Information pro Element des Alphabets ergibt dann:

$$E(I(a_j)) = \sum_{j=1}^{n} p(a_j)\, I(a_j)$$

$$H = -\sum_{j=1}^{n} p(a_j)\, ld\, p(a_j)$$

da $\quad H = E(I(a_j))$

---

(167) In diesem Zusammenhang bemerkt auch Peters, daß die Entropie durch Einwirkung von außen abnehmen kann. Vgl. Peters, Johannes: Einführung in die allgemeine Informationstheorie, a. a. O. , S. 31.

(168) Vgl. zu dieser Ableitung Peters, Johannes: Einführung in die allgemeine Informationstheorie, a. a. O. , S. 32.

Wird der oben angegebenen Beziehung noch die Konstante K beige-
fügt und der Logarithmus zur Basis zwei allgemeiner geschrieben,
so ergibt sich:

$$H = -K \sum_{j=1}^{n} p(a_j) \,_a\!\log p(a_j)$$

und damit eine starke Ähnlichkeit zum mikroskopischen Ausdruck
der Entropie in der Physik. Durch $_a\!\log p(a_j)$ bleibt die Wahl der Basis des Logarithmus frei.

Die Größe H bezeichnet Shannon als Entropie (169), was nicht ganz
unproblematisch ist, denn die beiden Entropiebegriffe scheinen sich
nur in ihrer Dimension, nämlich in der Physik durch $\left[\mathrm{kcal}/^{\circ}\mathrm{K}\right]$
und durch die Dimension $\left[\mathrm{bit}\right]$ in der Informationstheorie zu unterscheiden. Außerdem kann die Entropie der Informationstheorie durch
die Änderung des Maßstabes um den Faktor K ln 2 in die mikrophysikalische Interpretation überführt werden (170).

Für Shannon ergab sich das Problem, für eine zu übertragende Informationsmenge ein Informationsmaß zu finden. Jede Mitteilung,
die durch einen Kanal übertragen wird, entspricht einem bestimmten Zustand am Kanaleingang, der die Quelle der Nachricht oder der
Information ist. Nachrichten, die einem bestimmten Zustand am Kanaleingang entsprechen, können häufig oder selten auftreten. Da deren zukünftiges Auftreten nicht bekannt ist, kann nur von der relativen Häufigkeit oder der Wahrscheinlichkeit für das Auftreten des einen oder anderen Zustandes ausgegangen werden. Wäre nämlich das
Auftreten bekannt, so wäre es sinnlos, eine Nachricht zu übertragen. Die verschiedenen Mitteilungen, von denen jede einem bestimmten Zustand entspricht, erhalten dadurch gleichfalls bestimmte Wahrscheinlichkeiten. Bei den von einer Nachrichtenquelle gelieferten
Signalen muß nach Empfang einer gewissen Anzahl von Signalen für
das folgende Signal eine Unsicherheit bestehen, die erst nach Empfang
des Signals beseitigt werden kann. Hierdurch wird die Unsicherheit
in Sicherheit umgewandelt. Das von Shannon eingeführte Maß der
mittleren Unsicherheit und das der Information einer Nachrichtenquelle wurde von ihm analog zur Physik als Entropie bezeichnet (171).

---

(169) Vgl. Shannon, Claude, E.; Weaver, Warren: The Mathematical
       Theory of Communication, a.a.O., S. 20.
(170) Vgl. Peters, Johannes: Einführung in die allgemeine Informa-
       tionstheorie, a.a.O., S. 33 und S. 159 f.; Mirow, Heinz Mi-
       chael: Kybernetik, a.a.O., S. 61.
(171) Vgl. Shannon, Claude E.; Weaver, Warren: The Mathematical
       Theory of Communication, a.a.O., S. 20.

Das mathematische Abbild einer einfachen Nachrichtenquelle, das diesen Forderungen entspricht, ist eine zufällige Folge, die durch die Anzahl n ihrer verschiedenen Symbole a_i und die diesen Symbolen zugeordneten Wahrscheinlichkeiten p_i charakterisiert wird. Die mittlere Unsicherheit, die bei der Lieferung eines Symbols durch die Nachrichtenquelle auftritt, wird durch die Formel von Shannon folgendermaßen angegeben (172):

$$H = -K \sum_{i=1}^{n} p_i \,{}_a\!\log p_i$$

Die Wahrscheinlichkeiten p_i sind dabei auf 1 normiert:

$$\sum_{i=1}^{n} p_i = 1$$

Wird für den Logarithmus zur Basis a der Logarithmus zur Basis 2 gewählt und für die Konstante K = 1 gesetzt, so ergibt sich aus der oben angegebenen Formel:

$$H = - \sum_{i=1}^{n} p_i \,\mathrm{ld}\, p_i$$

Der maximale Wert für die Entropie ergibt sich, wenn alle p_i gleich sind.

Wird für p_i = 1/n gesetzt, so ergibt sich aus der Shannonschen Formel:

$$H_{max} = -K \sum_{i=1}^{n} \frac{1}{n} \,{}_a\!\log \frac{1}{n} = K \,{}_a\!\log n$$

H_{max} entspricht also der Entropie einer diskreten Quelle mit der zufälligen Folge unabhängiger gleichwahrscheinlicher Ereignisse. Die größte mittlere Unsicherheit besitzt also der zufällige Prozeß mit gleichwahrscheinlichen Zuständen. Er liefert auch die höchste Information. Demgegenüber sinkt die Information mit steigender statistischer Ordnung der Nachrichtenquelle.

(172) Vgl. Shannon, Claude E.; Weaver, Warren: The Mathematical Theory of Communication, a. a. O., S. 21; Rényi, A.; Balatoni J.: Über den Begriff der Entropie. In: Mathematische Forschungsberichte (Arbeiten zur Informationstheorie, Teil I), hrsg. von Heinrich Grell, Berlin 1967, S. 117 f.

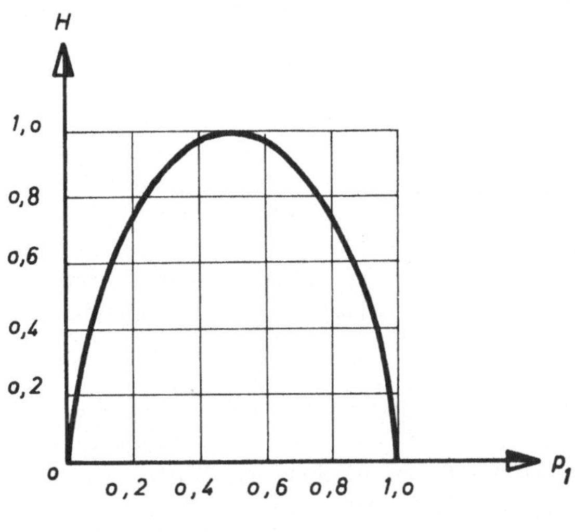

Abb. 7

In der Abbildung ist H als Funktion von p_1 aufgetragen. Für die Basis a des Logarithmus wird die Basis 2 gewählt. Es ist zu beachten, daß wegen $p_1 + p_2 = 1$ die Abszisse gleichermaßen für p_1 und p_2 gilt. Gleichverteilung liegt bei $p_1 = p_2 = 1/2$ vor. Gleichzeitig besitzt die Entropiefunktion bei der Gleichwahrscheinlichkeit beider Symbole ihr Maximum. Die Entropiefunktion fällt vom Maximum symmetrisch nach beiden Seiten bis auf Null, bei $p_1 = 0$ und bei $p_1 = 1$, ab, also bei der absoluten Sicherheit bezüglich der Symbole a_1 bzw. a_2. Obwohl die Unsicherheit eines einzelnen Symbols mit sinkender Wahrscheinlichkeit zunimmt, fällt die mittlere Unsicherheit je Symbol beim Abweichen von der Gleichwahrscheinlichkeit ab, denn die mit großer Unsicherheit behafteten Symbole treten auch entsprechend seltener auf. "Den größten Beitrag zur Entropie liefern immer die Ergebnisse mittlerer Wahrscheinlichkeit, also weder die sehr seltenen noch die sehr häufigen Ergebnisse" (173).

Der kleinste Wert, den n annehmen kann, ist 2, und es ist üblich, die Quelle mit zwei gleichwahrscheinlichen, also binären Signalen als Maßeinheit der Entropie zu verwenden. Wird für den Logarithmus zur Basis a der Logarithmus zur Basis 2 gesetzt und wird die Informationsmenge in bit gemessen, so wird die Konstante K = 1, und die Gleichung

$$H_{max} = K_a \log n$$

(173) Peters, Johannes: Einführung in die allgemeine Informationstheorie, a.a.O., S. 163.

geht in die Gleichung

$$H_{max} = ldn \; [bit]$$

über.

Es ergibt sich also eine weitgehende formale Gleichheit zwischen der mikroskopischen Betrachtung der Entropie in der Thermodynamik und der Entropie im Rahmen der Informationstheorie, und eine scheinbare Unterscheidung liegt nur noch in den unterschiedlichen Dimensionen vor.

3.3242   Thermodynamik und Informationstheorie

Der Grundgedanke des Offenen-System-Konzepts, der scheinbar gegen den zweiten Hauptsatz der Thermodynamik verstößt - denn die Ordnung kann sich in offenen Systemen erhöhen -, wurde schon von Maxwell (174) ausgesprochen. Zu diesem Zweck konzipierte er ein gedankliches Modell, das gleichzeitig einen Einwand gegen den zweiten Hauptsatz der Thermodynamik anführen sollte:

In der Öffnung zwischen zwei verbundenen Behältern sitze ein intelligentes Wesen, "der Dämon", das nur schnelle Moleküle nach links und langsame nach rechts passieren läßt und in jedem anderen Fall eine Klappe schließt, damit ein Durchgang der Moleküle durch die Öffnung gegen diese Regel ausgeschlossen ist. Mit der Zeit würden sich links nur schnelle und rechts nur langsame Moleküle befinden. Demnach würde es links wärmer und rechts kälter werden. Nach diesem Gedankenexperiment würde sich die Entropie vermindern und sich außerdem ein höheres Niveau der Ordnung einstellen (175). Der zweite Hauptsatz der Thermodynamik würde bei Gültigkeit dieser Annahme seine Bedeutung verlieren.

Szilard bewies aber, daß auch trotz dieser Annahme der zweite Hauptsatz seine Gültigkeit behält. Er stellte fest, daß auch in diesem Fall keine Entropieverminderung in dem abgeschlossenen System stattfinden kann, weil notwendigerweise die steuernden Eingriffe nur unter Entropieerzeugung vor sich gehen können (176). Hieraus ergibt sich der Schluß, daß der zweite Hauptsatz der Thermodynamik auch

---

(174) Vgl. Maxwell, J. Clerk: Theory of Heat. London 1871, S. 308.
(175) Vgl. hierzu auch Peters, Johannes: Einführung in die allgemeine Informationstheorie, a.a.O., S. 32; Mirow, Heinz Michael: Kybernetik, a.a.O., S. 94 f.
(176) Vgl. Szilard, L.: Über die Entropieverminderung in einem thermodynamischen System bei Eingriffen intelligenter Wesen. Zeitschrift für Physik, Bd. 53, 1929, S. 840.

für geschlossene Systeme, die intelligente Wesen enthalten, gilt (177). Die Tätigkeit des intelligenten Wesens in dem Gedankenexperiment von Maxwell ist letztlich nichts anderes als ein Meßvorgang, also ein Eingriff in die inneren Verhältnisse des Systems, wobei das Messen notwendigerweise unter Entropieerzeugung erfolgt. Dieser Sachverhalt wird durch Brillouin weiter verallgemeinert, indem er zu dem Schluß kommt, daß jeder Eingriff in ein System zum Zwecke der Informationsgewinnung über das System dessen Entropie erhöht und demzufolge durch Zufluß negativer Entropie aus der Umwelt ausgeglichen werden muß (178). Jede Information über ein System verbraucht demnach mindestens soviel Energie, wie die dadurch erreichte Entropieminderung des Systems ausmacht. Werden nun zwei Systeme, die z. B. in Informationsaustausch untereinander stehen, also das zu beobachtende und das beobachtende System in einem System zusammengefaßt und dieses System als abgeschlossenes System interpretiert, so ergibt sich für das Gesamtsystem eine Entropieänderung von (179):

$$\Delta S = (S_O - H) \geq 0$$

Hierbei ist S_O die thermodynamische Entropie und H die Informationsentropie oder genauer die thermodynamische Entropie der Information. Brillouin kommt zu dem folgenden Schluß: "In any transformation of a closed system, the quantity 'entropy minus information' must always increase, or at best remain constant" (180). Diese Aussage beinhaltet, daß die Entropie des gesamten Systems, in dem zwei offene Systeme eingebettet sind, letztlich nur zunehmen kann. Demgegenüber kann die Entropie in einem offenen System aufgrund von Strömungsgrößenimport aus der Umwelt abnehmen; d. h. die Ordnung in einem System kann sich erhöhen, wenn negative En-

---

(177) Vgl. Peters, Johannes: Einführung in die allgemeine Informationstheorie, a. a. O., S. 32.

(178) Vgl. Brillouin, Léon: Maxwell's Demon Cannot Operate: Information and Entropy, Teil I. In: Journal of Applied Physics, Vol. 22, 1951, S. 335.

(179) Vgl. Brillouin, Léon: The Negentropy Principle of Information. In: Journal of Applied Physics, Vol. 24, 1953, S. 1153.

(180) Brillouin, Léon: The Negentropy Principle of Information, a. a. O., S. 1153. Zu den mathematischen Ableitungen, die diese Gleichwertigkeit der Entropie und Information belegen, vgl. Brillouin, Léon: Maxwell's Demon Cannot Operate, a. a. O., S. 335, und Brillouin, Léon: Physical Entropy and Information, Teil II. In: Journal of Applied Physics, Vol. 22, 1951, S. 340.

tropie z. B. in Form von Information zugeführt wird (181). Bei diesen Aussagen handelt es sich um physikalische Tatbestände, die auch dann gelten, wenn in einem geschlossenen System intelligente Wesen oder andere offene Systeme enthalten sind. Solange elementare Zusammenhänge betrachtet werden, gelten diese Aussagen generell für offene Systeme, denn es liegt auf dieser Ebene der elementaren Zusammenhänge eine horizontale formale Isomorphie vor.

In einem offenen System kann also die Entropie durchaus abnehmen und die Ordnung zunehmen, wenn aus der Umwelt in irgendeiner Form negative Entropie zugeführt werden kann und die das offene System umgebende Umwelt als geschlossenes System angesehen wird, denn durch die Entnahme negativer Entropie aus der Umwelt und durch die Einführung dieser negativen Entropie in das offene System wird insgesamt für das betrachtete Ganze die Entropie vermehrt. Daraus folgt, daß durch das Offene-System-Konzept der zweite Hauptsatz der Thermodynamik nicht verletzt wird (182). Dieser Sachverhalt ist implizit in der an anderer Stelle angeführten Beziehung $dS = d_aS + d_iS$ enthalten, nach der zwar ein offenes System mit der Umwelt Strömungsgrößen austauschen und somit eine Entropieabnahme im System erreicht werden kann, aus der aber die Zusammenhänge zwischen offenem System und Umwelt noch nicht so klar zu erkennen waren.

Aus den dargestellten Zusammenhängen zwischen Informationstheorie und Thermodynamik geht hervor, daß bei den statistischen Inter-

---

(181) Vgl. hierzu und zum folgenden Peters, Johannes: Einführung in die allgemeine Informationstheorie, a. a. O. , S. 154.
(182) Bei v. Bertalanffy sind diese Zusammenhänge noch nicht so klar zum Ausdruck gekommen, obwohl auch von ihm das Grundproblem erkannt wurde. "Der Organismus ist kein geschlossenes System, das stets die identischen Bestandteile enthält; die elementare Tatsache des Stoffwechsels erweist ihn vielmehr als ein offenes System, das sich in einem ständigen Wechsel, Import und Export von Materialien, erhält. ... Für die Vorgänge im Organismus benötigen wir daher eine Theorie, welche offene Systeme und die in ihnen auftretenden 'Fließgleichgewichte' in ähnlicher Weise erfaßt, wie die Gleichgewichte in geschlossenen Systemen in der konventionellen physikalischen Chemie behandelt werden. " Bertalanffy, Ludwig v. : Biophysik des Fließgleichgewichts, a. a. O. , S. 1. An anderer Stelle bezieht sich Bertalanffy auf Prigogine und äußert sich folgendermaßen: "Die beiden Hauptsätze der Thermodynamik gelten nur für geschlossene Systeme, die mit ihrer Umgebung nur Energie, aber keine Materie austauschen, also für sehr spezielle Systeme. ... Die Thermodynamik ist eine bewundernswerte, aber unvollständige

pretationen der Entropie eine horizontale formale Isomorphie vorliegt, denn es wurde festgestellt, daß die mathematischen Ausdrücke
für die Entropie beider Bereiche sich entsprechen und sich nur in der
Dimension unterscheiden (vgl. Abb. 8). Außerdem wurde von Brillouin
(183) und Fast (184) nachgewiesen, daß sich die Information in Energie
umrechnen läßt und zwar aufgrund der Feststellung, wie groß der
Entropiebetrag ist, der notwendig ist, um ein bit Information aus ei-

---

Forts. Fußnote (182):
Theorie, und dieser unvollständige Charakter rührt daher, daß
sie nur auf Gleichgewichtszustände in geschlossenen Systemen
anwendbar ist. Daher muß notwendig eine allgemeinere Theorie
geschaffen werden, die nicht nur Gleichgewichtszustände, sondern auch Nicht-Gleichgewichtszustände umfaßt. " Bertalanffy,
Ludwig v. : Biophysik des Fließgleichgewichts, a. a. O. , S. 5-6.
(183) Brillouin kommt hierbei zu dem Ergebnis, daß ein bit Information einer Entropieänderung von kln 2 entspricht. Vgl. hierzu
Brillouin, Léon: The Negentropy Principle of Information, a. a.
O. , S. 1154 f. ; weiterhin auch Brillouin, Léon: Science and Information Theory, a. a. O. , S. 117 ff. , sowie Ising, Gustav: On
a Natural Limit for the Sensibility of Galvanometers. In: Philosophical Magazine, Vol. 1, Seventh Series, S. 828 f.
(184) Fast und Stumpers gehen bei ihrer Betrachtung von einem konkreten technischen Übertragungskanal aus und kommen zum
gleichen Ergebnis wie Brillouin. "Dieser Zusammenhang zeigt
sich, als wir untersuchten, inwieweit zur Übermittlung von Information durch einen rauschbehafteten Nachrichtenkanal Energie notwendig war. Dadurch, daß die Rauschintensität von der
Temperatur abhängt, zeigt sich, daß auch diese Energie von der
Temperatur abhängig ist und es an sich nicht verwunderlich ist,
daß bei diesen Betrachtungen der Entropiebegriff aus der Thermodynamik eine Rolle spielt. Tatsächlich zeigt der Szilard'
sche Versuch nochmals, wie wenig die Verwendung des Wortes
Entropie in der Übermittlungslehre zu verantworten ist. Diese
Verwendung hat dazu geführt, daß man Szilards Ergebnis oft folgendermaßen in Worte faßt: eine Menge "Informationsentropie"
von 1 bit ist gleich einer Menge "thermodynamischer Entropie"
von kln 2. Die Einführung der Konstanten k in der Informations-
lehre ist jedoch verwirrend, wenn es sich um andere als Ener-
giebetrachtungen handelt. " Fast, J. D. ; Stumpers, F. L. : Entropie in Wissenschaft und Technik. Teil IV (Entropie und Information). Philips' technische Rundschau, 18. Jg. 1957, S.
176. Vgl. hierzu außerdem Meyer-Eppler, W. : Grundlagen und
Anwendungen der Informationstheorie. Berlin - Göttingen -
Heidelberg 1959, S. 13 ff. , sowie Brillouin, Léon: Science and
Information Theory, a. a. O. , S. 141 ff.

Entropie	*Thermodynamik* $[kcal/°K]$	*Informationstheorie* $[bit]$
mikroskopisch	$S = -K \cdot \sum_{i=1}^{m} p_i \cdot \ln p_i$ $S = K \cdot \ln m$	$H = -\sum_{i=1}^{n} p_i \cdot \mathrm{ld}\, p_i$ $H = \mathrm{ld}\, n$
makroskopisch	$S_{1,2} = \int_{1}^{2} \frac{dQ}{T}$ $dS = d_a S + d_i S$ $= \frac{dQ}{T} + d_i S$	**?**

Abb. 8

nem System zu erhalten (185). Obwohl diese Umrechnung auf der elementaren Ebene möglich ist, ist im Rahmen der Informationstheorie keine makroskopische Deutung der Entropie und somit auch der Information vorhanden. In der Informationstheorie handelt es sich lediglich um Aussagen über Kollektive verschiedener Art auf rein syntaktischer Ebene. Demgegenüber ist es in der Physik gelungen, die makroskopische und mikroskopische Deutung der Entropie ineinander zu überführen, also eine vertikale Isomorphie herzustellen. Es ist deshalb auch möglich, makroskopische Prozesse in der Thermodynamik mit einer geringen Anzahl beeinflussender Größen zu beschreiben, so daß die makroskopische der mikroskopischen Betrachtung entspricht. Dieser Sachverhalt liegt demgegenüber bei der Informationstheorie nicht vor. Es werden lediglich Informationen auf der syntaktischen Ebene behandelt, die dann der mikroskopischen Betrachtung der Physik entsprechen. Eine makroskopische Deutung und eine Umwandlung der Information auf die pragmatische Ebene

---

(185) Vgl. hierzu auch Mirow, Heinz Michael: Kybernetik, a.a.O., S. 63 ff.; Peters, Johannes: Einführung in die allgemeine Informationstheorie, a.a.O., S. 33 ff.

würden beinhalten, daß Wert- und Nutzenüberlegungen einbezogen
werden müßten, die bis jetzt im Rahmen der Informationstheorie noch
nicht möglich sind. So betont auch Charkewitsch, daß "die Informationstheorie in ihrer heutigen Form nicht den Sinn einer Information
und auch nicht den Wert einer Information für den Empfänger" (186)
berücksichtigt.

Eine Verknüpfung der thermodynamischen und informationstheoretischen Entropie läßt sich nur dann herstellen, wenn die Größen meßbar und physikalischer Natur sind. Dies ist aber nur dann gegeben,
wenn die Informationen in Signale zu kodieren sind und somit mit dem
Instrumentarium der Nachrichtentechnik behandelt werden können.
Deshalb können auch Probleme, die sich auf die semantische oder
gar pragmatische Ebene (187) beziehen, zur Zeit nicht exakt behandelt werden.

3.3243 Ordnung und Organisation

Im Rahmen der Allgemeinen Systemtheorie werden über die Größe
Entropie Zustandsbeschreibungen für offene Systeme angestrebt. Zustände, die hier behandelt werden, sind Gleichgewichte und Zustände der Ordnung von Systemen. Während die Gleichgewichtsbetrachtungen für offene Systeme theoretisch transparent sind, ergeben sich
bei dem Problem der Ordnung von Systemen noch erhebliche Schwierigkeiten. Dies beruht darauf, daß zur Zeit nur statistische Aussagen über die Ordnung geschlossener Systeme sowohl in der Thermodynamik als auch in der Informationstheorie möglich sind. Dennoch
kann die negative Entropieänderung als ein anzustrebendes Maß für
den Ordnungsgrad und den Organisationsgrad von Organisationen angesehen werden, denn soll die Ordnung in einem System erhöht werden, so muß Information bzw. negative Entropie aus der Umwelt zugeführt werden (188), wobei es darauf ankommt, den zuzuführenden
Betrag dieser Größen zu ermitteln. Die Qualität einer Organisation
kann durch einen Grad der Ordnung gekennzeichnet werden, der
durch den Quotienten der tatsächlich bestehenden Entropie zum Entropiemaximum des Systems theoretisch ausgedrückt werden kann;

(186) Charkewitsch, A. A.: Über den Wert einer Information. In: Probleme der Kybernetik. Bd. 4, hrsg. von A. A. Ljapunow, Berlin 1964, S. 59.

(187) Zur Unterscheidung zwischen Syntaktik, Semantik und Pragma-
tik vgl. Kramer, Rolf: Information und Kommunikation. Betriebswirtschaftliche Bedeutung und Einordnung in die Organisation der Unternehmung. Berlin (1965), S. 28 ff.

(188) Vgl. Peters, Johannes: Einführung in die allgemeine Informationstheorie, a.a.O., S. 154.

hierbei sind aber die die Entropie konstituierenden Größen zur Zeit noch schwer operationalisierbar.

In diesem Zusammenhang ergibt sich noch ein scheinbarer Widerspruch zwischen der thermodynamischen makroskopischen Betrachtung der Entropie und der statistischen Interpretation der Entropie, wenn Wirkungssysteme betrachtet werden. Bei den Ausführungen über die Ordnung wurden letztlich immer geschlossene Systeme betrachtet, die in ihr Entropiemaximum und in einen ungeordneten Zustand übergehen. Demzufolge könnte auch bezogen auf offene Systeme, wie etwa die Unternehmung - die, solange sie Arbeit verrichtet, vom Entropiemaximum entfernt ist - argumentiert werden, daß thermodynamisch makroskopisch gesehen die Entropie in das Maximum gelangen kann, wenn in der Unternehmung sämtliche Tätigkeiten für eine gewisse Zeit eingestellt werden. Wird der Arbeitsvorgang wieder aufgenommen, so stellt sich wieder ein Wert der Entropie ein, der vom Maximalwert abweicht. Demgegenüber geht aber die Ordnung der Struktur der Unternehmung bei Einstellen der Tätigkeiten nicht in ein Höchstmaß der Unordnung über, sondern sie bleibt erhalten. Hier zeigt sich ein wesentlicher Unterschied zwischen elementaren Zusammenhängen und Zusammenhängen in Wirkungssystemen. Dieser Sachverhalt kann aber dahingehend interpretiert werden, daß auch thermodynamisch die Vorgänge noch nicht ganz abgeschlossen sind und daß die Zeitdauer, die für die Entropieänderungen bis zum Erreichen des Entropiemaximums notwendig ist, länger ist als die Zeitdauer der Tätigkeitseinstellung. Es bleibt allerdings fraglich, ob Überlegungen über Ordnungs- und Organisationsgrade, die sich am Konzept geschlossener Systeme orientieren, für offene Systeme repräsentativ sind (189) oder ob in einem solchen Fall eine nicht zulässige vertikale Isomorphie vorliegt.

Aus dem vorangegangenen Kapitel ging hervor, daß das Offene-System-Konzept nicht im Widerspruch zu dem zweiten Hauptsatz der Thermodynamik steht. Denn soll in einem System die Entropie vermindert werden, so ist dies nur möglich, wenn negative Entropie in das offene System aus der Umwelt eingeführt wird (190). Stehen offene Systeme mit ihrer Umwelt in Beziehung, so werden laufend Strömungsgrößen in das offene System importiert, um die Arbeitsleistung und die Struktur zu erhalten oder zusätzlich zu verbessern. Die Aufrechterhaltung der Arbeitsleistung basiert bei der Unterneh-

---

(189) Zu einem Konzept, das sich offensichtlich an der statistischen Betrachtung, die für geschlossene Systeme repräsentativ ist, orientiert, vgl. Mirow, Heinz Michael: Kybernetik, a.a.O., S. 66 f. und S. 80 ff.
(190) Vgl. Groot, S.R. de: Thermodynamik irreversibler Prozesse, a.a.O., S. 188 f.

mung auf einer programmierten Struktur, die aufgrund von gespeichertem oder aus der Umwelt eingeführtem Wissen erstellt wurde und eine gewisse Ordnung und Dauerhaftigkeit aufweist. Werden nun Strukturierungsmaßnahmen notwendig, die aufgrund von Störungen oder aus erforderlichen Anpassungsmaßnahmen resultieren können, so ist zusätzliches Wissen, das gespeichert vorliegt, oder zusätzliche Information notwendig, die als negative Entropie in das System eingeführt wird (191). Durch diese aus der Umwelt entnommene Information, die einen Energiebetrag darstellt, der der Umwelt fehlt, ist es dann möglich, über regelnde Eingriffe Strukturänderungen in Wirkungssystemen vorzunehmen. Deshalb stellt eine Erhöhung der Ordnung in einem offenen System immer eine Strukturierungshandlung und somit einen regelnden Vorgang dar. Ähnlich liegen die Verhältnisse bei einem Organismus, bei dem die Entropie abnimmt, wenn "eine zunehmende Ordnung in Form von Organisation und Strukturbildung im Organismus stattfindet" (192).

Da die theoretische Behandlung der Information nicht den gewünschten Anforderungen entspricht, wie dies im vorhergehenden Abschnitt dargelegt wurde, also derzeit keine Übertragung auf die pragmatische Ebene möglich ist, kann lediglich ein Beschreibungsmodell qualitativer Art gegeben werden, das die Zusammenhänge zwischen materiellen und energetischen Prozessen und der Information erfaßt. Hierdurch kann die Strukturbildung von Wirkungssystemen transparenter gemacht werden; darüber hinaus läßt diese Modellbetrachtung erkennen, daß die Erkenntnisgewinnung über Wirkungssysteme nur über kybernetische und regelungstheoretische Instrumentarien möglich ist (vgl. Abb. 9).

In ein offenes System, hier speziell die Regelstrecke, gehen Strömungsgrößen ein, die in der Strecke einer Transformation unterworfen werden, um anschließend z. B. an die Umwelt abgegeben zu werden. Der sich vollziehende Prozeß und die dazu notwendige Struktur sind im Rahmen der Regelstrecke und des Reglers festgelegt. Durch den Strömungsgrößenimport wird außerdem die Menge an negativer Entropie zugeführt, die notwendig ist, um die positive Entropieerzeugung aufgrund irreversibler Prozesse im System zu kompensieren. Treten nun Störungen auf, die auf die Regelstrecke wirken, so können diese nicht ohne weiteres durch die für den Prozeß festgelegten Strömungsgrößen ausgeglichen werden, sondern es muß ein Mechanismus in Gang gesetzt werden, der das Ausmaß der Störung, die für das System zusätzliche positive Entropie darstellt, ermittelt

---

(191) Vgl. Peters, Johannes: Einführung in die allgemeine Informationstheorie, a. a. O. , S. 154.
(192) Groot, S. R. de: Thermodynamik irreversibler Prozesse, a. a. O. , S. 189.

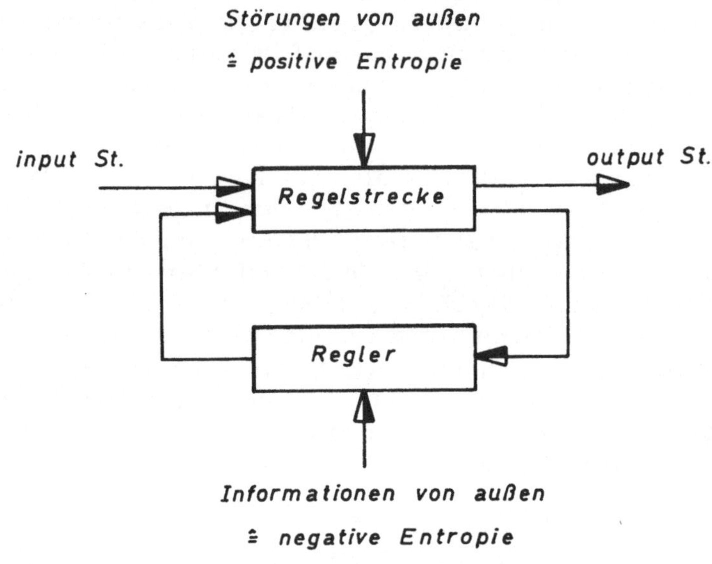

Abb. 9

und der zusätzlichen positiven Entropieerzeugung entgegenwirkt. Das heißt, dem durch die Störung hervorgerufenen positiven Betrag der Entropie muß negative Entropie von außen entgegengesetzt werden (193). Diese Funktion übernimmt der Regler, der dann das System trotz äußerer Störungen im Gleichgewicht erhalten kann. Der Regler beseitigt also die von außen zugeführte positive Entropie, indem er einen Betrag an Information von außen, z. B. über eine Führungsgrö-ße, zuführt, der mindestens gleich dem Betrag der positiv wirkenden Entropie ist.

Beziehen sich die in dem System wirkenden Größen auf physikalische Größen, und lassen sich diese in Signalen ausdrücken, so können die Vorgänge im System mit Hilfe der Informationstheorie behandelt werden. Liegen demgegenüber pragmatisch zu behandelnde Größen vor, die von einer Zielsetzung abhängig sind, so ist eine Behandlung auf der Ebene der Informationstheorie nicht mehr möglich. Hier wird dann eine makroskopische Behandlung der Entropie und der Informa-tion notwendig, die - wie dargestellt wurde - im Rahmen der Infor-mationstheorie noch nicht möglich ist. Trotzdem können aber aus dieser Modellbetrachtung für Problemstellungen, bei denen Nutzen-überlegungen hinzukommen, Anregungen für deren Behandlung ge-

---

(193) Vgl. Peters, Johannes: Einführung in die allgemeine Informa-tionstheorie, a. a. O. , S. 230.

wonnen werden. Diese Überlegungen haben insbesondere Bedeutung
für die Erforschung offener Systeme mit Hilfe des kybernetischen
und regelungstheoretischen Konzepts, da hier die Behandlung komplexer Systeme auf Methoden der Manipulation der Eingangsgrößen
und auf der Klassifizierung der Ausgangsgrößen basiert.

Um ein System in einen stabilen Zustand zu überführen, muß den auf
das System wirkenden Störungen, die positive Entropie erzeugen,
auf jeden Fall negative Entropie entgegengesetzt werden. Können nun
Experimente aufgebaut werden, bei denen auf ein offenes System Störungen wirken, wobei den Störungen entsprechende negative Entropie
bzw. Information entgegengesetzt wird, um so das System wieder in
den ursprünglichen Gleichgewichtszustand zu bringen, so wäre eine
Beziehung zwischen den energetischen, materiellen und informatori-
schen Prozessen, die diesen Störungen unterworfen sind und der aufzuwendenden negativen Entropie in Form von Information hergestellt.
Bei einer genügenden Anzahl von Experimenten wäre dann zu erwarten, daß eine gesicherte Aussage darüber gemacht werden könnte,
mit welchen pragmatischen Informationen eine entsprechende Entropieverminderung im realen offenen System erzielt werden kann.
Ebenso können dann zusätzlich durch Anpassungsmaßnahmen notwendig werdende Strukturänderungen, also Veränderungen des Ordnungs-
und Organisationsgrades über den notwendig aufzuwendenden Betrag
an zusätzlicher Information beurteilt werden.

Diese Aussagen legen die Vermutung nahe, daß die Zustände und die
Verhaltensweisen von Wirkungssystemen letztlich nur über kybernetische Untersuchungen erfaßt, erklärt und operationalisiert werden
können. Deshalb ist auch der regelungstheoretischen und kybernetischen Konzeption und der mathematischen Systemtheorie im Konzept
einer Allgemeinen Systemtheorie besondere Bedeutung beizumessen.
Dieser Tatbestand war schon immer implizit in der Allgemeinen Systemtheorie enthalten, und es ist weiterhin festzustellen, daß keine
wesentlichen Unterschiede zwischen der Allgemeinen Systemtheorie
und der kybernetischen Theorie bestehen (194).

3.33 Verhaltensweisen offener Systeme

Die Verhaltensweisen offener Systeme resultieren daraus, daß offene
Systeme in der Lage sind, unterschiedliche Zustände anzunehmen.
Dazu sind Mechanismen erforderlich, die ein offenes System in ei-
nen neuen Gleichgewichtszustand bringen können, der von dem ur-

---

(194) Vgl. Narr, Wolf-Dieter: Theoriebegriffe und Systemtheorie.
Bd. I der "Einführung in die moderne politische Theorie". 2.
Aufl., Stuttgart - Berlin - Köln - Mainz (1971), S. 100.

sprünglichen Zustand verschieden ist. Oft ist mit einer solchen Änderung des Zustandes auch eine Änderung der Struktur und somit auch der Funktion verbunden, und es liegen nach dem Änderungsprozeß andere Ordnungs- und Organisationsgrade vor. Diese Änderungen der Zustände beruhen auf der regulativen Fähigkeit bzw. dem adaptiven Verhalten offener Systeme. So setzt auch jedes teleologische Verhalten und jeder Anpassungsvorgang voraus, daß regulierende Bestandteile einem offenen System inhärent sind.

3. 331 Teleologisches Verhalten von Systemen

Jedes offene System, das sich von sich aus ändernden Umweltbedingungen anpassen kann, hat die Zielsetzung, zu überleben. Hierin unterscheidet sich z. B. die Maschine von Organismen, Menschen und Unternehmungen, obwohl eine Maschine einen Fließgleichgewichtszustand einnehmen kann, der als Charakteristikum offener Systeme herausgestellt wurde.

Das teleologische Verhalten und die Arten des regulativen Verhaltens können zur Differenzierung offener Systeme herangezogen werden. Solange die Funktionen eines offenen Systems in irgendeiner Weise auf ein Ziel ausgerichtet sind, d. h. wenn sich das Verhalten des Systems auf eine Zielsetzung bezieht, so kann von teleologischem Verhalten gesprochen werden. Die Zielgerichtetheit als Ausrichtung des Geschehens auf einen bestimmten Endzustand, der das gegenwärtige Verhalten so bestimmt, als sei es von diesem Endzustand abhängig, ist in ihrer allgemeinen Form jedem System immanent (195). Bei dieser allgemeinen Form des teleologischen Verhaltens, der Gerichtetheit des Geschehens, ist zweckmäßigerweise zwischen der Äquifinalität und der echten Finalität bzw. Zweckstrebigkeit zu unterscheiden (196). Während die Gerichtetheit des Geschehens die Zielstrebigkeit offener und geschlossener Systeme beinhaltet, beziehen sich die Äquifinalität und die echte Finalität auf offene Systeme.

Offene wie geschlossene Systeme können einen gegebenen Zustand konstanter Entropie erhalten; demgegenüber können bestimmte offene Systeme einen gegebenen Zustand verändern, also einen neuen Zustand und somit ein neues Ziel erreichen und außerdem Ziele in der

---

(195) So z. B. Bertalanffy, Ludwig v. : An Outline of General System Theory, a. a. O. , S. 159; Bertalanffy, Ludwig v. : Zu einer allgemeinen Systemlehre, a. a. O. , S. 125.
(196) Vgl. Bertalanffy, Ludwig v. : Zu einer allgemeinen Systemlehre, a. a. O. , S. 125.

Umwelt ansteuern (197). Zustandsänderungen bis zu dem Zustand konstanter Entropie treffen sowohl für geschlossene als auch für offene Systeme zu, allerdings mit dem Unterschied, daß dann geschlossene Systeme ihr Entropiemaximum erreicht haben und offene Systeme einen Fließgleichgewichtszustand.

Bei geschlossenen Systemen ist der Verlauf der Zustandsänderungen bis zum Gleichgewicht durch die Anfangsbedingungen des Systems festgelegt. Deshalb können geschlossene Systeme auch keine anderen als die durch die Anfangsbedingungen festgelegten Zustände anstreben, keine Zustandsvariationen durchführen und keine Ziele in der Umwelt erreichen. Das teleologische Verhalten geschlossener Systeme beschränkt sich also auf die ständige Änderung der Systemzustände in Richtung auf das Gleichgewicht mit maximaler Entropie. Demgegenüber hängt das teleologische Verhalten offener Systeme nicht von den Anfangsbedingungen des Systems, sondern von den jeweils wirkenden Systemparametern ab. Somit können bestimmte offene Systeme von verschiedenen Anfangsbedingungen aus und/oder auf verschiedenen Wegen Fließgleichgewichtszustände erreichen, diese Zustände trotz äußerer und innerer Störungen erhalten sowie Ziele in der Umwelt anstreben. Diese Form des teleologischen Verhaltens offener Systeme wird als Äquifinalität (198) bezeichnet. Die Äquifinalität ist in erster Linie auf das Überleben des Systems ausgerichtet, und die damit verbundene Systemerhaltung ist als generelles Ziel aller äquipotentiellen Abläufe anzusehen. Diese Form der Zielerreichung kann in der Realität die verschiedensten inhaltlichen Ausprägungen annehmen.

Der Begriff der Äquifinalität entstammt der biologischen Disziplin und ist hauptsächlich auf Organismen, also lebende Systeme be-

---

(197) Vgl. Bertalanffy, Ludwig v.: General System Theory: A New Approach to Unity of Science. 6. Towards a Physical Theory of Organic Teleology, Feedback, and Dynamics. Human Biology, Nr. 23, 1951, S. 353 ff.; Miller, James G.: Living Systems: Basic Concepts, a.a.O., S. 231 ff.; Mayntz, Renate: Soziologie der Organisation, a.a.O., S. 43.
(198) Vgl. Bertalanffy, Ludwig v.: Zu einer allgemeinen Systemlehre, a.a.O., S. 123 ff.; Bertalanffy, Ludwig v.: Biophysik des Fließgleichgewichts, a.a.O., S. 35 ff.; Miller, James G.: Living Systems: Basic Concepts, a.a.O., S. 233. Das Phänomen der Äquifinalität wird auch aufgezeigt bei Schlick, Moritz: Naturphilosophie, a.a.O., S. 478, und bei Köhler, Wolfgang: Die physischen Gestalten in Ruhe und im stationären Zustand, a.a. O., S. 249.

schränkt. Schon Driesch hat auf dieses Phänomen hingewiesen (199),
indem er, wie schon vorher ausgeführt wurde, experimentell an Versuchen mit geteilten Seeigelkeimen zeigte, daß das gleiche Resultat,
ein ausgewachsener Seeigel, von verschiedenen Anfangszuständen aus
erzielt werden kann (200). Als Erklärung dieser - allen physikalisch-
mechanistischen Gesetzen widersprechenden - Erscheinung ver-
mochte Driesch nur die Existenz eines Entelechiefaktors anzugeben.
An dieser Stelle setzt die Kritik von v. Bertalanffy an (201), da die
Annahme eines derartigen Faktors nicht mit einer rationalen System-
konzeption vereinbar ist. Nicht eine wie auch immer geartete Ober-
kraft ist demnach für die äquifinalen Ablauf maßgebend; vielmehr
liegt der in der Zukunft zu erreichende Endzustand schon in der ursprünglichen Konstitution des Systems begründet. Das setzt voraus,
daß die Elemente eines Systems verschiedene Funktionen zu erfüllen
vermögen, also äquipotentiell sind (202); eine vollkommene Spezialisierung der Elemente auf bestimmte Funktionen darf also noch nicht
stattgefunden haben. Systeme dieses Typs sind die offenen Systeme,
die in ihrer Strukturwahl flexibel bleiben können. In dieser hier vorliegenden unbewußten Äuqifinalität liegt auch das Unterscheidungs-
kriterium zwischen unbelebten und lebenden Systemen (203).

Einen Sonderfall der Äquifinalität stellt die echte Finalität oder
Zweckstrebigkeit dar. Durch diese Begriffe wird das teleologische
Verhalten offener Systeme gekennzeichnet, deren gegenwärtiges Verhalten durch die Voraussicht des Ziels bestimmt wird (204). Echte
Finalität liegt demnach dann vor, wenn das zukünftige Ziel im Bewußtsein bereits vorweggenommen wird. Die zur Zielerreichung erforderlichen Schritte können dabei von vornherein exakt festgelegt
werden. Bei Eintritt von Störungen, Änderungen in der Umwelt oder
bei notwendig werdenden Zieländerungen, gleichgültig, worauf diese
beruhen, können dann neue bzw. abgewandelte Ziele gesetzt werden,
die den gegenwärtigen Instrumentarien entsprechen. Bei dieser Form
des teleologischen Verhaltens handelt es sich um ein aus sich heraus

---

(199) Siehe Driesch, Hans: Der Vitalismus als Geschichte und Leh-
      re. Leipzig 1905, S. 213.
(200) Vgl. Driesch, Hans: Der Vitalismus als Geschichte und Leh-
      re, a.a.O., S. 185 ff.
(201) Vgl. Bertalanffy, Ludwig v.: Vom Molekül zur Organismen-
      welt. 2. Aufl., Potsdam 1949, S. 9; Bertalanffy, Ludwig v.:
      Kritische Theorie der Formbildung, a.a.O., S. 142 ff.
(202) Siehe Bertalanffy, Ludwig v.: Das biologische Weltbild, a.a.
      O., S. 71.
(203) So Bertalanffy, Ludwig v.: Zu einer allgemeinen Systemlehre,
      a.a.O., S. 123.
(204) Bertalanffy, Ludwig v.: Zu einer allgemeinen Systemlehre,
      a.a.O., S. 125.

bedingtes Verhalten offener Systeme, die dann befähigt sind, durch die Ratio gesteuert, einen Zustand anzustreben oder die Veränderung eines gegebenen Systemzustandes, z. B. aufgrund neu gesetzter Ziele, herbeizuführen. Diese Fähigkeit besitzen ausschließlich intelligente Wesen, und die ihnen inhärente Zweckstrebigkeit ist charakteristisch für die von ihnen zu treffenden Entscheidungen.

Die zweckstrebig zu verfolgenden Ziele können analog zur Äquifinalität von verschiedenen Ausgangssituationen und/oder auf verschiedenen Wegen trotz Einwirkung von Störungen erreicht werden. Es handelt sich jedoch bei der Zweckstrebigkeit, die durch die Ratio begründet wird, im Gegensatz zur Äquifinalität um das bewußte Erreichen eines Ziels.

Da bei dem bewußten zweckstrebigen Verhalten die zur Zielerreichung notwendig zu verfolgenden Schritte determinierbar sind, ist dann auch bewußte Arbeitsteilung möglich, und verschiedenen Elementen eines Systems können bestimmte variable oder nicht veränderliche Funktionen zugeteilt werden. In Organismen hat sich diese Arbeitsteilung äquifinal, also unbewußt entwickelt; bei Unternehmungen wird sie bewußt gestaltet.

3.332 Regulation von Systemen

Jedes teleologische Verhalten offener Systeme sowie jeder Anpassungsvorgang setzen notwendigerweise Steuerungs- und Regelungsmechanismen voraus, die im Rahmen der Regelungstheorie und der Kybernetik behandelt werden.

Teleologisches Verhalten bedingt Abstimmung und Koordination von Handlungen und Prozessen im weitesten Sinne und wird durch Regulation bewirkt. Solche Regulationsvorgänge können sowohl nach dem Prinzip der primären als auch nach dem Prinzip der sekundären Regulation verlaufen (205).

3.3321 Primäre Regulation

In offenen Systemen beruhen sowohl das teleologische Verhalten als auch die hierzu notwendige Regulationsfähigkeit auf der dynamischen Wechselwirkung zwischen Elementen. Die Elemente in einem System mit primärer Regulationsfähigkeit sind äquipotentiell. Befindet sich ein offenes System im Zustand des Fließgleichgewichts, so sind die

---

(205) Vgl. hierzu und zum folgenden Bertalanffy, Ludwig v. : General System Theory: A New Approach to Unity of Science, a. a. O. , S. 354 ff. , insbesondere S. 360; Bertalanffy, Ludwig v. : Biophysik des Fließgleichgewichts, a. a. O. , S. 11 ff. und S. 37 ff.

Strömungsgrößen im Gleichgewichtszustand nicht zu Null geworden, und die Entropieänderungen sind gleich Null. In diesem Zustand des Fließgleichgewichts sind dann auch die Strömungsgrößen und die Transformationsprozesse in ihrem zeitlichen Ablauf konstant. Wird das System infolge veränderter Umweltbedingungen gestört, d. h. durch zusätzliche nicht auf den jeweiligen Systemzustand abgestimmte Strömungsgrößen beeinflußt, so kann es, je nach Dauer und Intensität der Störungen, diesen innerhalb gewisser Grenzen durch zeitliche Variation der Strömungsgrößentransformation und/oder durch Abbau der im Innern des Systems gespeicherten Reserven entgegenwirken (206). Dabei kann die zeitliche Änderung der Transformation der Strömungsgrößen im Rahmen einer vorgegebenen Bandbreite solange variiert werden, wie die Störung andauert. Nach Abklingen der Störung stellt sich der Transformationsprozeß mit den ursprünglichen Werten wieder ein.

In biologischer Interpretation und auf Organismen bezogen stellt sich der hier allgemein beschriebene Vorgang folgendermaßen dar. Bei Einwirkung eines Reizes werden die Geschwindigkeiten der Stoffabbauprozesse im Innern des Systems erhöht. Hierdurch gewinnt das System zusätzliche Arbeitskraft, die dem Reiz entgegenzuwirken vermag. Erhöhter stofflicher Abbau ist aber nur dann möglich, wenn gleichzeitig mit oder nach Beseitigung des Reizes die Stoffzufuhr erhöht wird. Würde dies nicht geschehen, so würde das System nach einem gewissen Zeitpunkt restlos alle Substanz abgebaut und in Energie verwandelt haben und sich somit selbst zerstören. Nach Abklingen des Reizes nehmen dann die Geschwindigkeiten der Abbauprozesse wieder ihre ursprünglichen Werte ein. In gleicher Weise erreichen die makroskopischen Prozesse nach Ausgleich des Substanzverlustes ihre ursprüngliche Geschwindigkeit, und das System als Ganzes kehrt in die Ausgangssituation des ursprünglichen Fließgleichgewichts zurück (207).

Wirkt jedoch eine Störung längere Zeit und wird dabei die Bandbreite fortwährend überschritten, so muß sich das System als Ganzes an die veränderten Umweltbedingungen anpassen. In diesem Fall verläßt das System das ursprüngliche Fließgleichgewicht und erreicht durch eine Strukturveränderung ein neues Fließgleichgewicht. Offene Systeme verhalten sich dann äquifinal oder zweckstrebig, je nachdem, ob Organismen oder z. B. intelligente Wesen oder bewußt geschaffene Systeme mit intelligenten Wesen vorliegen. Das neue Fließgleichgewicht unterscheidet sich von dem ursprünglichen dadurch, daß es andere konstante Werte für die Strömungsgrößentrans-

---

(206) Vgl. Bertalanffy, Ludwig v.: Biophysik des Fließgleichgewichts, a. a. O. , S. 18 f. und S. 24.
(207) Vgl. ebenda, S. 18 f.

formation und somit auch eine darauf abgestimmte veränderte Struktur aufweist. Die Fähigkeit offener Systeme, über die Bandbreite einer festgelegten Sollgröße hinauszugehen und durch strukturelle Veränderungen auf Störungen zu reagieren, ist Ausdruck der primären Regulation (208).

Die Erscheinung der primären Regulation in einem offenen System setzt Äquifinalität des Vorgangs voraus. Die Anpassung an einen neuen Fließgleichgewichtszustand muß dabei nicht asymptotisch erfolgen; oft sind solche Vorgänge gerade bei Organismen durch einen over-shoot oder falschen Start gekennzeichnet. Diese Reaktion hängt davon ab, ob die unmittelbare Reaktion auf eine Störung stärker oder anders gerichtet ist als das sich später einstellende Niveau des Fließgleichgewichts.

Durch das Prinzip der primären Regulation läßt sich dann auch das äquifinale Erreichen eines Zustandes des Fließgleichgewichts (209), die Selbstregulation bei Organismen bezüglich des Stoffwechsels und beschädigter Teile, die bewußte Regeneration bei Wirkungssystemen und das Wachstum erklären (210).

Regeneration läßt sich aus der Äquipotentialität der Elemente offener Systeme und der Möglichkeit der primären Regulation bei äußeren Einwirkungen ableiten (211). Solange ein Element in der Lage ist, verschiedene Funktionen auszuüben, kann es die Aufgaben eines ausgefallenen Elements übernehmen und dieses ersetzen. Dadurch können Teilzerstörungen aufgrund von Umwelteinflüssen durch Regeneration ausgeglichen werden. Diesen Vorgang mag wieder das Beispiel der Keimtrennung illustrieren: Wird in frühem Stadium ein Seeigelkeim getrennt, so gehen aus beiden Hälften vollständige Seeigel hervor, die fehlenden Keimhälften werden also vollständig regeneriert. Daß das gleiche Beispiel schon zur Erklärung der Äquifinalität herangezogen wurde, zeigt deren enge Korrelation mit dem Phänomen der Regeneration.

Aus der primären Regulationsfähigkeit offener Systeme ist auch deren Wachstum zu erklären. Der Verlauf von Wachstumsprozessen

---

(208) Vgl. Bertalanffy, Ludwig v.: Biophysik des Fließgleichgewichts, a.a.O., S. 39.

(209) Zur Behandlung des Fließgleichgewichts und der Äquifinalität mit Markov-Ketten vgl. Carzo, Rocco Jr.; Yanouzas, John N.: Formal Organization, a.a.O., S. 272 ff.

(210) Vgl. Bertalanffy, Ludwig v.: General System Theory: A New Approach to Unity of Science, a.a.O., S. 355 f.

(211) Vgl. Bertalanffy, Ludwig v.: Das biologische Weltbild, a.a. O., S. 73.

hängt oftmals nicht von den Anfangsbedingungen eines Systems, sondern von den jeweils wirkenden Systemparametern ab. Die Wachstumsprozesse beruhen auf den Änderungen von Strömungsgrößen sowie auf den darauf abgestimmten Strukturänderungen und sind auf
Fließgleichgewichtsregulationen zurückzuführen. Ein System wächst
demnach, wenn es in der Lage ist, Strömungsgrößen, die in Quanti-
tät und/oder Qualität über den zur Strukturerhaltung des Systems
notwendigen Bedarf an Inputs hinausgehen, zur Strukturerweiterung
und/oder Strukturverbesserung zu verwenden. Werden die zusätzlichen Inputs nicht verarbeitet, sondern im System gespeichert, so
kann das System im Extremfall zerstört werden. Ist der Input von
Strömungsgrößen kleiner als der zur Strukturerhaltung erforderliche
Bedarf, so liegt negatives Wachstum vor, welches entweder zu einem
neuen Fließgleichgewicht bei verringerter Größe oder ebenfalls zur
Zerstörung des Systems führen kann (212). Sofern die Inputs dem
zur Strukturerhaltung notwendigen Bedarf an Strömungsgrößen entsprechen und/oder der zur Verrichtung der Arbeit erforderliche
Verbrauch an Strömungsgrößen gerade durch die Inputs gedeckt
wird, liegt weder positives noch negatives Wachstum vor; die Struktur des Systems bleibt konstant und das System befindet sich in einem Fließgleichgewicht.

3.3322 Sekundäre Regulation und fortschreitende Mechanisierung

Zwischen der äquipotentiellen primären Regulation und der maschinenartigen sekundären Regulation besteht kein Gegensatz, sondern
ein kontinuierlicher Übergang. Werden Regulationen nur im Rahmen
fest vorgegebener Bandbreiten und mit Hilfe von Rückkopplungen
durch determinierte Elementstrukturen bewirkt, so werden diese
als Sekundärregulationen bezeichnet (213). Die strukturelle Erstarrung und Determinierung stellt das Ergebnis eines Prozesses dar,
der als fortschreitende Mechanisierung bezeichnet wird (214). Werden die Eigenschaften von Elementen dauernd in der gleichen Weise

---

(212) Vgl. hierzu Bertalanffy, Ludwig v.: Biophysik des Fließgleich-
      gewichts, a.a.O., S. 25 ff.; weiterhin auch den generellen An-
      satz zu einer Wachstumstheorie bei Boulding, Kenneth E.: To-
      ward a General Theory of Growth. General Systems, Bd. I,
      1956, S. 66 ff.
(213) Vgl. Bertalanffy, Ludwig v.: Biophysik des Fließgleichge-
      wichts, a.a.O., S. 39; Bertalanffy, Ludwig v.: General System
      Theory: A New Approach to Unity of Science, a.a.O., S. 360.
(214) Vgl. hierzu Bertalanffy, Ludwig v.: Zu einer allgemeinen Sy-
      stemlehre, a.a.O., S. 118 ff.; Bertalanffy, Ludwig v.: Gene-
      ral System Theory: A New Approach to Unity of Science, a.a.
      O., S. 360 f.

beansprucht, indem z. B. ein Element immer die gleichen Funktionen ausübt, so kann dies zu einer Funktionsspezialisierung der Elemente, die Voraussetzung zur Arbeitsteilung ist, und gleichzeitig zu einer Rückbildung der nicht oder nur selten beanspruchten Eigenschaften führen. Durch diesen Vorgang werden auch die Variabilität und die ursprünglich vorhandenen Freiheitsgrade eines offenen Systems eingeengt; d. h. die ursprünglich äquipotentiellen Elemente sind auf bestimmte Funktionen festgelegt (215). Durch diese funktionelle Spezialisierung von Elementen kann einerseits die Funktionsfähigkeit eines Systems verbessert, also effizienter gestaltet werden; andererseits führt die Festlegung von Elementen auf ganz bestimmte Funktionen zu einer Einengung der Anpassungsfähigkeit und somit auch zu einer Begrenzung der primären Regulation.

Obwohl das System durch Funktionsspezialisierung einerseits eine größere Effizienz erreichen kann, führt andererseits die Festlegung von Elementen auf ganz bestimmte Funktionen zu einer Erstarrung der Struktur des Systems, und das System wird anfälliger für Störungen aller Art. Die sich vollziehende Differenzierung wird mit dem Verlust ursprünglicher Regulationsfähigkeit erkauft. Dieser Sachverhalt wird - wie oben schon erwähnt - als fortschreitende Mechanisierung bezeichnet. In manchen Fällen ist diese fortschreitende Mechanisierung mit einer fortschreitenden Zentralisierung verbunden; d. h. es bildet sich ein führender Teil (216) als Steuerungszentrum heraus, um welches die übrigen Elemente so zentriert sind, daß ihre Funktionen von dem übergeordneten Element gesteuert werden. Die Herausbildung eines führenden Teils kann auf der einen Seite einer Dauerlösung darstellen, auf der anderen Seite aber auch eine kurzfristige Maßnahme.

Systeme mit einem hohen Maß an Ordnung und Organisation können also einzelne Subsysteme im Zuge der fortschreitenden Mechanisierung auf bestimmte Funktionen festlegen, während die Variabilität und die Anpassungsfähigkeit anderer Subsysteme erhalten bleiben. Hieraus folgt, daß sich in solchen Systemen - wie z. B. auch in Unternehmungen - Regulationen sowohl nach der primären als auch nach der sekundären Regulation vollziehen können und daß sich das System als Ganzes äquifinal und/oder zweckstrebig verhält.

Die auf maschinenartigen Mechanismen basierenden Erscheinungsformen der sekundären Regulation können unter dem Begriff der Ho-

---

(215) Vgl. Bertalanffy, Ludwig v.: Das biologische Weltbild, a. a. O., S. 29.
(216) Vgl. Bertalanffy, Ludwig v.: Zu einer allgemeinen Systemlehre, a. a. O., S. 120.

möostasis zusammengefaßt werden (217). Die mit der fortschreitenden Mechanisierung zusammenhängenden Sekundärregulationen beruhen überwiegend auf dem kybernetischen Prinzip der Rückkopplung.
Vom Standpunkt der Allgemeinen Systemtheorie aus betrachtet kann
das Rückkopplungsprinzip nur solche Regulationsvorgänge erklären,
die auf im Zuge der fortschreitenden Mechanisierung festgelegten
Anordnungen von Elementen basieren. Demgegenüber erlangen im
Zusammenhang mit primären Regulationsvorgängen die kybernetischen Modelle des ultrastabilen und des multistabilen Verhaltens besondere Bedeutung. Diese Modelle erlauben einen tieferen Einblick
in das Verhalten offener Systeme bei einem Eingriff in ihre Struktur.
Solche Eingriffe sind, wenn sie gezielt vorgenommen werden, organisatorischen Strukturierungsmaßnahmen gleichzusetzen.

Nach diesen Ausführungen kann näher auf die konstituierenden Merkmale von Maschinen, Organismen, Menschen und Unternehmungen
eingegangen werden. Es ist selbstverständlich, daß die Klasse der
offenen Systeme aufgrund ihrer spezifischen Merkmale differenziert
werden muß, aus denen dann die vorher angeführten unterschiedlichen Verhaltensweisen realer offener Systeme resultieren. Merkmale zur Unterscheidung zwischen Maschinen, Organismen, Menschen und Unternehmungen sind die primäre Regulation, die damit
zusammenhängende Äquifinalität, die Regeneration, das Wachstum und
nicht zuletzt für Systeme, die sich rational verhalten können, das
zweckstrebige Verhalten. Demgegenüber treffen das Erreichen eines
Fließgleichgewichts, die sekundäre Regulation und die Finalität -
hier als Ausdruck dafür, daß offene Systeme auch in geschlossene
übergehen können und dann den Gleichgewichtszustand bei maximaler
Entropie erreichen - für alle gebildeten Gruppen realer offener Systeme zu. Es handelt sich bei der Tabelle (Abb. 10) lediglich
um die Zuordnung verschiedener Merkmale, die letztlich unterschiedlichen Ebenen zuzuordnen sind und sich zum Teil überschnei-
den, zu einzelnen Gruppen realer offener Systeme, mit der Zwecksetzung, diese näher zu charakterisieren.

3.3323 Ultrastabilität und Multistabilität

Eine nähere Beschreibung und Erklärung der sekundären sowie der
primären Regulation zum Zwecke der Erreichung eines stabilen Zustandes kann mit Hilfe der von Ashby entwickelten Modelle der ultra-
und multistabilen Systeme erreicht werden. Die Konzeption der ul-
tra- und multistabilen Systeme ist eng mit dem Offenen-System-
Konzept verbunden und erlaubt eine zusätzliche ergänzende Interpre-

---

(217) Vgl. Bertalanffy, Ludwig v.: Biophysik des Fließgleichge-
       wichts, a.a.O., S. 37 f.; Wieser, Wolfgang: Organismen,
       Strukturen, Maschinen, a.a.O., S. 53.

Merkmale offener Systeme	Offene Systeme			
	Maschinen	Organis-men	Menschen	Unterneh-mungen
Fließgleichgewicht	+	+	+	+
Sekundäre Regulation	+	+	+	+
Finalität	+	+	+	+
Äquifinalität	–	+	+	+
Primärregulation	–	+	+	+
Regeneration	–	+	+	+
Wachstum	–	+	+	+
Zweckstrebiges Verhalten	–	–	+	+

Abb. 10

tation des adaptiven Verhaltens offener Systeme. "Die Anpassung des Systems an unvorhersehbare Störungen durch die Umwelt wird hierdurch einer erheblich differenzierteren Betrachtung zugänglich, als es die traditionellen betriebswirtschaftlichen Konzeptionen erlauben" (218).

Bei den von Ashby konzipierten Modellen liegt eine besondere Form der Stabilität vor, die auf das Überleben des Systems ausgerichtet ist, was schon durch die Begriffsbildung zum Ausdruck gebracht werden soll. Es wird bei diesen Systemtypen eine optimale Anpassungsfähigkeit vorausgesetzt, die offene Systeme befähigt, trotz Einwirkung unterschiedlicher Klassen von Störungen zu überleben.

---

(218) Kirsch, Werner; Meffert, Heribert: Organisationstheorien und Betriebswirtschaftslehre, a.a.O., S. 33.

Nach Ashby liegt eine adaptive Verhaltensform dann vor, und ein
System kann dann überleben, wenn die wesentlichen Variablen innerhalb physiologischer Grenzen gehalten werden können (219). Adaptives Verhalten beruht auf angeborenen Reflexen oder auf Lernvor-
gängen; wesentliche Variablen sind hierbei die Variablen, die notwendig sind, um ein offenes System in den Zuständen zu erhalten, die
für das System lebenswichtig sind. Diese Variablen müssen in festen
Grenzen gehalten werden, während das System zusätzlichen Störungen von außen unterworfen sein kann (220). Diese Störungen bewirken
dann, daß ein offenes System von einem Zustand, in dem es lebensfähig ist, in einen anderen lebensfähigen Zustand übergehen kann
(221). Demnach können alle Variablen eines Systems Anpassungs-
prozesse induzieren, die zu lebensfähigen Zuständen führen (222).
Diese Zustände sind nach Ashby als stabile Zustände anzusehen (223).

Werden Systeme durch Störungen beeinflußt, so kann die Stabilität
durch Änderung der Parameterwerte erreicht werden, d. h. es wird
ein anderer Gleichgewichtszustand eingenommen, der durch andere
Werte, die auf die momentan wirkenden Störungen abgestimmt sind,
erreicht wird (224). Bei diesem Vorgang kann allerdings schon die
Festlegung einer Variablen zur Instabilität des Systems führen (225).

(219) Vgl. Ashby, W. Ross: Design for a Brain, a. a. O. , S. 58.
(220) Vgl. Ashby, W. Ross: An Introduction to Cybernetics, a. a.
      O. , S. 197. In ökonomischen Systemen z. B. kann als derarti-
      ge Variable die Liquidität angesehen werden, die langfristig
      nur dann aufrechterhalten werden kann, wenn die Einnahmen
      mindestens den Ausgaben entsprechen.
(221) Vgl. Ashby, W. Ross: An Introduction to Cybernetics, a. a. O. ,
      S. 77.
(222) Vgl. Kirsch, Werner; Meffert, Heribert: Organisationstheorien
      und Betriebswirtschaftslehre, a. a. O. , S. 48.
(223) Die grundlegenden Definitionen der stabilen Zustände wurden
      in Punkt 3. 322 abgehandelt.
(224) Vgl. Ashby, W. Ross: Dynamics of the Cerebral Cortex. XIII.
      Interrelations between Stabilities of Parts within a Whole Dyna-
      mic System. The Journal of Comparative and Physiological
      Psychology, Bd. 40, 1946/47, S. 3.
(225) Bei Übertragung dieses Sachverhalts auf wirtschaftliche Pro-
      bleme sieht Ashby insofern Gefahren durch eine Wirtschafts-
      steuerung, als die Fixierung soziologischer und ökonomischer
      Variablen (z. B. durch Preis- oder Lohnstop) die Instabilität
      des Systems (der Gesamtwirtschaft) nach sich ziehen kann. Da-
      bei sind diejenigen Variablen am gefährlichsten, die sich unter
      freien Bedingungen im allgemeinen sehr schnell verändern wür-
      den. Vgl. hierzu Ashby, W. Ross: Effect of Controls on Sta-

Bei diesem Ansatz wird nicht nur die Stabilität eines Elements betrachtet, die durch einen Regelkreis erklärt werden könnte, sondern die Stabilität von Systemen. Diese kann durch unterschiedliche Kopplungen von Elementen erreicht werden, wobei aber nicht alle Elemente stabil sein müssen, damit das gesamte System seine Stabilität erhalten kann; d. h. die Stabilität des gesamten Systems hängt nicht nur von den Teilstabilitäten der Elemente ab, sondern von der Art der Kopplungen der Elemente untereinander (226). Die Gesamtstabilität eines Systems wird jedoch von dem Element am stärksten beeinflußt, das zur Instabilität tendiert. Dabei wird, wenn durch dieses Element die Instabilität des gesamten Systems herbeigeführt werden kann, der Übergang zu einem instabilen Zustand des gesamten Systems durch Oszillationen um das Niveau des Fließgleichgewichts angekündigt, die sich explodierend entwickeln können, wenn nicht frühzeitig auf die Parameterwerte des Systems eingewirkt wird. Ist eine erfolgreiche Einwirkung möglich, so kann das System in den ursprünglichen Fließgleichgewichtszustand zurückkehren oder aufgrund geänderter Parameterwerte einen neuen Fließgleichgewichtszustand einnehmen.

Bei offenen Systemen, die Störungen unterliegen, besteht eine Neigung zur Instabilität. Deshalb ergibt sich auch das Problem, die Elemente eines Systems zeitweilig so zu koppeln, daß durch diese unterschiedlichen Kopplungen stabile Zustände erreicht werden können. Hiermit wird auch die Frage der Wahrscheinlichkeit der Gesamtstabilität aufgeworfen, die sich durch die Möglichkeit der zeitweiligen Kopplung, d. h. Koordination der Elemente ergibt. Wenn ein offenes System die Fähigkeit besitzt, sich aufgrund unterschiedlicher Kopplungen der Elemente in stabile Zustände zu bringen, so kann es auf viele Klassen von Störungen reagieren. Obwohl sich Wirkungssysteme immer wieder in stabile Zustände bringen können, sind aber die Tendenzen zur Stabilität und Instabilität bei sehr komplexen Systemen nicht gleichwahrscheinlich; komplexe Systeme tendieren vielmehr zu einem instabilen Zustand. Hieraus folgt, daß die Vergrößerung der Varietät und die der Konnektivität die Wahrscheinlichkeit der Stabilität vermindern (227).

Forts. Fußnote (225):
bility. Nature. Bd. 155, No. 3930, 1945, S. 242 f.
(226) Vgl. Ashby, W. Ross: Design for a Brain, a. a. O. , S. 56; Ashby, W. Ross: Dynamics of the Cerebral Cortex. XIII. , a. a. O. , S. 4.
(227) Nach Ashby vermindert sich die Wahrscheinlichkeit der Stabilität in der Potenz. Vgl. Ashby, W. Ross: The Stability of a Randomly Assembled Nerve-Network. Electroencephalography and Clinical Neurophysiology. Bd. 2, 1950, S. 480.

3.33231 Ultrastabile Systeme

Das Modell des ultrastabilen Systems erklärt das adaptive Verhalten eines offenen Systems bei stark differenzierter Umwelt, die für das System eine 'Black-Box' darstellt.

Die Konzeption des ultrastabilen Systems orientiert sich an dem adaptiven Verhalten des Organismus und hat nicht nur theoretische Bedeutung (228). Das wesentliche Merkmal ultrastabiler Systeme besteht darin, daß sie über ein doppeltes feed-back verfügen, das die Voraussetzung für das adaptive Verhalten darstellt (vgl. Abb. 11), denn einmal beeinflußt die Umwelt, die in Teilsysteme differenziert aufzufassen ist, das System, und zum anderen wird die Umwelt durch das System beeinflußt (229).

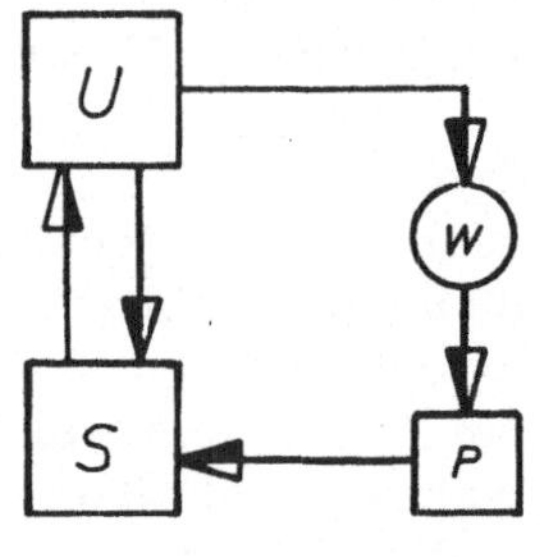

Abb.11

---

(228) Nach Kämmerer hat das Modell des ultrastabilen Systems als Modell selbstorganisierender Systeme grundlegende technische Bedeutung. Vgl. Kämmerer, Wilhelm: Mathematik und Kybernetik. In: Über wissenschaftliche Grundlagen der modernen Technik, hrsg. von Hermann Klare, Hans Frühauf u. a., Reihe A.: Tagungen, Bd. VI: Kybernetik in Wissenschaft, Technik und Wirtschaft der DDR, Berlin 1963, S. 29.

(229) Umwelt wird bei Ashby definiert als diejenigen Variablen, deren Veränderungen das System beeinflussen, und diejenigen Variablen, die durch das Verhalten des Systems beeinflußt werden. Vgl. Ashby, W. Ross: Design for a Brain, a. a. O., S. 36. Ähnlich auch Beer, Stafford: Decision and Control. The Meaning of Operational Research and Management Cybernetics. London - New York - Sydney 1966, S. 285.

Zwischen der Umwelt U und dem System S ergeben sich Wechselwirkungen, die als primäre Rückkopplungen zu betrachten sind. Sie beziehen sich auf die sogenannten Hauptvariablen des Systems, die lediglich schwachen Störungen unterworfen sind und den Reizen im Konzept Bertalanffys entsprechen. Neben den Wechselwirkungen zwischen System und Umwelt besteht eine zweite Rückkopplungsschleife,
die die verschiedenen Reaktionsmöglichkeiten des Systems mit ein-
bezieht. Den unterschiedlichen Reaktionsmöglichkeiten entspricht
eine gleiche Zahl von Parameterwerten P, durch die die Reaktionsmöglichkeiten, also die verschiedenen Verhaltensweisen, charakterisiert werden. Die wesentlichen Variablen W, die sich auf die Parameterwerte beziehen, sind unmittelbar von der Umwelt abhängig
(230). Wirken nun stärkere Störungen aus der Umwelt auf die wesentlichen Variablen - wobei die Störungen die statthaftenden Grenzen
nicht überschreiten dürfen, da sonst das System sich nicht lebensfähig erhalten kann -, so sucht das System über die Methode von
"trial-and-error" nach einer ihm inhärenten neuen Verhaltensweise.
Hat der Suchvorgang Erfolg gehabt, so behält das System die gefun-
dene Verhaltensweise bei (231).

Während das System bei schwachen Störungen auf die Hauptvariablen
in den ursprünglichen Gleichgewichtszustand zurückkehren kann, muß
es bei starken Störungen, die sich auf die wesentlichen Variablen
beziehen, eine den Störungen angemessene Verhaltensänderung, bedingt durch eine Änderung seiner Parameterwerte, durchführen
(232). Die erste Form stellt eine Reaktion auf kurzfristige Störungen
dar, die zweite Reaktion eine durch Mechanismen begründete Form
gespeicherter Verhaltensweisen, die dann zum Einsatz kommen,
wenn längerfristige starke Störungen wirken, die das System aus dem
bisherigen Fließgleichgewichtszustand drängen. Diese von Ashby
konzipierte Form stellt eine Alternative dar, die im v. Bertalanffy-

---

(230) Eine andere Möglichkeit bestände darin, daß die wesentlichen
Variablen unmittelbar durch das reagierende System beeinflußt
würden. Diese Form der Kopplung läge dann vor, wenn das System sein Anpassungsziel ändert und beispielsweise die für die
Variablen zulässigen Grenzen neu festsetzt. Vgl. Ashby, W.
Ross: Design for a Brain, a.a.O., S. 81.
(231) Vgl. Ashby, W. Ross: Design for a Brain, a.a.O., S. 84.
(232) Vgl. Ashby, W. Ross: Design for a Brain, a.a.O., S. 131. Im
Bereich der Unternehmung bedeutet das z.B., daß Absatzrück-
gänge eines Produktes nicht über Preissenkungen geregelt, sondern durch Entwicklung und Verkauf eines anderen Produktes
ausgeglichen werden. Jede Suche nach einer neuen organisatorischen Lösung, nach einem neuen Produkt, nach einem neuen
Fertigungsverfahren stellt eine solche Verhaltensänderung dar.

schen Konzept nicht explizit vorhanden ist. Dort müßte streng genommen ein System durch Strukturänderung auf langfristige, starke Störungen reagieren. Aufgrund der vorgesehenen programmierten Verhaltensweisen und der Möglichkeit der Interpretation des ultrastabilen Systems mit Hilfe des negativen feed-backs ist dieser Typ der Anpassung, der auch von v. Bertalanffy als Homöostase bezeichnet wird (233), eher der sekundären Regulation als der primären Regulation zuzuordnen.

Der Satz verschiedener Verhaltensweisen, die dem ultrastabilen System inhärent sind, wird als Stufenfunktion (234) bezeichnet. Der Mechanismus der Stufenfunktion, die die das System beeinflussenden Parameter charakterisiert, läßt sich nach Ashby folgendermaßen beschreiben (235):

x_n sei eine Stufenfunktion; sie soll die Werte x_n^0 und x_n^1 annehmen können. Die Stufenfunktion soll den Anfangswert x_n^0 haben. Für die Zeitdauer, in der x_n^0 konstant bleibt, ergeben sich für das System die Gleichungen:

$$\frac{dx_i}{dt} = f_i \, (x_1, \, x_2, \, \ldots, \, x_{n-1}, \, x_n^0) \quad i = 1, \, \ldots, \, n-1$$

Für diesen Zustand kann, wenn die Konstante unter die Funktion subsumiert wird, auch vereinfacht geschrieben werden:

$$\frac{dx_i}{dt} = g_i \, (x_1, \, x_2, \, \ldots, \, x_{n-1}) \quad i = 1, \, \ldots, \, n-1$$

dann ist:

$$f_i \, (x_1, \, x_2, \, \ldots, \, x_{n-1}, \, x_n^0) \equiv g_i \, (x_1, \, x_2, \, \ldots, \, x_{n-1})$$

$$i = 1, \, \ldots, \, n-1$$

---

(233) Vgl. Bertalanffy, Ludwig v.: Biophysik des Fließgleichgewichts, a.a.O., S. 38. - Bertalanffy macht noch einen Unterschied zwischen Regulationen, die auf Homöostase beruhen, und Regulationen auf der Basis des Fließgleichgewichts.

(234) "Eine Variable verhält sich wie eine Stufenfunktion ..., wenn sie ihren Wert augenblicklich und mit einem begrenzten Sprung nur in einer endlichen Zahl diskreter Zeitpunkte ändert." Ashby, W. Ross: Design for a Brain, a.a.O., S. 272.

(235) Vgl. Ashby, W. Ross: The Nervous System as Physical Machine, a.a.O., S. 52; Ashby, W. Ross: Principles of the Self-Organizing Dynamic System, a.a.O., S. 127; Ashby, W. Ross: The Physical Origin of Adaptation by Trial and Error, a.a.O., S. 21 f.; Ashby, W. Ross: Design for a Brain, a.a.O., S. 276.

Solange der Anfangswert x_n^0 vorliegt, gelten dann die g-Gleichungen; geht das ultrastabile System von x_n^0 auf x_n^1 über, so liegt eine Auslösung des Stufenmechanismus vor, und das System genügt den Gleichungen:

$$\frac{dx_i}{dt} = h_i\,(x_1,\ x_2,\ \ldots,\ x_{n-1})\quad i = 1,\ \ldots,\ n-1$$

Bei einem ultrastabilen System tritt dieser Stufenmechanismus nur dann in Aktion, wenn sich das System in kritischen Zuständen befindet, in allen anderen Zuständen hat das Verfahren von "trial-and-error" keinen Erfolg (236).

Zur Demonstration des Anpassungsvorganges ultrastabiler Systeme hat Ashby eine kybernetische Maschine konstruiert, die als der Ashbysche Homöostat bekannt geworden ist (237). Diese Maschine soll eine Analogie zum Gehirn darstellen und ist ein sehr komplexes probabilistisches System (238). Jede Verhaltensänderung auf der Grundlage der Stufenfunktion induziert bei dem ultrastabilen System einen Suchvorgang, der auch dann notwendig ist, wenn eine schon dagewesene Situation sich wiederholt. Das bedeutet, daß das ultrastabile System nicht in der Lage ist, aus seinen erfolgreichen Suchprozessen zu lernen; denn durch die Suchprozesse zum Zwecke der Anpassung an sich ändernde Bedingungen werden die jeweils gespeicherten Ausgangszustände zerstört. Könnte das ultrastabile System auf Stö-

---

(236) Vgl. Ashby, W. Ross: Design for a Brain, a.a.O., S. 91. Nach Meinung von Klaus nimmt Ashby mit seiner Konzeption des ultrastabilen Systems eine Überbetonung der "trial-and-error"-Methode vor, die nicht gerechtfertigt sei. Diese Kritik stützt sich auf das allgemeine Reafferenzschema von Anochin und Mittelstaedt, welches die Begründung dafür liefern soll, daß die Anwendung dieser Methode bei höheren Lebewesen immer mehr in den Hintergrund tritt. Vgl. Klaus, Georg: Kybernetik in philosophischer Sicht. 4. Aufl., Berlin 1965, S. 262 f.

(237) Zur Funktionsweise des Homöostaten vgl. Ashby, W. Ross: Design for a Brain, a.a.O., S. 100 ff.; Nemes, Tihamér: Kybernetische Maschinen. Aus dem Ungarischen übersetzt von Georg Müller und Guido Müller. Stuttgart 1967, S. 195 ff.

(238) Vgl. Beer, Stafford: Kybernetik und Management, a.a.O., S. 38. Moles ordnet den Homöostaten den logistischen Maschinen zu, die geeignet sind, Gehirnfunktionen zu beschreiben. Vgl. Moles, A. A.: Die Kybernetik, eine Revolution in der Stille. In: Epoche Atom und Automation. Enzyklopädie des technischen Jahrhunderts. Bd. VII: Kybernetik, Elektronik, Automation. Genf 1959, S. 11. Von Wisdom wird in diesem Zusammenhang die Meinung vertreten, daß auf der Grundlage des Homöostaten

rungen, die sich wiederholen, sofort ohne Suchvorgang reagieren, so würde die Fähigkeit akkumulativer Anpassung vorliegen (239).

Da das ultrastabile System bei jeder neu auftretenden Störung, die auf die wesentlichen Variablen wirkt, einen neuen Suchvorgang einleiten muß, der über langwierige trial-and-error-Prozesse ablaufen kann, ergeben sich insgesamt sehr hohe Anpassungszeiten. Diese Anpassungszeiten erhöhen sich überproportional zur steigenden Anzahl der in einem ultrastabilen System gekoppelten Elemente (240). Eine Möglichkeit zur Verminderung der Anpassungszeit sieht Ashby darin, Teilergebnisse zum Gesamterfolg zu erreichen und diese Teilergebnisse zu speichern. Über diese Teilergebnisse, die dann relativ schnell zu erreichen sind, kann der Gesamterfolg in einer kürzeren Zeit erreicht werden als dies ohne die kumulierten Teilergebnisse möglich wäre. Diese Anpassungsform wird als kumulative Anpassung bezeichnet; notwendige Voraussetzung hierzu ist, daß nicht alle Elemente untereinander gekoppelt sind (241). Nur unter diesen Bedingungen kann ein ultrastabiles System innerhalb angemessen kurzer Zeit einen Anpassungsvorgang beenden.

Aus den Ausführungen ist ersichtlich, daß das ultrastabile System nur bedingt zur Erklärung äußerst komplexer Systeme geeignet ist. Sollen jedoch Wirkungssysteme beschrieben werden, die sich durch eine sehr große Zahl von Elementen auszeichnen, die zusätzlich noch unterschiedlich gekoppelt werden können, so ist hierzu ein differenzierteres Modell notwendig. Dieses Modell repräsentiert das ebenfalls von Ashby entwickelte multistabile System, das sich durch genügend gute Anpassungsmechanismen auszuzeichnen scheint und demzufolge auch besser zur Erklärung äußerst komplexer Wirkungssysteme geeignet ist.

Forts. Fußnote (238):
Maschinen konstruiert werden können, die zu Operationen fähig sind, die über die für die Maschine konzipierten Verhaltensweisen hinausgehen. Dies würde bedingt der Lernfähigkeit entsprechen. Vgl. Wisdom, J. O. : The Hypothesis of Cybernetics, a. a. O. , S. 116.

(239) Vgl. Ashby, W. Ross: Design for a Brain. Electronic Engineering. Bd. 20, 1948, S. 382; Ashby, W. Ross: Design for a Brain, a. a. O. , S. 140.

(240) Vgl. Ashby, W. Ross: Design for a Brain, a. a. O. , S. 150; Klaus, Georg: Kybernetik in philosophischer Sicht, a .a. O. , S. 128.

(241) Vgl. Ashby, W. Ross: Design for a Brain, a. a. O. , S. 156.

3. 33232 Multistabile Systeme

Multistabile Systeme können sich aus einer beliebigen Anzahl ultrastabiler Systeme zusammensetzen, die voneinander unabhängig sind,
sich aber zeitweilig je nach Situation zusammenkoppeln können (242).
Ebenso wie bei dem Modell des ultrastabilen Systems zerfällt die
Umwelt bei dem Modell des multistabilen Systems in viele Subsysteme (U1, U2, U3, vgl. Abb. 12), die sich gegenseitig schwach beeinflussen. Das zu betrachtende multistabile System paßt sich in der
Art ultrastabiler Systeme an, und jedes Subsystem (S1, S2, S3) verfügt über seine eigene Stufenfunktion. Zwischen den Subsystemen des
multistabilen Systems bestehen keine unmittelbaren Beziehungen, nur
zeitweilig bei bestimmten noch näher zu erläuternden Erfordernissen
ist die vorübergehende Kopplung unterschiedlicher Subsysteme zugelassen (243).

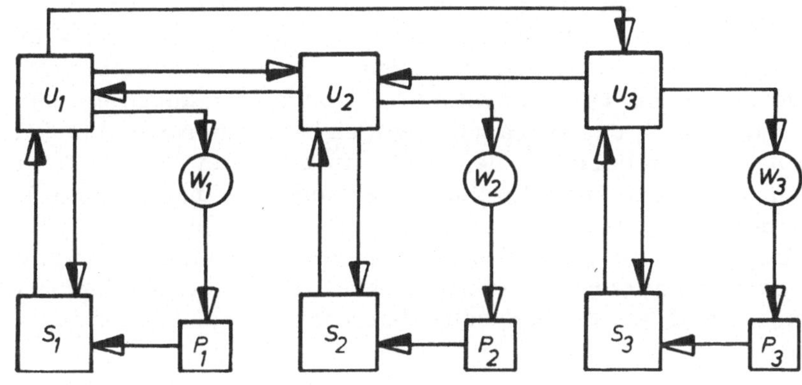

Abb. 12

Ultrastabile Systeme haben gegenüber einfachen Regelkreisen die
Eigenschaft, durch eingebaute Stufenfunktionen ihre Stabilität nicht
nur gegenüber einer Art von Störungen aufrecht zu erhalten, sondern
gegenüber einem ganzen Störungsfeld. Multistabile Systeme sind darüber hinaus in der Lage, sich einer Reihe weiterer Einflüsse anzu-

(242) Vgl. Ashby, W. Ross: Design for a Brain. London 1954, S.
     171; Wörterbuch der Kybernetik, hrsg. von Georg Klaus, a. a.
     O. , S. 434 f.
(243) Vgl. Ashby, W. Ross: Design for a Brain, a. a. O. , S. 208.
     Hier nimmt Ashby eine engere Definition des multistabilen Sy-
     stems vor als in der Auflage von 1954.

passen. Die Anpassung wird hierbei durch einzelne ultrastabile Teilsysteme bewirkt, die sich zeitweilig zusammenkoppeln, um die Stabilität des gesamten Systems zu erreichen und zu erhalten. Im Gegensatz zum Regelkreis und dem ultrastabilen System ist das multistabile System in der Lage, sein Verhalten durch ständige Verbesserung und Abstimmung seiner Teilsysteme untereinander zu optimieren.

Der Anpassungsvorgang bei multistabilen Systemen vollzieht sich im wesentlichen wie bei den ultrastabilen Systemen. Bei Eintritt von Störungen, die die wesentlichen Variablen betreffen, passen sich die nichtgekoppelten Subsysteme zunächst getrennt an, um darüber einen Gleichgewichtszustand des gesamten Systems zu erreichen. Erlangen die Störungen aber einen bestimmten Schwellenwert, aufgrund dessen die Anpassung des gesamten Systems durch die Anpassung der einzelnen ultrastabilen Subsysteme nicht mehr erreicht werden kann, so erfolgt eine zeitweilige Kopplung der Subsysteme, um über diese Kopplungen einen Zustand zu finden, in dem das gesamte System wieder stabil wird (244). Das multistabile System besitzt die Fähigkeit, durch sukzessive Aktivierung von Subsystemen sich einem stabilen Zustand zu nähern. Die Subsysteme zeichnen sich durch ein selektives Verhalten aus, das sich auf diejenigen Werte der Stufenfunktionen von Subsystemen bezieht, die die Gesamtstabilität des Systems begründen. Die Suche über die Stufenmechanismen und über die Kopplungen der Subsysteme ist dann beendet, wenn ein Satz von Werten erreicht wird, der der Stabilität des gesamten Systems genügt (245); in diesem Zustand der Überlebensfähigkeit sind dann die Verhaltensweisen optimal an die herrschenden Umweltbedingungen angepaßt (246).

Durch die sukzessive Annäherung an den Zustand des Fließgleichgewichts besitzen multistabile Systeme implizit die Fähigkeit zur kumulativen Anpassung. Da durch diese Form der Anpassung die Elemente, die nicht an einem Anpassungsvorgang unmittelbar beteiligt sind, in ihrer Ausgangssituation erhalten bleiben und andere Elemente eventuell nur geringfügige Zerstörungen aufweisen, zeigen multistabile Systeme zusätzlich bedingt die Möglichkeit zur akkumulativen Anpassung (247) und somit einen gewissen Grad an Lernfähigkeit.

---

(244) Vgl. Riester, W. F. : Organisation und Kybernetik. Betriebswirtschaftliche Forschung und Praxis. 18. Jg. 1966, S. 327.
(245) Vgl. Ashby, W. Ross: Design for a Brain, a. a. O. , S. 211.
(246) Vgl. Ashby, W. Ross: Die Homöostasie. In: Epoche Atom und Automation. Enzyklopädie des technischen Jahrhunderts. Bd. VII: Kybernetik, Elektronik, Automation. Genf 1959, S. 118.
(247) Vgl. Ashby, W. Ross: Design for a Brain, a. a. O. , S. 215 f.

Bedingt durch die kumulative Anpassung wird auch die Anpassungszeit gegenüber ultrastabilen Systemen in der Regel kürzer sein.
Könnten außerdem Lernprozesse bei diesem Modell uneingeschränkt
berücksichtigt werden, so würde die Anpassungszeit wesentlich ver-
kürzt. Die notwendige Anpassungszeit bleibt aber immer abhängig
von der Anzahl gekoppelter Subsysteme und wird um so länger, je
mehr Subsysteme gekoppelt sind. Sind alle Subsysteme gekoppelt,
so wird eine Anpassung unmöglich.

Dieses Modell des multistabilen Systems ist geeignet, das Zusammenwirken betrieblicher Subsysteme, aber auch das Verhalten des
Gesamtsystems der Unternehmung in bezug auf seine Umwelt ausreichend zu erklären. Soll z. B. ein hierarchisch gegliedertes System
ein hohes Maß an Anpassung erreichen und sich außerdem weiterent-
wickeln, so darf keine vollkommene Kopplung der Subsysteme über
längere Zeit vorliegen. Die Subsysteme müssen sich vielmehr auf
der Grundlage von Teilfunktionen autonom verhalten. Deshalb kann
das multistabile System auch Aufgaben der Anpassung einem seiner
Subsysteme gewissermaßen übertragen, wobei dann diese Aufgabe
relativ unabhängig vom Gesamtsystem erfüllt werden kann. Multistabile Systeme unterscheiden sich demnach von offenen Systemen
mit zweckstrebigem Verhalten nur noch durch ihre beschränkte Lernfähigkeit und durch die nicht vorhandene Fähigkeit, auf Störungen
mit Strukturänderungen aus sich heraus zu reagieren (248).

Nach diesen Ausführungen kann eine Gegenüberstellung zum v. Ber-
talanffyschen Konzept der primären und sekundären Regulation vorgenommen werden. Grundsätzlich kann festgestellt werden, daß das
ultrastabile System mehr zur sekundären Regulation und das multistabile System mehr zur primären Regulation tendiert, beide Systemtypen nehmen eine Zwischenstellung zwischen sekundärer und pri-
primärer Regulation ein. Während das ultrastabile System ebenso
wie die sekundäre Regulation mit Hilfe des feed-back-Prinzips erklärt werden kann und außerdem auf festgelegten Mechanismen beruht, geht das multistabile System darüber insofern hinaus, als es
die Fähigkeit besitzt, über die Stufenmechanismen mehrerer ultrastabiler Systeme und deren zeitweilige Kopplungen zum Zwecke der Be-
gegnung von Störungen geeignete Verhaltensweisen zu suchen, die
vorher nicht bekannt waren. Das multistabile System hat außerdem
die Möglichkeit, durch Änderungen der Funktionsweise, bedingt
durch zeitweiliges Koppeln unterschiedlicher Subsysteme oder Elemente, auf eine größere Zahl von Umwelteinflüssen zu reagieren.
Allerdings ist es nicht in der Lage, durch strukturelle Änderungen

---

(248) Zur Erklärung des Verhaltens multistabiler Systeme hat Ashby
   eine weitere Maschine entwickelt, die er als D. A. M. S. (Dis-
   persive And Multistable System) bezeichnet. Vgl. Ashby, W.
   Ross: Statistical Machinery. Thales, Bd. 7, 1957, S. 3 ff.

aus sich heraus auf Störungen zu reagieren, wie dies bei der primären Regulation vorausgesetzt wird. In diesem Zusammenhang ist die Möglichkeit in Erwägung zu ziehen, bei Modellen multistabiler Systeme durch äußere Eingriffe die Struktur zu ändern, indem Elemente entfernt oder hinzugefügt werden, um so Strukturänderungen und außerdem das Erreichen von stabilen Zuständen unter geänderten inneren Bedingungen zu simulieren.

Abschließend läßt sich feststellen, daß sowohl der sekundären und der primären Regulation als auch den Modellen des ultrastabilen und des multistabilen Systems, die sich vorzüglich ergänzen, ein hoher Erklärungswert für komplexe Wirkungssysteme beizumessen ist.

Durch das Konzept der hier dargelegten Allgemeinen Systemtheorie eröffnen sich neue Alternativen für eine Organisationstheorie betrieblicher Systeme, die - wie gezeigt wurde - zwangsläufig kybernetische Aussagen über die Möglichkeiten der Anpassung offener Systeme beinhalten muß. Gesicherte Aussagen über Anpassungs- und Änderungsprozesse können demnach nur über die Anwendung der Instrumentarien der Regelungstheorie und der mathematischen Systemtheorie in Verbindung mit geeigneten Modellansätzen gewonnen werden.

4. Der Aussagewert der Allgemeinen Systemtheorie für die Organisation der Unternehmung

Obwohl die Problematik der Analyse und der Gestaltung betrieblicher Systeme seit einiger Zeit im Rahmen der betriebswirtschaftlichen Organisationstheorie behandelt und in der Praxis diskutiert wird, ist es bisher nicht gelungen, theoretisch fundierte praxeologische Aussagensysteme (1) für die Gestaltung betrieblicher Systeme und deren Subsysteme - hier besonders für informationsverarbeitende Systeme - zu entwickeln. Das Fehlen empirisch-kognitiver und praxeologischer Aussagensysteme erschwert das Bemühen um die Gestaltung betrieblicher Systeme.

Bei der Konzipierung betrieblicher Systeme in der Realität und beim Entwurf von Modellen betrieblicher Systeme zum Zwecke deren Erforschung gewinnt das Instrumentarium der Allgemeinen Systemtheorie und das der Kybernetik zunehmend an Bedeutung, da in diesen Konzepten der dynamische Charakter offener Systeme berücksichtigt wird. Die systemtheoretischen und kybernetischen Beiträge zur Organisationstheorie sowie die Organisationstheorie selbst sind aber noch vorwiegend durch terminologische und deskriptive Ansätze gekennzeichnet, und die Aufgabe zukünftiger Forschung muß darin bestehen, empirisch-kognitive und praxeologische Aussagensysteme zu gewinnen.

Aus dem Konzept der Allgemeinen Systemtheorie ergeben sich fruchtbare Ansätze für die Behandlung organisatorischer Probleme, die sich auf folgende Punkte beziehen:

-   Das im Rahmen der Allgemeinen Systemtheorie entwickelte Begriffsgebäude ist aufgrund seiner Allgemeingültigkeit, Geschlossenheit und nicht zuletzt durch seine interdisziplinäre Ausrichtung besonders für die Beschreibung betrieblicher Systeme, deren Funktionsweisen und Strukturen geeignet (terminologische und deskriptive Funktion) (2).

-   Aus den Zielen der Allgemeinen Systemtheorie, Systemgesetze zu entdecken und mathematisch zu formulieren, ergibt sich für

---

(1)   Vgl. Grochla, Erwin: Erkenntnisstand und Entwicklungstendenzen der Organisationstheorie, a.a.O., S. 11.

(2)   Zu den terminologischen, deskriptiven, empirisch-kognitiven und praxeologischen Aussagensystemen im Rahmen einer Organisationstheorie vgl. Grochla, Erwin: Erkenntnisstand und Entwicklungstendenzen der Organisationstheorie, a.a.O., S. 6 ff.

die Organisationsforschung die Forderung und die Möglichkeit, neben der Beschreibung und Erklärung der Eigenschaften, Zustände und Verhaltensweisen künstlich geschaffener Systeme generelle Aussagen über die Auswirkungen organisatorischer Gestaltungshandlungen auf die Funktionsweise und die Struktur des betrieblichen Systems aufzustellen (heuristische Funktion). Können daraus plausible Hypothesen gewonnen werden, die empirisch überprüfbar sind, so sind die Voraussetzungen für eine Theoriebildung erfüllt (empirisch-kognitive Funktion).

Schließlich dürften sich aus dem Konzept der Allgemeinen Systemtheorie in Verbindung mit der Regelungstheorie Ansatzpunkte für die organisatorische Gestaltung betrieblicher Systeme ergeben (praxeologische Funktion).

4. 1 Systemforschung und Systemgestaltung

Sowohl vom Anliegen und Gegenstand der Allgemeinen Systemtheorie her als auch von Seiten des Phänomens Organisation sind Ansatzpunkte vorhanden, die eine Konfrontation beider Bereiche rechtfertigen (3). Da auch organisatorische Problemstellungen interdisziplinären Charakter aufweisen und eine Organisationstheorie notwendigerweise vor die Aufgabe gestellt ist, Erkenntnisse anderer Disziplinen zu berücksichtigen (4), ergeben sich schon hieraus Berührungspunkte zwischen diesen beiden Bereichen.

Die Allgemeine Systemtheorie enthält theoretische Aussagen über reale und ideale Systeme; diese Teilmenge der rein theoretischen Aussagen aus der Gesamtmenge der notwendigen Aussagen über die Realität ist nun in einem größeren Zusammenhang zu betrachten. Um zu theoretischen Aussagen zu gelangen, ist Forschung über reale und/oder ideale Systeme der erfahrbaren Realität notwendig. Dieser Komplex soll hier als Systemforschung bezeichnet werden.

Die Systemforschung ist ein vielschichtiges Gebiet, das sowohl für die wissenschaftliche Forschung als auch für die praktische Gestaltung relevant ist (vgl. Abb. 13).

---

(3)   Die Verallgemeinerung des "Offenen-System-Modells" und der "Theorie der offenen Systeme" wird interessanterweise schon bei Bertalanffy als "General Theory of Organization" bezeichnet. Vgl. Bertalanffy, Ludwig v.: General System Theory, a. a. O. , S. 2.

(4)   Vgl. Rapoport, Anatol; Horvath, William G. : Thoughts on Organization Theory and a Review of Two Conferences. General Systems, Bd. IV, 1959, S. 90; Grochla, Erwin: Automation und Organisation, a. a. O. , S. 126.

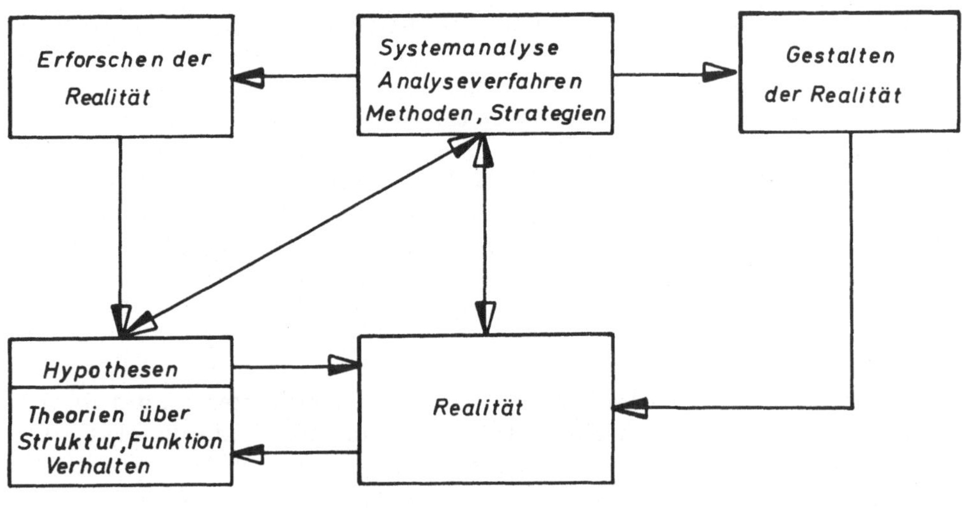

Abb. 13

Das bedeutet, daß im Rahmen der Systemforschung auf der Seite der wissenschaftlichen Forschung die Aufgabe der Theoriebildung erfüllt werden muß und daß auf der Seite der praktischen Anwendung über entsprechende Gestaltungsregeln gesicherte Anweisungen zur Gestaltung organisatorischer Systeme bereitzustellen sind. Diese Forderungen können nur dann erfüllt werden, wenn Methoden, Strategien und Analyseverfahren zur Verfügung stehen bzw. zur Verfügung gestellt werden, die dann sowohl in der Forschung als auch in der Praxis anzuwenden sind. Im Kontext der so verstandenen Systemforschung hat diese Aufgabe der Komplex der Systemanalyse zu erfüllen (5). Dieser Komplex steht als verbindendes Glied zwischen der Erforschung und der Gestaltung der Realität.

Der Prozeß zur Erforschung der Realität setzt die Bildung von Hypothesen voraus, die zu operationalisieren und empirisch zu überprüfen sind. Dabei stellt die Hypothesenbildung und die Verknüpfung von Hypothesen einen eigenen der Operationalisierung und Überprüfung vorgelagerten Forschungsprozeß dar. Im Rahmen der Hypothesenbildung können allgemeine systemtheoretische bzw. kybernetische

---

(5)   Vgl. Wegner, Gertrud: Systemanalyse. In: Handwörterbuch der Organisation, hrsg. von Erwin Grochla, Stuttgart 1969, Sp. 1610 - 1617; Neufville, Richard de: Systems Analysis - A Decision Process. International Management Review, Heft 1, 1970, S. 49 - 58.

Aussagen berücksichtigt werden. Für diese beiden Prozesse der Hypothesenbildung und -überprüfung muß die Systemanalyse die Methoden zur Durchführung liefern. Werden bei diesen Prozessen falsche Annahmen bei der Hypothesenbildung, bei der Methodenwahl oder bei dem methodischen Vorgehen gemacht, so müssen diese über eine Rückkopplung entweder im Rahmen der Systemanalyse oder bei der Hypothesenbildung, je nachdem, welcher Bereich betroffen ist, berücksichtigt und entsprechend korrigiert werden. Die aus diesem Prozeß gewonnenen empirisch-kognitiven Aussagen sind in praxeologische Aussagen zu überführen, die dann im Rahmen der Systemanalyse zum Zwecke der Erforschung und Gestaltung realer Systeme verwendet werden.

Aus der systemtheoretischen Interpretation von Systemen als interdependenten Elementkomplexen leitet sich für die Systemanalyse die Forderung ab, bei der Untersuchung von Systemen nicht nur die Eigenschaften, Zustände und Verhaltensweisen der systembildenden Elemente isoliert zu betrachten, sondern die Interdependenzen zwischen den Elementen vom Ansatz her mit in die Analyse einzubeziehen (6). Diese Forderung scheint nicht nur aufgrund formaler systemtheoretischer Überlegungen sinnvoll zu sein, sondern sie gewinnt auch aufgrund der praktischen Erfahrungen, die bei der Analyse und Gestaltung komplexer Systeme gewonnen werden konnten, an Gewicht.

Obschon die Systemanalyse nicht als vollkommen neue Methode anzusehen ist, stellt sie dennoch eine Erweiterung der herkömmlichen Analysekonzeptionen für Forschung und Gestaltung dar. Ähnlich wie bei der Ist-Analyse beziehen sich die im Rahmen der Systemanalyse getroffenen Aussagen über die Vorgehensweise bei der Analyse primär auf die Abgrenzung und Systematisierung verschiedener bei der Analyse teils sukzessiv, teils reduktiv zu durchlaufender Stufen.

Die verschiedenen in der Literatur zu findenden Vorschläge für die Vorgehensweise bei einer Systemanalyse können auf folgende Grundstufen zurückgeführt werden (7):

-    Analyse der Zielsetzung eines Systems

-    Analyse der systembildenden Elemente

---

(6)   Vgl. Haberstroh, Chadwick J.: Organization Design and Systems Analysis. In: Handbook of Organizations, hrsg. von James G. March, Chicago 1965, S. 1174; Seiler, John A.: Systems Analysis in Organizational Behavior. Homewood (Ill.) 1967, S. 17 ff.

(7)   Vgl. hierzu Wegner, Gertrud: Systemanalyse, a.a.O., Sp. 1613 ff.

- Analyse der zwischen den Elementen bestehenden Output-Input-Relationen

- Analyse des Systemverhaltens.

Diese Stufen der Systemanalyse, die jede für sich gesehen noch zu detaillieren und durch entsprechende Methoden bzw. Verfahren zu ergänzen wären, können sowohl auf die organisatorische Forschung als auch auf die Gestaltung angewendet werden. Hinsichtlich der Gestaltung müßte die Systemanalyse ebenfalls Methoden, Strategien und Analyseverfahren bereitstellen, mittels derer dann Gestaltungsakte auf der Grundlage von gesicherten Hypothesen durchgeführt werden könnten. Allerdings erschöpfen sich die als Systemanalyse angebotenen Forschungs- und Gestaltungsstrategien heute noch weitgehend in der Angabe globaler Stufen. Welche Verfahren, Methoden und Strategien im speziellen Fall innerhalb dieses Grundschemas auf den einzelnen Stufen verwendet werden können bzw. zweckmäßigerweise verwendet werden sollten, bleibt in den meisten Fällen offen.

In dem interdependenten Zusammenhang der Systemforschung ist außer den erläuterten Kreisläufen noch die Hypothesenüberprüfung zu beachten. Dabei sind im organisatorischen Bereich zwei Kategorien von Hypothesen von Bedeutung:

- Hypothesen über die Eigenschaften, die Zustände und das Verhalten von Systemen und

- Hypothesen über die Gestaltungsakte, also über die Änderungsprozesse selbst.

Gesicherte Hypothesen über den gesamten Gegenstandsbereich der Systemforschung liegen erst dann - und nur dann - vor, wenn über die Operationalisierung der Hypothesen eine empirische Überprüfung stattgefunden hat. Die durch Verknüpfung von Hypothesen entstehenden Theorien sind dann gesicherte Grundlagen der Systemgestaltung und im engeren Sinne organisatorischer Gestaltungsakte.

4. 2 Die Unternehmung als offenes System

Aus systemtheoretischer Sicht stellt die Unternehmung ein äußerst komplexes, künstlich durch menschliche Gestaltungshandlungen geschaffenes System dar, das aus miteinander in Beziehung stehenden Elementen zusammengesetzt ist, die zu Subsystemen zusammengefaßt sein können. Elemente dieses Systems sind ganz allgemein Sachmittel (Gebäude, Materialien, Kraftmaschinen, Servo-Mechanismen usw.) und Menschen. Im einzelnen läßt sich entsprechend der unterschiedlichen Kombination der Elemente Mensch und Sachmittel eine

Einteilung in Mensch-Mensch-Systeme, Maschine-Maschine-Systeme und Mensch-Maschine-Systeme vornehmen (8). Die reinen Mensch-Systeme sowie die Maschine-Systeme stellen bezogen auf die Unternehmung Grenzfälle dar. Für den Großteil aller Unternehmungen ist das Mensch-Maschine-System repräsentativ; in diesem Sinne ist die Unternehmung ein Hybrid-System, das aus künstlichen und natürlichen Elementen besteht (9).

Zwischen den Elementen und zwischen den Subsystemen der Unternehmung bestehen zahlreiche Beziehungen aktiver wie inaktiver Art, die aus der räumlichen und funktionalen Anordnung der Elemente zueinander resultieren. Je nachdem wie die Elemente Mensch und Sachmittel in den verschiedenen Unternehmungen individuell miteinander zu Abteilungen und Bereichen verknüpft sind, ergeben sich qualitativ unterschiedliche Funktionsstrukturen.

Aus makroökonomischer Sicht kann die Unternehmung als Element oder Subsystem des volkswirtschaftlichen Gesamtsystems angesehen werden, mit dem sie durch zahlreiche energetische, materielle und informatorische Beziehungen verknüpft ist.

Aufgrund des fortwährenden Austauschs der Strömungsgrößen - Materie, Energie, Information und bei der Unternehmung auch Geld bzw. andere Zahlungsmittel (10) - zwischen System und Umwelt und zwischen den Subsystemen und Elementen des Systems muß die Unternehmung als offenes System interpretiert werden. In das offene System Unternehmung gehen Strömungsgrößen als Inputs aus der Umwelt ein und werden entsprechend den jeweiligen betrieblichen Zielsetzungen einem geplanten Transformationsprozeß unterworfen, dessen Ergebnisse als Outputs an die Umwelt abgegeben werden. Bei diesem Transformationsprozeß im Inneren des Systems werden die Strö-

---

(8)   Vgl. Grochla, Erwin: Automation und Organisation, a.a.O., S. 76.

(9)   Oft wird das Mensch-Maschine-System der Unternehmung auch als sozio-technisches System bezeichnet. Vgl. hierzu z.B. Trist, E.L.: On Socio-Technical Systems. In: The Planning of Change, 2. Aufl., hrsg. von Warren G. Bennis, Kenneth D. Benne, Robert Chin, New York - Chicago - London - Sydney 1969, S. 269 ff.; Kirsch, Werner; Meffert, Heribert: Organisationstheorien und Betriebswirtschaftslehre, a.a.O., S. 31 f.; vgl. zum Begriff "Hybrid-System" Ellis, David O.; Ludwig, Fred J.: Systems Philosophy, a.a.O., S. 4.

(10)   Bei der Unternehmung sind sinnvollerweise auch die Zahlungsmittel als Strömungsgrößen zu berücksichtigen. Geld kann z.B. als Gegenwert der übrigen Strömungsgrößen interpretiert werden.

mungsgrößen, die freie Energie enthalten, von den Subsystemen bzw. von den Elementen aufgenommen, umgewandelt, um Arbeit freizusetzen, die Funktionsstruktur zu erhalten, auf- oder abzubauen und/ oder gespeichert und entweder direkt an die Umwelt oder zum Zwecke der Weiterverarbeitung an weitere Elemente bzw. Subsysteme abgegeben. Durch diese Prozesse ist die Unternehmung in der Lage, sich in einem arbeitsfähigen Zustand entfernt vom Entropiemaximum zu erhalten. Da diese Grundrelationen offener Systeme in der Unternehmung vorliegen, ist zu folgern, daß auch die Zustände und Verhaltensweisen offener Systeme für die Unternehmung repräsentativ und nachweisbar sind (11).

Infolge der Anordnung der Elemente zueinander und deren Interdependenzen untereinander vermag das System Unternehmung gesetzte Ziele zu erreichen, die hierzu erforderlichen Aufgaben zu erfüllen und sich ändernden Umweltsituationen anzupassen. Sowohl die Unternehmung in ihrer Gesamtheit als auch ihre Subsysteme vermögen auf kurz- und längerfristige Störungen zu reagieren. Bei Einwirkung einer kurzfristigen Störung können sie in den ursprünglichen Zustand des Fließgleichgewichts zurückkehren, wohingegen sich bei andauernder Störung das gestörte Element, Subsystem oder gar die gesamte Unternehmung durch Einstellen eines neuen Fließgleichgewichts durch Änderung der Stufenfunktionen oder durch zusätzliche Kopplungen der Teilsysteme oder über Strukturänderungen an die veränderten Umweltbedingungen anpassen müssen. Bei interner Systembetrachtung steht dagegen die Beschreibung der Interaktionen zwischen den Elementen und der Anpassungsvorgänge der betrieblichen Subsysteme im Vordergrund. Diese Anpassungsvorgänge sind Ausdruck des teleologischen Verhaltens des betrieblichen Gesamtsystems und können als Suchprozesse zur Realisierung von Zielen angesehen werden. Das Verhalten der Subsysteme stellt demgemäß einen Suchprozeß zur Verwirklichung betrieblicher Teilziele dar (12). Um sowohl auf interne als auch auf externe kurz- oder längerfristige Störungen reagieren zu können, sind Regelungsmechanismen erforderlich, die es ermöglichen, die Unternehmung trotz Störungen zu stabilisieren, um sie so in einem arbeitsfähigen Zustand zu erhalten. So regelt z. B. eine Abteilung einen bestimmten Teilbereich

---

(11) Zur Interpretation der Unternehmung als offenes System vgl. auch Grochla, Erwin: Systemtheorie und Organisationstheorie, a. a. O. , S. 12.

(12) Ansätze zu dem hier angedeuteten Optimierungsproblem finden sich z. B. bei Bellmann, Richard: Dynamic Programming. Princeton, N. J. 1957, speziell S. 222 ff. ; vgl. auch Steinbuch, Karl: Systemanalyse - Versuch einer Abgrenzung, Methoden und Beispiele, a. a. O. , S. 454.

der Unternehmung solange völlig selbständig, bis Störungen auftreten, denen mit der bisherigen Konstellation der Beziehungen nicht mehr entgegengewirkt werden kann. Wird durch die Störungen die Existenz des betroffenen Bereichs oder die Existenz anderer Abteilungen bzw. die der gesamten Unternehmung bedroht, so werden Informationen über die Störungen bzw. Versuche ihrer Kompensation an andere Subsysteme weitergeleitet, um den Zustand des gesamten Systems wieder zu stabilisieren und somit das System wieder in einen Zustand des Fließgleichgewichts zu überführen. Das hierzu notwendige Interaktionsgefüge, das einem dynamischen Prozeßzusammenhang entspricht, vermag die Unternehmung durch Einfuhr negativer Entropie in einem Zustand relativer Ordnung zu erhalten, und sie kann außerdem durch Entropieverminderung höhere Ordnungsstufen erreichen.

Sind die Strömungsgrößen über längere Zeit konstant, so entspricht dies dem Zustand des Fließgleichgewichts offener Systeme. Für die Regulationsvorgänge zum Zwecke der Erhaltung des Fließgleichgewichts und zum Zwecke der Anpassungsvorgänge in der Unternehmung sind sowohl die Prinzipien der primären und die der sekundären Regulation als auch die Beschreibungsmodelle der ultra- und multistabilen Systeme relevant. Das bedeutet, daß die Stabilität der Unternehmung bezüglich der sie beeinflussenden Umweltausschnitte durch primäre Regulationen, sekundäre Regulationen, d. h. maschinenartige feed-back-Regulationen, und über die besonderen Formen des ultra- und multistabilen Verhaltens erhalten werden kann.

Da die Unternehmung Ziele von unterschiedlichen Anfangsbedingungen auf verschiedenen Wegen trotz innerer und äußerer Störungen anstreben kann, ist sie als Ganzes durch äquifinales und/oder zweckstrebiges Verhalten gekennzeichnet, obwohl einige Subsysteme aufgrund fortschreitender Mechanisierung auf bestimmte Funktionen festgelegt sein können. Für solche determinierten Teilsysteme sind sowohl die Anfangsbedingungen als auch der kausale Zusammenhang zur Zielerreichung festgelegt. Im Zuge dieser fortschreitenden Mechanisierung können sich einerseits Subsysteme zu automatisierten Gebilden entwickeln und unabhängig voneinander reagieren und andererseits können sich führende Teile als Steuerzentren herausbilden. Trotz des hohen Grades der Automatisierung einzelner Subsysteme - hier im Sinne der fortschreitenden Mechanisierung verstanden - kann die Unternehmung letzten Endes nicht als ein starres maschinenartiges Gebilde angesehen werden, sondern stellt grundsätzlich ein komplexes System mit einer hohen Zahl von Freiheitsgraden dar.

Mittels der dargestellten systemtheoretischen Terminologie kann die Unternehmung als offenes System beschrieben werden, wodurch eine eindeutige begriffliche Erfassung und formale Beschreibung der betrieblichen Zusammenhänge und der Eigenschaften, Zustände und Verhaltensweisen gegeben werden kann. Darüber hinaus erfüllt die Interpretation betrieblicher Zusammenhänge anhand des Offenen-System-Konzepts eine heuristische Funktion (13).

4.3 Ansätze zur Erforschung betrieblicher Systeme zum Zwecke der organisatorischen Gestaltung

Wie bereits an anderer Stelle für offene Systeme nachgewiesen wurde, basieren die charakteristischen Verhaltensweisen und Zustände von Wirkungssystemen auf dem Import und der entsprechenden Verarbeitung zusätzlicher Informationen, die die zur Systemerhaltung notwendige negative Entropie enthalten. So konkretisiert sich dann auch das zentrale Problem der Erforschung und der organisatorischen Gestaltung betrieblicher Systeme in der Frage nach der Struktur und Funktion des betrieblichen Informationssystems; denn das Informationssystem, das alle betrieblichen Teilbereiche durchdringt, ist elementare Voraussetzung für die Planung, die Steuerung und die Regelung betrieblicher Prozesse zwecks Anpassung an sich wandelnde Umweltkonstellationen (14).

Unter einem Informationssystem wird hier der gesamte Komplex verstanden, der immaterielle Objekte, also Informationen erfaßt und transformiert und diese gewonnenen Informationen für die verschiedensten betrieblichen Zielsetzungen verwendet. Das heißt, daß Aussagen über das Informationssystem der Unternehmung nur dann getroffen werden können, wenn alle Informationsverarbeitungsprozesse bis hin zu den Lernprozessen berücksichtigt werden. Da in einem Informationssystem nur die Informationen als zu bearbeitende Objekte relevant sind, ist das Informationssystem ein Teilsystem der Unternehmung, das dem Basissystem überlagert ist (15) (vgl. Abb. 14).

---

(13) Zur heuristischen Funktion der Allgemeinen Systemtheorie vgl. Grochla, Erwin: Systemtheorie und Organisationstheorie, a. a. O. , S. 13 ff.

(14) Vgl. hierzu Szyperski, Norbert: Interdependenzen und Komplexität von Anpassungs- und Lernaufgaben der Unternehmung. Zeitschrift für Organisation, 38. Jg. 1969, S. 54 ff.

(15) Zu dieser Differenzierung vgl. im einzelnen Simon, Herbert A. : The Shape of Automation for Men and Management. New York - Evanston - London 1965, S. 98; Mesarović, Mihajlo D. ; Sanders, J. L. ; Sprague, C. F. : An Axiomatic Approach to Organizations from a General Systems Viewpoint, a. a. O. , S. 495 ff.

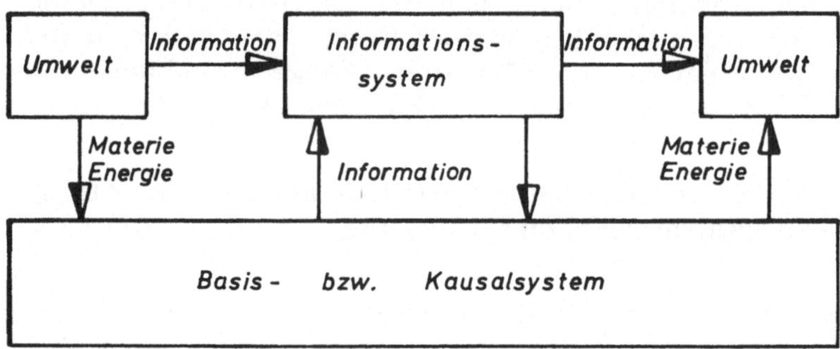

Abb. 14

Die Aufgabe des Informationssystems im Rahmen der Unternehmung repräsentiert sich in der Bereitstellung von Aussagen über die Beschaffenheit betriebsinterner und betriebsexterner Sachverhalte sowie über die Veränderungen dieser Sachverhalte. Im Kontext unternehmerischer Entscheidungsprozesse werden diese Aussagen zu Mitteln der Planung, Steuerung und Kontrolle der von dem Basissystem durchzuführenden Transformationsprozesse sowie der zu diesem Zweck zwischen Unternehmung und Umwelt aufrechtzuerhaltenden energetischen, materiellen und informationellen Strömungsgrößen als auch der zwischen dem Basissystem und dem Informationssystem bestehenden informationellen Kopplungen. Das Ergebnis der hiermit verbundenen Entscheidungsprozesse hängt von der Qualität und der Menge der Informationen, die in das Informationssystem eingehen, und von den entsprechenden Informationstransformationen ab. Die Qualität der Ergebnisse wird letztlich durch die Struktur und die Art der Informationsprozesse, also durch die Funktionen des Informationssystems beeinflußt.

Eine Analyse der Struktur und der Funktion betrieblicher Systeme muß daher in logischer Konsequenz zu einer speziellen Untersuchung der betrieblichen Informationsbeziehungen führen. Mit Hilfe der Informationsbeziehungen lassen sich sämtliche betrieblichen Beziehungen erfassen; denn sowohl die energetischen und materiellen Beziehungen als auch die realen Informationsbeziehungen können über Informationen isomorph bzw. homomorph zum Zwecke der Aussagengewinnung über das System abgebildet werden (16). Eine systemtheoretisch orientierte Untersuchung betrieblicher Systeme muß des-

---

(16) Vgl. hierzu auch Mirow, Heinz Michael: Kybernetik, a. a. O., S. 25.

halb zwangsläufig an dem Informationssystem der Unternehmung ansetzen, und es kann dabei von den energetischen und materiellen Prozessen im betrieblichen Basissystem abstrahiert werden. Unter den möglichen Ansätzen zur Analyse betrieblicher Systeme aus systemtheoretischer Sicht sollen im folgenden zwei spezifische Ansätze, die an Struktur und Funktion anknüpfen und sich auf die Untersuchung des betrieblichen Informationssystems beziehen, diskutiert werden.

4.31 Möglichkeiten der Analyse betrieblicher Systeme

4. 311   Zur Problematik der Analyse offener Systeme

Bei der Beobachtung und Analyse offener Systeme wird die Komplementarität in der Erscheinung realer Wirkungssysteme mit Unbestimmtheitsbereichen oft übersehen, und die Schwierigkeiten, die hieraus resultieren, unterschätzt. Komplementarität in diesem Sinne liegt dann vor, wenn zwei notwendig zu beobachtende bzw. zu analysierende Größen, die zur Beschreibung eines offenen Systems notwendig sind, nicht gleichzeitig beobachtet bzw. analysiert werden können. Es liegt also ein Ausschließungsverhältnis vor. Wirkungssysteme sind demnach durch mindestens zwei simultan nicht entscheidbare Zustandsgrößen, also komplementäre Größen, gekennzeichnet, die zur gesamten Zustandsbeschreibung des zu analysierenden offenen Systems gehören. In diesem Sinne ist z. B. auch, wie schon ausgeführt wurde, die methodisch bedingte gedankliche Trennung zwischen Struktur und Funktion bei der Untersuchung von Organisationen zu verstehen, obwohl beide Phänomene ineinander übergehen und sich gegenseitig bedingen.

Durch die Wechselwirkung zwischen zu analysierendem System und Beobachter wird außerdem ein Eingriff in das System vorgenommen, wodurch die ursprünglich zu beobachtenden und unter Umständen zu messenden Zustände verändert und im Extremfall zerstört werden können, so daß die Objektivierung subjektiver Sachverhalte erschwert oder gar unmöglich wird. Offene Systeme, wie Unternehmungen und deren Teilsysteme, die letztlich mit Hilfe komplementärer Größen beschrieben werden müssen, können dann nur noch mit Hilfe statistischer Methoden erkannt werden. Dieser Sachverhalt ist auf den ganzheitlichen Charakter adaptiver offener Systeme zurückzuführen. Aus den vorgenannten Gründen wird verständlich, daß Aussagen über betriebliche Systeme und speziell über Informationssysteme sich derzeitig lediglich bis zur Stufe der Deskription erstrecken.

Es kann gegenwärtig weder von einer empirisch-kognitiven noch von einer praxeologischen Theorie der betrieblichen Informationsverarbeitung gesprochen werden, da kein System objektiver Aussagen vorliegt, welches imstande wäre, die Eigenschaften, Zustände und Verhaltensweisen betrieblicher Informationssysteme zu erklären und zu prognostizieren (17).

Voraussetzung für solche Prognosen wäre, daß die Zusammenhänge zwischen den Einflußgrößen einerseits und die Vor- und Nachteile alternativer Informationssysteme andererseits empirisch nachgewiesen und begründet werden könnten. Eine solche erfahrungswissenschaftliche Gestaltungsgrundlage ist jedoch zur Zeit - von wenigen, häufig widerspruchsvollen Einzelaussagen abgesehen - nicht vorhanden (18).

Da aber die Praxis gezwungen ist, trotz des Fehlens einer empirisch gesicherten Theorie als Basis für ihre Strukturierungsmaßnahmen betriebliche Informationssysteme zu gestalten, muß zunächst von vereinfachenden Annahmen ausgegangen werden. Dies geschieht gewöhnlich dadurch, daß der aufgabenlogische Aspekt betrieblicher Informationssysteme in den Vordergrund der Gestaltungsbemühungen gestellt wird (19) und die soziologischen und psychologischen Determinanten weitgehend vernachlässigt werden. Darüber hinaus wird zumeist auch hinsichtlich der internen Verhältnisse und der Umwelteinflüsse der Unternehmung von globalen Annahmen ausgegangen. Trotz dieser Vereinfachungen ergeben sich selbst bei der Behandlung aufgabenlogischer Fragen noch zahlreiche Schwierigkeiten vorwiegend methodischer Art (20). Sie werden besonders deutlich sichtbar, wenn Aufgabenstrukturen, die nach konventionellen Kriterien gegliedert und historisch gewachsen sind, zwecks Übernahme auf

---

(17)   Zu den Anforderungen, die vom Standpunkt der modernen Wissenschaftstheorie aus an eine Theorie zu stellen sind, vgl. im einzelnen Albert, Hans: Probleme der Theoriebildung. Entwicklung, Struktur und Anwendung sozialwissenschaftlicher Theorien. In: Theorie und Realität, hrsg. von Hans Albert, Tübingen 1964, S. 23 ff.

(18)   Vgl. Wild, Jürgen: Zur praktischen Bedeutung der Organisationstheorie. Zeitschrift für Betriebswirtschaft, 37. Jg. 1967, S. 567 - 592; Grochla, Erwin: Erkenntnisstand und Entwicklungstendenzen der Organisationstheorie, a.a.O., S. 1 - 22.

(19)   Vgl. Frese, Erich: Die hierarchische Struktur des Entscheidungssystems in der Unternehmung. Unveröffentlichte Habilitationsschrift, Köln 1970, S. 3 ff.

(20)   Vgl. hierzu auch Gagsch, Siegfried: Probleme der Subsystembildung in betrieblichen Informationssystemen. Arbeitsbericht 70/11 des Betriebswirtschaftlichen Instituts für Organisation und Automation an der Universität zu Köln, S. 5.

automatisierte Sachmittel und Sachmittelsysteme zu analysieren und zu modifizieren sind. Hierbei haben sich Modelle, in denen die logischen Aufgabenstrukturen betrieblicher Informationssysteme abgebildet werden, als brauchbare Ausgangsbasis für die Analyse und Modifizierung erwiesen.

4.312 Strukturelle und funktionale Betrachtung betrieblicher Systeme

Bei der Beobachtung und Analyse betrieblicher Systeme kann im einfachsten Fall von der Beschreibung der Elemente und deren Eigenschaften sowie der Beschreibung der Beziehungen zwischen den Elementen und zwischen den Elementen und der Umwelt ausgegangen werden. Es handelt sich hierbei um eine statisch-strukturelle Betrachtung, die sich zweckmäßigerweise an einer Input-Output-Betrachtung orientiert. Entsprechend dieser Vorgehensweise müssen zur Beschreibung und Analyse eines Informationssystems folgende Daten ermittelt werden (vgl. Abb. 15):

- Herkunft und Art der Input-Informationen (x_e)

- Bestimmungsort und Art der Output-Informationen (x_a)

- Transformationsprozesse - hier A und B -, die von den Elementen durchzuführen sind.

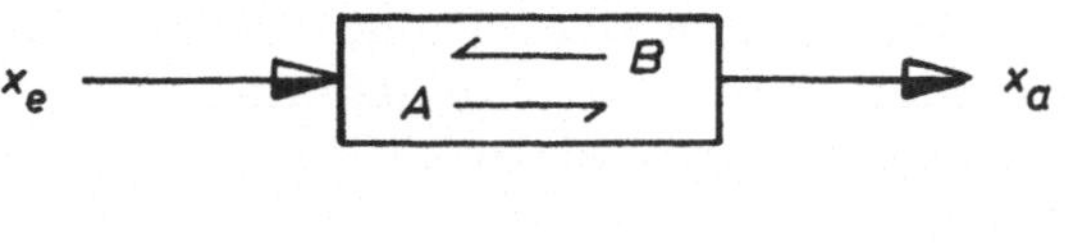

Abb. 15

Im Gegensatz zu der oben angedeuteten Vorgehensweise, die vorwiegend die statisch-strukturellen Eigenschaften offener Systeme berücksichtigt, stehen bei einer dynamisch-funktionalen Betrachtung, die zwar auch den strukturellen Aufbau mit berücksichtigt, die Beschreibung und Abbildung der Zustände und der Verhaltensweisen, die Behandlung von Stabilitätsfragen offener Systeme und die experimentelle Untersuchung von Anpassungs- und Regulationsprozessen im Mittelpunkt der Betrachtung. Hierbei sind insbesondere zwei Problemkomplexe zu unterscheiden. Zum einen handelt es sich darum, zeitlich veränderliche Informationsprozesse innerhalb von Informationssystemen zu untersuchen, deren Strukturen im Zeitablauf konstant gehalten werden können, und zum anderen sind zeitlich veränderliche Informationsprozesse in variablen Strukturen zu berücksichtigen. Das bedeutet, daß bei dieser Art der Betrachtung eine funktionale Verknüpfung der Größen erfolgen und die Dimension Zeit mit in die Untersuchung einbezogen werden muß (vgl. Abb. 16) (21).

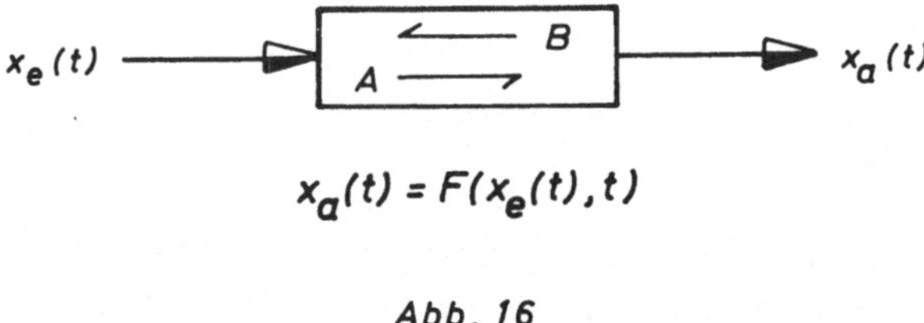

Abb. 16

4.313 Methodisches Vorgehen

Abgesehen von der Komplementarität der Erscheinungsform betrieblicher Systeme wirft die Untersuchung der Unternehmung eine Reihe weiterer methodischer Probleme hinsichtlich der strukturellen und funktionalen Analyse auf.

Ein grundlegendes Problem für das methodische Vorgehen bei der strukturellen und funktionalen Analyse betrieblicher Systeme ergibt sich daraus, daß die Durchführung von Experimenten in der Realität schwer möglich ist. Es müssen daher zum Zwecke des Experimentersatzes bei aller Problematik Modelle der jeweils zu untersuchenden betrieblichen Systeme bzw. Subsysteme entwickelt werden, die ein Experimentieren und gegebenenfalls die Überprüfung von Aussagen über das System der Unternehmung gestatten. Voraussetzung für die Konzipierung derartiger Modelle ist eine möglichst exakte Abbildung der in der Empirie anzutreffenden und zu untersuchenden Systeme. Hierbei stellt sich jedoch ein weiteres Problem. Es ergibt sich aus der Tatsache, daß Unternehmungen Ergebnisse menschlicher Gestaltungshandlungen sind, die infolge des mangelnden Wissens um die Grundlagen der Systemgestaltung zwangsläufig unvollkommen sind (22). So stellen die in der Realität vorhandenen Systeme im Normalfall zufällig entstandene, oft durch Tradition geprägte Lösungen dar, die nicht als Basis für eine allgemeingültige Beschreibung geeignet sind. Die Abbildung derartiger in der Realität anzutreffender Systeme besitzt daher zunächst nur einen geringen Aussagenwert, da sie lediglich als Feststellung möglicher Lösungsfor-

---

(21) Vgl. hierzu auch Mesarović, Mihajlo D.: Systems Theory and Biology - View of a Theoretician, a. a. O., S. 66; Wörterbuch der Kybernetik, hrsg. von Georg Klaus, a. a. O., S. 667 f.

(22) Vgl. Grochla, Erwin: Organisationstheorie. In: Handwörterbuch der Organisation, hrsg. von Erwin Grochla, Stuttgart 1969, Sp. 1249.

men angesehen werden kann. Der Wert solcher Ist-Aufnahmen zum Zwecke der Analyse betrieblicher Systeme kann demzufolge grundsätzlich nur heuristischer Art sein. In Form von Beschreibungsmodellen bietet aber die hierdurch gewonnene empirische Basis eine erste Grundlage für die logisch-deduktive Ableitung möglicher Gestaltungskriterien.

Unter Berücksichtigung der sich aus den oben genannten Problemen ergebenden spezifischen Anforderungen an das methodische Vorgehen bei der Analyse betrieblicher Systeme muß sich der Prozeß der Untersuchung betrieblicher Informationssysteme etwa folgendermaßen vollziehen:

-   Grundlage einer Analyse betrieblicher Systeme ist zunächst die Erhebung von in der Praxis realisierten Informationssystemen mit Hilfe der Input-Output-Betrachtung und die Entwicklung eines Beschreibungsmodells durch Aufbereitung und systematische Darstellung der in der Empirie gewonnenen Datenbasis.

Ein derartiges, an einer Ist-Aufnahme orientiertes Beschreibungsmodell darf keinesfalls als in der Praxis generell anwendbares Gesamtmodell des betrieblichen Informationssystems interpretiert werden, es kann lediglich zur Überprüfung der logischen Richtigkeit des Aufgabenzusammenhanges und als Basis für die weitere Analyse der Systemstruktur zum Zwecke der Gewinnung von Gestaltungskriterien dienen (23). Auf die Erstellung des Beschreibungsmodells folgt

-   die Analyse der Modellstruktur zum Zwecke der logisch-deduktiven Ableitung möglicher Gestaltungskriterien und die Umgestaltung des Modells unter Anwendung dieser gewonnenen Kriterien.

------

(23)   Im Gegensatz zu dem hier gewählten formalen Ansatz war die Zielsetzung des "Kölner Integrationsmodells" die Entwicklung eines allgemeingültigen Unternehmungsmodells der integrierten Datenverarbeitung als Grundlage für die Modellanalyse und die Gestaltung individueller Datenverarbeitungssysteme. Vgl. Grochla, Erwin: Die Integration der Datenverarbeitung. Durchführung anhand eines integrierten Unternehmungsmodells. Bürotechnik und Automation, März 1968, S. 8; Grochla, Erwin: Modelle als Instrumente der Unternehmungsführung. Zeitschrift für betriebswirtschaftliche Forschung, 21. Jg. 1969, S. 361 ff.; Grochla, Erwin: Die Gestaltung allgemeingültiger Anwendungsmodelle für die automatische Informationsverarbeitung in Wirtschaft und Verwaltung. Elektronische Datenverarbeitung, 11. Jg. 1970, S. 51 ff.

Ergebnis dieser Strategie ist dann ein empirisch fundiertes und auf der Basis analytisch gewonnener Gestaltungskriterien abgewandeltes Modell des Informationssystems. Inwieweit durch die vorgenommene Modifizierung des Modells eine Verbesserung realer Informationssysteme zu erzielen ist, kann in diesem Stadium allerdings noch nicht beurteilt werden. Vielmehr dient dieses Modell als Grundlage für weitere Untersuchungen, deren Ziel darin bestehen muß, empirisch überprüfte instrumentale Aussagen über die Gestaltungsmöglichkeiten betrieblicher Informationssysteme zu gewinnen. Hierfür wäre dann als weiterer Schritt

-    die Realisierung des modifizierten Modells zum Zwecke der empirischen Überprüfung seiner Verwertbarkeit in der Praxis erforderlich.

Im Rahmen der statisch-strukturellen und der dynamisch-funktionalen Betrachtung sind zur Analyse einer gewonnenen Modellstruktur zwecks Ableitung operationaler Gestaltungskriterien zusätzlich zu einer inhaltlich-qualitativen Analyse, die durch die Input-Output-Betrachtung aufbereitet wird, vor allem formal-quantitative Analyseverfahren notwendig, die unabhängig von der konkreten, inhaltlichen Ausprägungsform des zu analysierenden Systems sind. Bei dieser Form der Analyse sind dann die formalen, gegebenenfalls quantifizierbaren Eigenschaften, Zustände und Verhaltensweisen Gegenstand der Untersuchung.

Soweit derartige Analyseverfahren im Rahmen der betriebswirtschaftlichen Organisationstheorie entwickelt worden sind, wird ihre Verwendbarkeit vorwiegend an fiktiven Beispielen demonstriert. Hierdurch dürfte ihre Eignung für die analytische Behandlung komplexer Teil- oder Gesamtmodelle von Informationssystemen, die auf der Basis empirisch gewonnener Daten konzipiert sind, kaum unter Beweis gestellt sein. Ein Schwerpunkt zukünftiger modellanalytischer Untersuchungen muß darin bestehen, formale und/oder quantitative Analyseverfahren zu entwickeln, anhand derer Kriterien für die Strukturierung und Modifizierung empirisch fundierter Gesamtmodelle des betrieblichen Informationssystems ermittelt werden können.

4.32 Strukturelle Betrachtung betrieblicher Systeme

4. 321 Kriterien der Subsystembildung zum Zwecke der Modellmodifizierung

Wird den oben beschriebenen Stufen der Analyse betrieblicher Systeme gefolgt, so muß zunächst als Grundlage der strukturellen Betrachtung ein Beschreibungsmodell eines betrieblichen Informationssystems entwickelt werden. Die mit Hilfe einer Input-Output-Betrachtung in der Empirie erfaßten Daten repräsentieren dann, zu einem Modell zusammengefaßt (24), einen möglichen Ist-Zustand eines Informationssystems in Form eines ungegliederten Aufgabenzusammenhangs, der zweckmäßigerweise in Subsysteme zu gliedern ist. Nach der logischen Überprüfung der Richtigkeit des Aufgabenzusammenhangs und der sich daran anschließenden Gliederung und Modifizierung des gewonnenen Beschreibungsmodells wird eine Subsystembildung zweckmäßigerweise zunächst unter Nichtbeachtung der in der Realität anzutreffenden Subsysteme nach Plausibilitätskriterien vorgenommen. Aufgrund solcher Plausibilitätsüberlegungen können der Subsystembildung im Rahmen der Modellmodifizierung die folgenden Kriterien zugrundegelegt werden:

- Die Art der Information,

- der prozessuale Zusammenhang der Elemente bzw. Aktionseinheiten (25),

- die Dichte der Informationsbeziehungen.

Das erste Kriterium besagt, daß die Aktionseinheiten so zusammenzufassen sind, daß Subsysteme entstehen, die durch die Verarbeitung ganz bestimmter Informationskategorien, die entweder auf bestimmte Objekte oder auf bestimmte Verrichtungen bezogen sind, charakterisiert werden können. Die Entscheidung für eine objekt- oder verrichtungsorientierte Gliederung (Divisionalisierung oder Funktionalisierung) des Informationssystems oder für eine Kombinationsform (z. B. Matrixorganisation) muß jedoch vor einer Subsystembildung mit Hilfe formaler und quantitativer Methoden liegen. Bei dem zweiten Kriterium wird die Forderung aufgestellt, die Aktionseinheiten zu Subsystemen so zusammenzufassen, daß die von ihnen auszuführenden Aktionen in einem engen logischen Prozeßzusammenhang untereinander stehen. Während die ersten beiden Kriterien eine inhaltliche, qualitative Analyse der Elemente und der Informationsbeziehungen voraussetzen, wird bei dem dritten Kriterium vom Inhalt der die Beziehungen begründenden Informationen und den Aktionseinhei-

---

(24)   Zu den verschiedenen Formen und Modellen und deren Bedeutung für die Unternehmungsführung vgl. Grochla, Erwin: Modelle als Instrumente der Unternehmungsführung, a.a.O., S. 382 ff.

(25)   Vgl. zu diesem Begriff auch Wegner, Gertrud: Systemanalyse und Sachmitteleinsatz in der Betriebsorganisation, a.a.O., S. 47 f. Unter einer Aktionseinheit, die nach dem systemtheoretischen Konzept einem Element entspricht, wird hier ein nicht weiter zerlegter Komplex von Menschen und/oder Sachmitteln verstanden, der im Rahmen des gesamten betrieblichen Informationssystems eine definierte Aufgabe erfüllt.

ten abstrahiert, indem gefordert wird, daß diejenigen Aktionseinheiten zu Subsystemen zusammenzufassen sind, die eine große Beziehungsdichte untereinander aufweisen.

Jedes der Kriterien ist zwar eine mögliche, aber noch keine hinreichende Grundlage für die Abgrenzung und Bildung von Subsystemen. Insbesondere bedürfen die inhaltlich orientierten Kriterien einer Ergänzung durch formale, möglichst quantitativ erfaßbare Größen. Zum gegenwärtigen Zeitpunkt ist nur das formale Kriterium Dichte der Informationsbeziehungen einer Quantifizierung zugänglich und demnach zur Bildung von Subsystemen geeignet (26). Dieses Kriterium basiert auf folgender Annahme: Je größer der Beziehungsreichtum zwischen den Aktionseinheiten in allen Subsystemen und je geringer der Beziehungsreichtum zwischen den Subsystemen bei gleichbleibender Konnektivität des Gesamtsystems ist, desto besser strukturiert und damit effizienter ist das gesamte betriebliche Informationssystem.

Durch die vorgeschlagene Vorgehensweise wird demnach die gesamte Anzahl der Beziehungen zwischen den Elementen innerhalb aller Subsysteme erhöht und zwischen den Subsystemen verringert. Aus einer ungegliederten Struktur, also aus einem Aufgabenzusammenhang, der aus einer Ist-Analyse hervorgehen kann, sind dann die Subsysteme so zu konzipieren, daß die Beziehungen zwischen den Subsystemen möglichst minimiert und die Beziehungen innerhalb der Subsysteme maximiert werden. Bestehen schon Subsysteme, so sind diese zum Zwecke der Strukturverbesserung so umzugestalten, daß die gesamte Struktur diesem Kriterium genügt. Diese hier getroffene Annahme erfährt ihre Bestätigung aus dem Konzept der ultra- und multistabilen Systeme, bei dem Systeme nur dann genügend Anpassungsfähigkeit zeigen, wenn nur geringe Kopplungen zwischen den Subsystemen bestehen. Wird nach diesem Konzept vorgegangen, dann genügt das System bis zu einem gewissen Grade den Grundanforderungen, die an ein adaptives System zu stellen sind, um eine möglichst gute Anpassungsfähigkeit zu gewährleisten.

---

(26)   Zur Subsystembildung mit Hilfe formal-quantitativer Analyseverfahren vgl. Gagsch, Siegfried: Probleme der Subsystembildung in betrieblichen Informationssystemen, a. a. O. , S. 6ff. ; Gagsch, Siegfried: Probleme der Partition und Subsystembildung in betrieblichen Informationssystemen. In: Management-Informationssysteme. Eine Herausforderung an Forschung und Entwicklung, hrsg. von Erwin Grochla und Norbert Szyperski, Wiesbaden 1971, S. 623 ff.

Die in der oben angeführten Hypothese formulierte Aussage (27) ist zwar zunächst nur relativer Art, kann aber als erster Anhaltspunkt zur Umstrukturierung einer in der Empirie erhobenen Ausgangsbasis dienen. Nach den vorgenannten Kriterien können die Subsysteme aus einem vorliegenden Modell (Modell des Aufgabenzusammenhangs) gebildet und anschließend aufgrund der nachfolgenden Gliederung (vgl. S. 156 f. dieser Arbeit) zu verschiedenen Ebenen in einem Modell des Informationssystems zusammengefaßt werden, das den hierarchischen Aufbau des gesamten betrieblichen Informationssystems verdeutlicht. Darüber hinaus besteht prinzipiell die Möglichkeit, eine Komplexitätsskala für Subsysteme auf der Grundlage des Quotienten der effektiv bestehenden Beziehungen zwischen den Elementen zur Komplexität zu entwickeln, anhand derer dann Subsysteme entsprechend ihrer jeweiligen Komplexitätsgrade in verschiedene Ebenen des Gesamtsystems eingeordnet werden könnten. Diese Aussage beruht wiederum auf einer Annahme, die besagt, daß die Anzahl diskreter Beziehungen zwischen den Elementen der Subsysteme und zwischen den Subsystemen in einer Hierarchie von unten nach oben zunimmt, also der Komplexitätsgrad steigt.

4.322 Die Grundstruktur betrieblicher Informationssysteme

Im folgenden soll die Grundstruktur eines möglichen betrieblichen Informationssystems (28), die aus der Modifizierung eines an der Realität orientierten Beschreibungsmodells hervorgegangen ist, diskutiert werden, um daran den Aussagewert einer strukturellen Betrachtung aufzuzeigen. Unter Anwendung der oben genannten Kriterien für die Umstrukturierung des Informationssystems haben sich bei der Modellmodifizierung drei Grundtypen von Subsystemen ergeben, die in allen betrieblichen Informationssystemen, unabhängig von der individuellen Struktur der einzelnen Unternehmungen, anzutreffen sind. Der ersten Gruppe von Subsystemen, die vorwiegend Umweltinformationen verarbeiten, obliegt die Zielbildung und -anpassung für die gesamte Unternehmung. Die zweite Gruppe von Subsystemen induziert, steuert und kontrolliert die Prozesse der materiellen Leistungserstellung sowie die der Informationstransformation aufgrund der Zielvorgaben der erstgenannten Subsystemgruppe. Die dritte Gruppe von Subsystemen ist dadurch gekennzeichnet, daß sie

---

(27) Ähnlich auch Lutz, Theo; Beutler, H. : "Management Information Systems" (MIS). Begriffe und Konzeption für Management-Informationssysteme. IBM-Nachrichten, 18. Jg. 1968, S. 370.

(28) Dieses Modell des betrieblichen Informationssystems, das hier nur in seiner Grundstruktur skizziert werden kann, wurde im Rahmen eines von der DFG geförderten Forschungsauftrages am Seminar für Allgemeine Betriebswirtschaftslehre und Organisationslehre, Abt. Automationsforschung, entwickelt.

nur Informationen, die das betriebliche Basissystem betreffen, erfaßt, verarbeitet und an die übrigen Subsysteme oder an die Umwelt weiterleitet. Zwischen diesen drei Subsystementypen besteht ein funktionsbedingtes Über- und Unterordnungsverhältnis, das die hierarchische Struktur der Unternehmungsorganisation begründet. So lassen sich die hier entwickelten Subsystemtypen den folgenden drei Ebenen der betrieblichen Hierarchie zuordnen, wobei natürlich abhängig von der Unternehmungsgröße jede dieser Ebenen noch weiter unterteilt sein kann:

1. Ebene des Zielzusammenhangs
   a) Zielbildungsebene
   b) Obere Planungsebene
2. Untere Planungsebene
3. Ebene der Informationsbeschaffung und -aufbereitung
   (vgl. hierzu Abb. 17).

Die Subsysteme der Ebene des Zielzusammenhangs, die in Zielbildungsebene und obere Planungsebene gegliedert ist, sind zur Zeit nicht eindeutig zu determinieren; dagegen handelt es sich bei der unteren Planungsebene und der Ebene der Informationsbeschaffung und -aufbereitung um determinierbare Zusammenhänge.

Die in der Abbildung dargestellte Grundstruktur eines möglichen betrieblichen Informationssystems besteht aus 32 Subsystemen. Die jeweilige Benennung der auf den einzelnen Kreisen eingezeichneten und durch Nummern gekennzeichneten Subsysteme ist der Auflistung zu entnehmen, die sich in der unteren Hälfte der Abbildung 17 befindet. Mit Ausnahme der Subsysteme 1 - 7 entsprechen die Subsysteme den zugehörigen Blockdiagrammen (vgl. hierzu als Beispiel Abb. 18a und 18b und die Erläuterungen im Anhang) (29). Die Aktionseinheiten der einzelnen Subsysteme, die in Blockdiagrammen (z. B. Abb. 18a und 18b) aufgeführt sind, befinden sich auf den um die Subsysteme gelegten

---

(29)   Es empfiehlt sich bei der Darstellung von solchen Modellen, eine eindeutige, systematische Darstellungsweise zu verwenden. Von den verschiedenen zur Verfügung stehenden Darstellungsmethoden gewährleistet die graphische und hierbei insbesondere das Blockdiagramm eine detaillierte und dennoch übersichtliche und eindeutige Abbildung des Informationsverarbeitungssystems. Vgl. Buschardt, Dieter: Blockschaltbilder zur Darstellung betriebs-organisatorischer Systeme. Berlin 1968, S. 34 u. S. 43 ff. Eine Zusammenstellung graphischer Darstellungsweisen findet sich beispielsweise im "Leitfaden für graphische Ablaufdarstellungen in der Organisationsarbeit". Schriftenreihe Datenverarbeitung. Institut für Datenverarbeitung Dresden. Köln - Opladen 1969, S. 5, S. 77 und S. 187 ff.

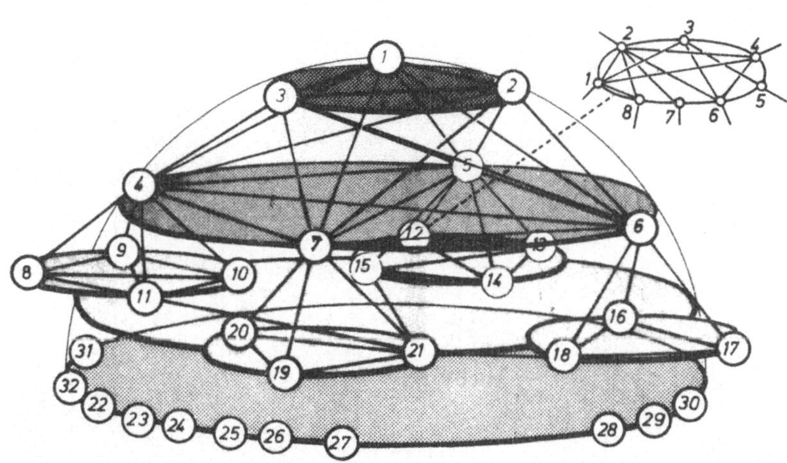

GRUNDSTRUKTUR DES INFORMATIONSSYSTEMS

Abb.: 17

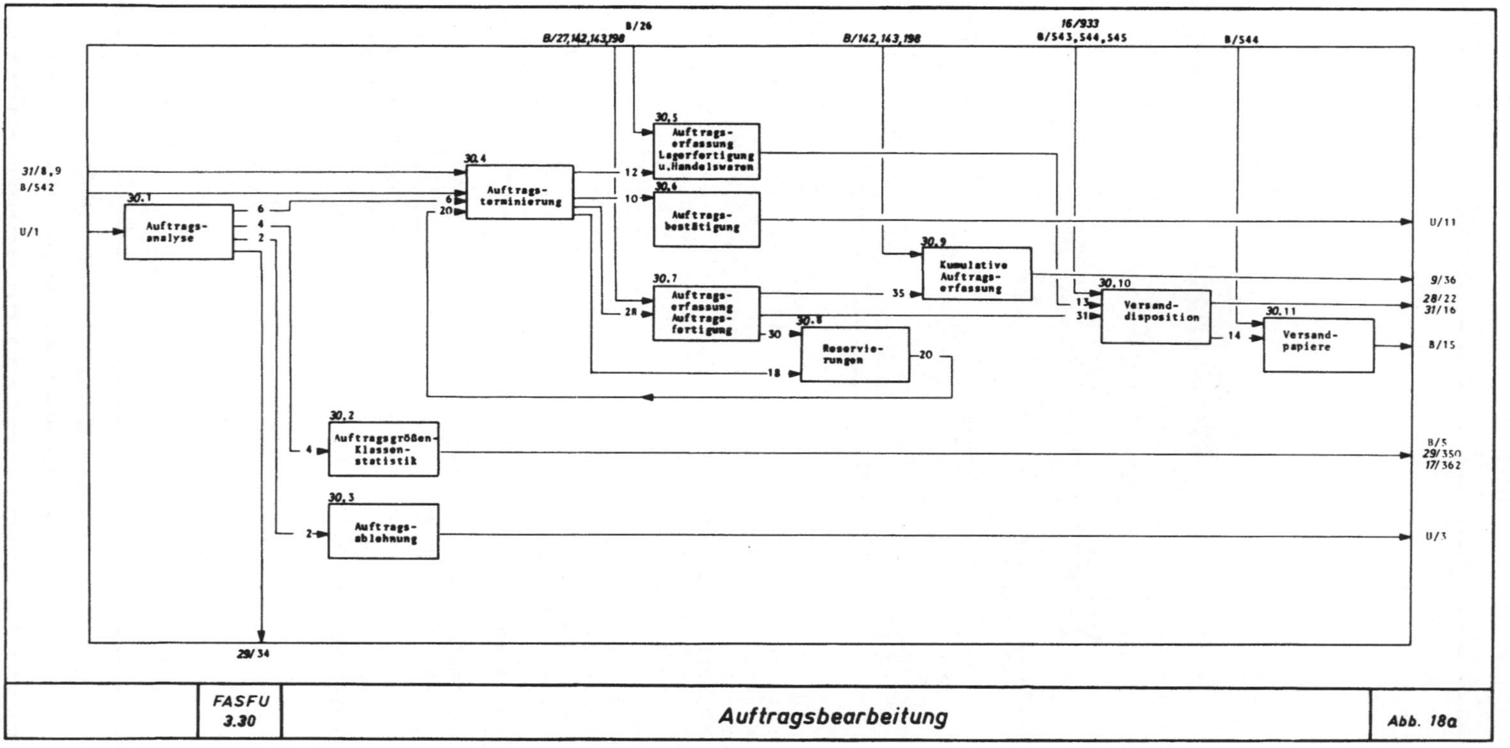

Auftrags-analyse
Auftrags-terminierung
Auftrags-erfassung Lagerfertigung u.Handelswaren
Auftrags-bestätigung
Auftrags-erfassung Auftragsfertigung
Reservie-rungen
Kumulative Auftrags-erfassung
Versand-disposition
Versand-papiere
Auftragsgrößen-Klassen-statistik
Auftrags-ablehnung
30.1
30.4
30.5
30.6
30.7
30.8
30.9
30.10
30.11
30.2
30.3
31/8,9
B/542
U/1
B/26
B/27,142,143,198
B/142,143,198
16/933
B/543,544,545
B/544
U/11
9/36
28/22
31/16
B/15
B/5
29/350
17/362
U/3
29/34
FASFU
3.30
Auftragsbearbeitung
Abb. 18a

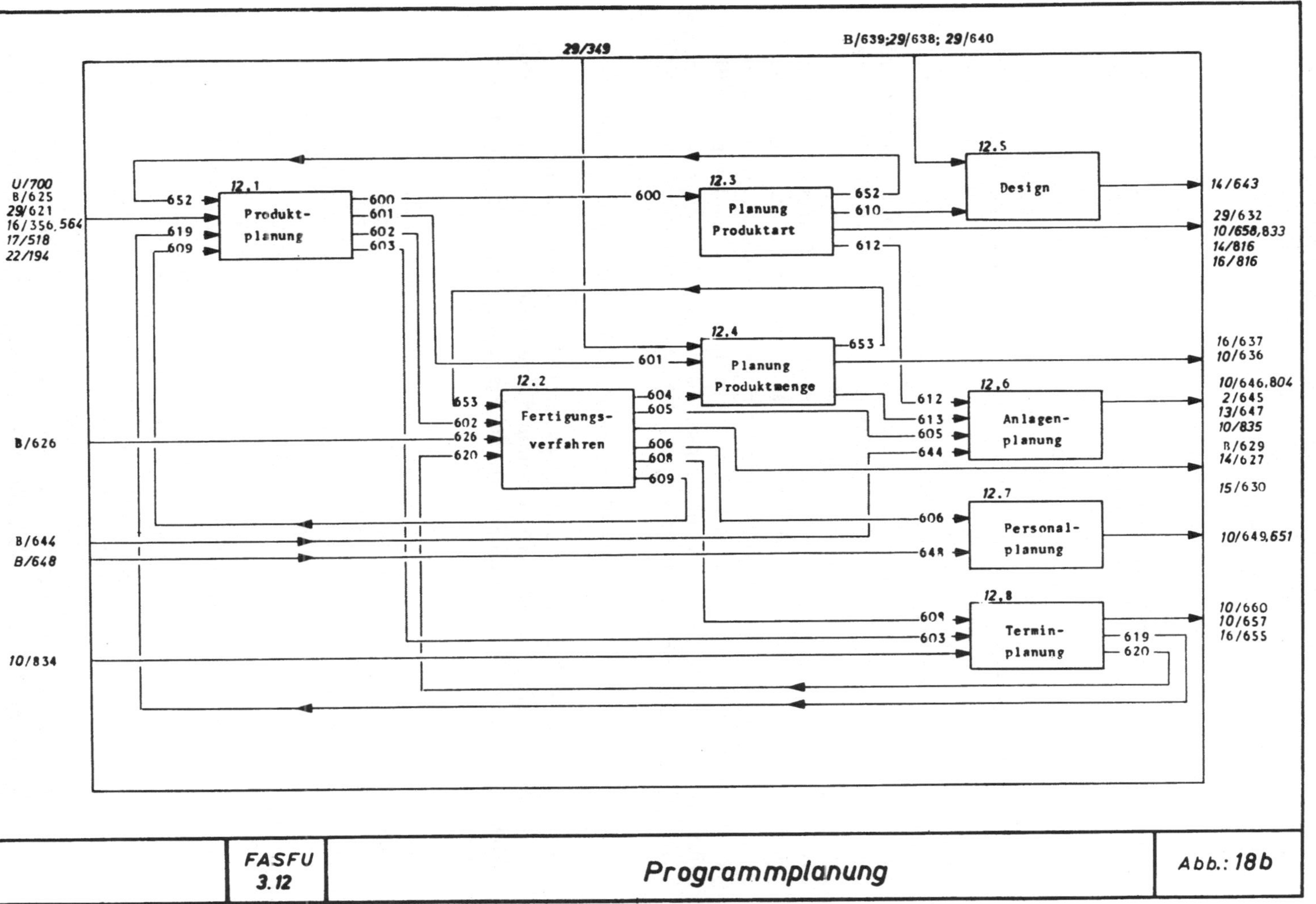

29/349
B/639; 29/638; 29/640
12.1 Produkt-planung
12.3 Planung Produktart
12.5 Design
12.4 Planung Produktmenge
12.2 Fertigungs-verfahren
12.6 Anlagen-planung
12.7 Personal-planung
12.8 Termin-planung
U/700
B/625
29/621
16/356, 564
17/518
22/194
B/626
B/644
B/648
10/834
14/643
29/632
10/658,833
14/816
16/816
16/637
10/636
10/646,804
2/645
13/647
10/835
B/629
14/627
15/630
10/649,651
10/660
10/657
16/655
FASFU 3.12
Programmplanung
Abb.: 18b

Kreisen, sind jedoch der Übersichtlichkeit halber - außer symbolisch
bei Subsystem 12 - nicht eingezeichnet.

Durch die in der Abb. 17 vorgenommene Anordnung (30) der Aktionseinheiten und Subsysteme auf Kreisen sollen die auf gleichen Infor-
mationsarten beruhenden starken Beziehungen zwischen den Aktionseinheiten und Subsystemen verdeutlicht werden, die für die funktional
bedingte hierarchische Gliederung des Gesamtsystems der betrieblichen Informationsverarbeitung charakteristisch sind. Die kleinsten
Kreise auf dem Schaubild stellen die Subsysteme dar; die in ihnen
enthaltenen Aktionseinheiten werden durch die um die Subsysteme
zentrierten Kreise symbolisiert. Diese Subsysteme repräsentieren
für sich gesehen bereits funktionsmäßig geschlossene Zusammenhänge. Die dichtesten Beziehungen liegen jeweils zwischen den zu
Subsystemen zusammengefaßten Aktionseinheiten sowie zwischen den
zu gleichen Ebenen zusammengefaßten Subsystemen vor. Letztere
stellen ebenfalls funktionsmäßig geschlossene Zusammenhänge dar.
Neben den horizontalen Beziehungen innerhalb der Subsysteme bzw.
der Ebenen bestehen außerdem zwischen artgleichen Aktionseinheiten und Subsystemen verschiedener Ebenen vertikale Beziehungen.
Hierbei handelt es sich vorwiegend um Leitungsbeziehungen, die
durch die Weiterleitung von Führungsgrößen im kybernetischen Sinne
sowie von Soll- und Ist-Meldungen begründet werden.

4. 3221 Die Subsysteme des Informationssystems

Die Ebene des Zielzusammenhangs umfaßt die Subsysteme 1 - 7;
sie kann hinsichtlich der Funktionen dieser Subsysteme noch in die
Ebene der Zielbildung und die obere Planungsebene unterteilt werden.

Während auf der Zielbildungsebene die generelle Zielfunktion der
Gesamtunternehmung festgelegt wird, besteht die Aufgabe der oberen Planungsebene hauptsächlich darin, bereichsspezifische, in ihrer
Struktur jedoch noch relativ globale Zielfunktionen zu erarbeiten.
Grundsätzlich treffen jedoch für beide Ebenen dieselben Merkmale
zu, und es sind lediglich graduelle Unterschiede - z.B. in den Komplexitätsgraden, in der Variabilitätsbreite und der Regulationsfähigkeit - festzustellen. Da die Funktionen der strukturbildenden Aktionseinheiten der Subsysteme der Ebene des Zielzusammenhanges von
den jeweils vorliegenden, durch betriebsinterne und/oder externe
Stimuli induzierten Aufgabenstellungen bestimmt werden und daher
weder zeitlich noch hinsichtlich ihres Prozeßverlaufs eindeutig fi-

---

(30) Vgl. zu der Form der Aufbereitung dieses Schaubildes Neer-
       gaard, Kurt v.: Die Aufgabe des 20. Jahrhunderts, a.a.O., S.
       76 ff.

xierbar sind, kann keine detaillierte Beschreibung der Funktionsstrukturen dieser Ebene gegeben werden. In Abhängigkeit von der
jeweiligen Aufgabenstellung ergeben sich spezifische Informations-
verarbeitungszusammenhänge, die im Verlaufe der Planungs- und
Entscheidungsprozesse einer Veränderung unterworfen sein können.
Zwischen den Aktionseinheiten und Subsystemen dieser Ebene ergeben sich dadurch wechselseitige Beziehungen, die in ihrer zeitlichen
Reihenfolge unterschiedliche Aktionseinheiten und Subsysteme beanspruchen. Hierbei bilden sich Informationskreisläufe heraus, die
häufig rückgekoppelt sind und kybernetische Systeme im Sinne der
primären Regulation darstellen. Aufgrund der unterschiedlichen funktionalen Interdependenzen, die sich je nach Art der Aufgabenstellung zwischen den Aktionseinheiten und Subsystemen ergeben, weist
die Zielbildungsebene, die aus systemtheoretischer Sicht den führenden Teil des Systems darstellt, einen hohen Komplexitäts- und
Variabilitätsgrad auf.

Auf der unteren Planungsebene werden die von der oberen Planungsebene entwickelten globalen Plangrößen für die verschiedenen Funk-
tionsbereiche der Unternehmung einer Detaillierung unterzogen. Dieser Prozeß der Plandetaillierung ist im Gegensatz zu den sich auf
den oberen Ebenen vollziehenden Prozessen weitgehend determiniert
und dementsprechend relativ starr. Zwischen den Subsystemen der
oberen Planungsebene und den dazugehörigen Subsystemen der unteren Planungsebene bestehen starke Interdependenzen, die in der Modellstruktur dadurch erfaßt werden, daß die Subsysteme der unteren
Planungsebene jeweils um das dazugehörige Subsystem der oberen
Planungsebene zentriert sind (vgl. z. B. die Anordnung der Subsysteme 16, 17 und 18 um Subsystem 6 in der Abbildung).

Die vier konzipierten Hauptbereiche Beschaffung, Produktion, Absatz und der nominale Bereich sind auf der unteren Planungsebene
durch die folgenden Schwerpunkte gekennzeichnet:

-   Den Kostenbereich, der die Kostenplanung, die Beschaffungs-
    kostenplanung, die Fertigungskostenplanung und die Absatzko-
    stenplanung umfaßt

-   Den primär umweltorientierten Bereich der Umsatzplanung,
    Programmplanung, Bestellplanung und Finanzplanung

-   Den primär innerbetrieblich orientierten Bereich, dem Be-
    darfs- und Bereitstellungsplanung, Fertigungsvollzugplanung,
    Planung der Produktionsbereitschaft und Gewinnplanung zuzu-
    ordnen sind.

Die Aufgabe der Subsysteme der Ebene der Informationsbeschaffung
und -aufbereitung, die als Abrechnungssysteme bezeichnet werden

können, besteht in erster Linie darin, Ist-Informationen über die
verschiedenen Bereiche des betrieblichen Basissystems zu erfassen
und zu verarbeiten. Die Informationsverarbeitungsprozesse sind auf
dieser Ebene weitgehend determiniert. Im Gegensatz zu den beiden
übergeordneten Ebenen ist die Anpassungsbreite auf dieser Ebene relativ gering, da hauptsächlich sekundäre Regulationen aufgrund fortschreitender Mechanisierung vorliegen. So können die Subsysteme
dieser Ebene Störungen, die die wesentlichen Variablen betreffen,
nicht selbst kompensieren. Es ist vielmehr das Eingreifen der übergeordneten Ebenen erforderlich, insbesondere dann, wenn den Störungen nur durch strukturverändernde Maßnahmen begegnet werden
kann.

4. 3222   Die Beziehungen zwischen den Subsystemen des Informa-
          tionssystems

Während die Subsysteme der Ebene des Zielzusammenhanges aufgrund der sich dort vollziehenden Prozesse in sporadischer Interaktion untereinander stehen müssen, sind vertikale Beziehungen zwischen diesen Ebenen und der unteren Planungsebene sowie der Ebene
der Informationsbeschaffung und -aufbereitung im Normalfall nur
zum Zwecke der Weiterleitung von Führungsgrößen, Sollinformatio-
nen sowie entsprechender Ist-Informationen erforderlich.

Da die auf den oberen Ebenen sich vollziehenden Prozesse größten-
teils indeterminiert sind, können auch die Beziehungen zwischen den
Subsystemen dieser Ebenen nicht festgelegt werden, da zu unterschiedlichen Zeitpunkten anfallende verschiedenartige Aufgabenstellungen, die auch von außen induziert sein können, entweder alle oder
nur einen Teil der Aktionseinheiten der oberen Ebenen in unterschiedlicher Art und Weise frequentieren können. Das bedeutet, daß eine
Analyse der Beziehungen in diesen Bereichen nur von den jeweils
anfallenden verschiedenartigen Aufgabenstellungen, die die einzelnen
Aktionseinheiten unterschiedlich beanspruchen, ausgehen kann. Die
jeweiligen Aufgabenstellungen induzieren Prozesse, die sich nach
Ausgangspunkt und Prozeßverlauf unterscheiden und somit äquifinalen
und/oder zweckstrebigen Charakter aufweisen. Diese Ebenen sind
daher im Vergleich zur unteren Planungsebene und zur Ebene der
Informationsbeschaffung und -aufbereitung durch höhere Freiheitsgrade gekennzeichnet.

Da die in dem gesamten betrieblichen Informationssystem ablaufenden Prozesse von dem Informationsstand der Aktionseinheiten sowie
von internen und/oder externen Störungen beeinflußt werden, können
sich unterschiedlich geartete Prozesse zwischen den Aktionseinheiten, den Subsystemen und den Ebenen ergeben. Es werden häufig
mehrere Informationsdurchläufe und Informationsbeschaffungspro-

zesse für die Präzisierung einer Entscheidung notwendig. Die dabei auftretenden horizontalen Rückkoppelungen zwischen den Aktionseinheiten und Subsystemen sowie die vertikalen Rückkoppelungen zwischen den Ebenen stellen isoliert betrachtet Regelkreise und in ihrer Gesamtheit vermaschte Regelkreise dar.

Bei den Informationsverarbeitungsprozessen der oberen Planungsebenen, die der gesamtbetrieblichen Anpassung dienen, liegt Primärregulation vor. Diese Prozesse, die Kreativität und Innovationen erzeugen, können auch als Lernprozesse interpretiert werden. Das gesamte organisatorische Regulationsgefüge stellt eine Hierarchie von horizontal und vertikal vermaschten Regelkreisen dar, in welcher höhere Einheiten die Führungsgrößen und Sollwerte bestimmter untergeordneter determinierter Regelsysteme mit dem Ziel verstellen, daß in den untergeordneten Systemen die determinierten Prozesse automatisch aufrecht erhalten werden können. Die Hierarchie dieser Regelkreise wirkt gewissermaßen wie ein Filter, durch das die Ungewißheit zukünftiger Ereignisse weitgehend absorbiert, und somit eine geringe Störanfälligkeit der untergeordneten, determinierten Prozesse trotz wirkender Störungen erreicht wird. Dies beruht darauf, daß im Ziel- und oberen Planungsbereich globale Sollgrößen erstellt werden und daß durch deren Detaillierung und laufende Verbesserung aufgrund von Anpassungsprozessen auf der unteren Planungs- und Realisationsebene detailliert festgelegte gesicherte Sollwerte vorliegen, die dann trotz interner und externer Störungen eine relative Kontinuität der Realisation gewährleisten.

4.323 Möglichkeiten und Grenzen der strukturellen Betrachtung

Der Aussagewert einer reinen strukturellen Betrachtung ist begrenzt und führt gegenwärtig - insbesondere aufgrund des Fehlens formal-quantitativer Analyseverfahren - nicht wesentlich über die modellmäßige Abbildung von Informationssystemen in der vorliegenden Form hinaus. Allerdings lassen sich aus derartigen Modellen durch formal-logische Ableitung bestimmte Folgerungen ziehen. So wurde im Rahmen der Modellkonzipierung beispielhaft versucht, zum einen das Prinzip der Dezentralisation und zum anderen das Prinzip der Zentralisation, sowohl von Verrichtungen als auch von Objekten, zu demonstrieren, obwohl insgesamt der Eindruck entstehen kann, es handle sich bei dem hier diskutierten Modellansatz um eine rein funktionale Gliederung. Eine Dezentralisation kommt z. B. bei der Kostenplanung dadurch zum Ausdruck, daß verrichtungsmäßig gleichartige Teilkostenplanungen ausgegliedert und den Bereichen Beschaffungsplanung, Produktionsplanung und Absatzplanung zugeordnet sind. Die in den ausgegliederten Bereichen erarbeiteten Plandaten werden in der zentralisierten Kostenplanung, die dem Nominalbereich zugeordnet ist, gesammelt, transformiert und an die übrigen

Bereiche der Nominalplanung weitergeleitet. Demgegenüber ist die Kostenrechnung, die anfallende Ist-Informationen erfaßt und verarbeitet, zentralisiert. Das Prinzip der Zentralisation nach Objekten ist z. B. bei der Bereitstellungsplanung realisiert, in der das für den gesamten Betrieb benötigte Material und Personal sowie die benötigten Anlagen geplant werden.

Die Möglichkeiten von objekt- und verrichtungsorientierter Zentralisation oder Dezentralisation finden ihren Ausdruck in verschiedenartigen Gliederungen der Subsysteme und stellen somit mögliche Formen der betrieblichen Realität dar. Spezielle Strukturformen wie etwa Divisionalisierung, Funktionalisierung oder Matrixorganisation können durch unterschiedliche Kombinationen der Subsysteme, die wiederum nach den Prinzipien der Zentralisation oder Dezentralisation gebildet werden, bedingt sein. Durch Anwendung dieser Prinzipien wird zwar der strukturelle institutionale Aufbau des betrieblichen Informationssystems beeinflußt; der logische Aufgabenzusammenhang zwischen den Aktionseinheiten der Subsysteme sowie zwischen den Subsystemen wird jedoch hierdurch grundsätzlich nicht berührt. Wird z. B. in einer Unternehmung, die die Objekte A, B und C fertigt, eine objektbezogene Dezentralisation vorgenommen, so werden sich die Grundstrukturen des Aufgabenzusammenhangs zwischen den Aktionseinheiten der betrieblichen Teilbereiche, die sich aufgrund der Dezentralisation ergeben, von der Beschaffung bis zum Absatz verrichtungsmäßig entsprechen. Der Unterschied zwischen objektbezogener Zentralisation und Dezentralisation besteht lediglich darin, daß bei der Dezentralisation nach Objekten die Informationen, die auf die Produkte A oder B oder C bezogen sind, jeweils für sich erfaßt und bearbeitet werden. Da der logische Aufgabenzusammenhang grundsätzlich erhalten bleibt, können auf der Grundlage eines solchen auf logische Richtigkeit geprüften Modells sowohl objektbezogene als auch verrichtungsbezogene Kombinationen dezentralisierter oder zentralisierter Gesamt- oder Teilbereiche der Unternehmung abgeleitet werden.

Weiterhin lassen sich anhand eines solchen Modells beispielsweise die Konsequenzen der Errichtung eines zentralen Informationsspeichers für die darauf abzustimmende Struktur der Informationsbeziehungen formal-logisch ermitteln. Die Funktion eines solchen Informationsspeichers könnte darin bestehen, sowohl Soll-Werte der Planungsebene als auch die auf der Ebene der Informationsbeschaffung und -aufbereitung erfaßten Ist-Informationen zu speichern und zu transformieren, um diese für die verschiedenen zukünftigen Zwecke bereitzuhalten. Dadurch ergäbe sich eine große Anzahl von Veränderungen bei den Informationsbeziehungen, die mit Hilfe des Modells logisch beurteilt werden könnten.

Die Konzipierung eines so verstandenen Informationsspeichers ist prinzipiell möglich. Ob und inwieweit jedoch die Funktionsfähigkeit des betrieblichen Informationssystems durch die Einrichtung eines Informationsspeichers verbessert werden kann, ist im Rahmen einer Modellbetrachtung nicht endgültig zu beurteilen. Allein in Anbetracht der Hardware- und Softwareprobleme sowie aufgrund der Probleme der Ermittlung des Informationsbedarfs der Aktionseinheiten und hier insbesondere der Aktionseinheiten der höheren Ebenen scheint sowohl die Entwicklung einer hinreichend theoretisch fundierten Detailkonzeption als auch die praktische Realisierung eines Informationsspeichers zum gegenwärtigen Zeitpunkt schwierig zu sein.

Die strukturelle Betrachtung erlaubt letztlich nur eine modellmäßige Abbildung von Systemen zum Zwecke der Darstellung der Systemzusammenhänge und der Durchführung gedanklicher Experimente. Da gegenwärtig noch keine Verfahren für eine systematische Analyse solcher Modelle vorhanden sind, erschöpft sich der Wert der strukturellen Betrachtung in der heuristischen Funktion. Die Probleme der wissenschaftlichen Untersuchung und der Gestaltung von Informationssystemen, bzw. betrieblicher Teil- oder Gesamtsysteme, können daher nicht allein durch eine statisch-strukturelle Betrachtung einer Lösung zugeführt werden. Vor allem kann aus dieser Sicht die dynamische Interaktion zwischen den betrieblichen Aktionseinheiten, Subsystemen und der Umwelt und das Zeitverhalten betrieblicher Systeme nicht erfaßt werden. Deshalb ist es zur Erkenntnisgewinnung über betriebliche Systeme erforderlich, die strukturelle Betrachtungsweise durch eine dynamisch-funktionale Betrachtung zu ergänzen (31).

4.33 Funktionale Betrachtung betrieblicher Systeme

4. 331 Grundlagen zu einer systemtheoretisch-kybernetischen Betrachtung der Unternehmung

Formal stellt die Unternehmung ein künstlich strukturiertes System dar, das sich aus Elementen zusammensetzt, zwischen denen neben strukturbezogenen Beziehungen aktive Wirkungsbeziehungen bestehen. Die Prozesse in der Unternehmung lassen sich als ein Zusammenwirken der Aktionseinheiten nach vorgegebenen Regeln erfassen, das auf eine spezifische Zielsetzung ausgerichtet ist. Diese Regeln

---

(31) Zur strukturellen und funktionalen Betrachtung vgl. Fuchs, Herbert: Basiskonzept zur Analyse und Gestaltung komplexer Informationssysteme. In: Management-Informationssysteme. Eine Herausforderung an Forschung und Entwicklung, hrsg. von Erwin Grochla und Norbert Szyperski, Wiesbaden 1971, S. 61 ff.

können einerseits Verfahrensregeln sein, die den Prozeßablauf determinieren und steuern, andererseits können sie Sollvorgaben darstellen, die z. B. bestimmte Produktions- oder Vertriebsziele festlegen. Weichen die aktuellen Werte von den Sollvorgaben ab, so können Mechanismen in Gang gesetzt werden, die sich als Regelungsvorgänge interpretieren lassen. Funktion und Struktur der Unternehmung lassen sich daher mit Hilfe des regelungstheoretischen und/oder kybernetischen Konzepts behandeln.

Wird die Unternehmung als wirtschaftliche Aktionseinheit im Gefüge der Gesamtwirtschaft aufgefaßt, so werden ihre Beziehungen zur Umwelt durch Austausch von Strömungsgrößen gekennzeichnet. Die Struktur des offenen Systems Unternehmung läßt sich aus seinem Aufgabenzusammenhang herleiten. Die Elemente innerhalb dieser Struktur werden - je nach Gliederungsmerkmalen und -tiefe - durch mehr oder weniger komplexe Subsysteme (Bereiche, Abteilungen, Gruppen) oder durch einzelne Aktionseinheiten (Menschen, Maschinen) repräsentiert. Der Beziehungszusammenhang innerhalb des Systems stellt sich z. B. als Material- oder Belegfluß oder als Kommunikationssystem zwischen Aktionseinheiten oder Subsystemen dar. Während Darstellungen des organisatorischen Aufbaus ein mehr oder weniger gutes Abbild der Struktur der Unternehmung geben, läßt sich demgegenüber der zeitliche Beziehungszusammenhang gegenwärtig nicht in einem integrierten Modell abbilden.

In der Literatur werden schon seit längerer Zeit Versuche unternommen, Aufbau und Wirkungsweise einer Unternehmung sowie volkswirtschaftliche Fragestellungen kybernetisch zu beschreiben und unter neuen Aspekten zu untersuchen (32). Dabei wird zum einen von einer globalen Betrachtung der gesamten Unternehmung ausgegangen und versucht, die Prozeßstruktur der Unternehmung als ein Netz vielfältig vermaschter Regelkreise zu interpretieren; zum anderen werden betriebliche Teilbereiche untersucht, die im Zuge fortschreitender Mechanisierung mit autonomen Regelungen ausgestattet sind. Dabei zeigt sich, daß einerseits Globalmodelle zu wenig detailliert sind, um daraus Schlußfolgerungen für die Gestaltung der betrieblichen Realität ableiten zu können, und daß andererseits die technisch realisierten Teilsysteme zu sehr auf Einzelprobleme ausgerichtet sind, als daß sie sich in ein Gesamtkonzept einfügen ließen. Obwohl in letzter Zeit verschiedene Versuche unternommen worden sind, einzelne betriebliche Teilbereiche in mathematischen Modellen

---

(32) Vgl. z. B. Tustin, Arnold: The Mechanism of Economic Systems. An Approach to the Problem of Economic Stabilization from the Point of View of Control-Systems Engineering. Melbourne - London - Toronto (1953); Volkswirtschaftliche Regelungsvorgänge im Vergleich zu Regelungsvorgängen in der

zu erfassen und durch Übertragungsfunktionen zu beschreiben (33), reicht jedoch das bisher vorliegende Material für realitätsbezogene Untersuchungen bei weitem noch nicht aus. Eine wesentliche Ursache dafür, daß bisher noch keine umfassenden und dennoch detaillierten kybernetischen Modelle für komplexe Systeme konzipiert werden konnten, ist hauptsächlich im Mangel an Information über die zu untersuchenden Systeme zu sehen.

4.3311 Formen der Regulation

Wird der Betrachtung von Systemen das behandelte Konzept der Allgemeinen Systemtheorie zugrunde gelegt, so lassen sich aufgrund der übereinstimmenden Interpretation von Fragen der Regulation in Kybernetik, Regelungstheorie und Allgemeiner Systemtheorie zahl-

---

Forts. Fußnote (32):

Technik. Hrsg. von H. Geyer und W. Oppelt, München (1957); Nürck, Robert: Unternehmungsführung - Ein Regelungsproblem. Betriebswirtschaftliche Forschung und Praxis, 12. Jg. 1960, S. 230 - 238; Nürck, Robert: Funktions- und strukturbedingte Regelungsmaßnahmen der Unternehmung. Zeitschrift für Betriebswirtschaft, 30. Jg. 1960, S. 744-756; Riester, W. F.: Organisation und Kybernetik, a. a. O. , S. 321-340; Blohm, Hans: Kybernetik und Planungsrechnung. Kostenrechnungspraxis, 1967, S. 29-30; Blohm, Hans: Kybernetisches Denken aus betriebswirtschaftlicher und betriebstechnischer Sicht. Rationalisierung, 18. Jg. 1967, S. 214-218; Blohm, Hans: Organisationstheorie und -praxis der Unternehmensführung. Rationalisierung; 19. Jg. 1968, S. 116-120.

(33) Vgl. Truninger, Paul: Die Theorie der Regelungstechnik als Hilfsmittel des Operations Research. Industrielle Organisation; 30. Jg. 1961, S. 475-480; Hamza, M. H. : Lagerhaltung als ein Regelungsproblem. Unternehmensforschung, Würzburg, 12. Jg. 1968, S. 121-132; Langen, Heinz: Der Betriebsprozeß in dynamischer Darstellung. Zeitschrift für Betriebswirtschaft; 38. Jg. 1968, S. 867-880; Edin, Robert: Übergangsfunktionen in betriebswirtschaftlichen Systemen. Zeitschrift für Betriebswirtschaft; 39. Jg. 1969, S. 569-584; Schiemenz, Bernd: Die Leistungsfähigkeit einfacher betrieblicher Entscheidungsprozesse mit Rückkopplung. Zeitschrift für Betriebswirtschaft; 41. Jg. 1971, S. 107-122. Zur allgemeinen Interpretation des Menschen als Regler vgl. Schmidtlein, Hubertus: Über den Wissensstand auf dem Forschungsgebiet "Regler Mensch". In: Jahrbuch der Wissenschaftlichen Gesellschaft für Raumfahrt e. V. 1963, Braunschweig 1964, S. 484-499; Bekey, G. A. : Discrete Models of the Human Operator in a Control System. In: Automatic and Remote Control. Proceedings of the 2nd Congress

reiche regelungstheoretische Untersuchungsmethoden verwenden. Besondere Bedeutung erlangen in diesem Zusammenhang Methoden der Untersuchung von Regelungsvorgängen in Mensch-Maschine-Systemen sowie Verfahren zur Analyse von Informationsverarbeitungsprozessen.

Die Aufgabe einer Regelung besteht darin, den Störungen, die ein System beeinflussen, entgegenzuwirken, mit dem Ziel, das System stabil, d. h. in einem vorgegebenen Gleichgewichtszustand zu halten. Auf interne und externe Störungen muß ein offenes System, sofern es einer Zielsetzung folgt, in bestimmter Weise reagieren können. Im allgemeinen können offene Systeme auf verschiedene Weise reagieren, d. h. die Zielsetzung auf verschiedenen Wegen erreichen. Dabei können einerseits Regelungsprozesse ablaufen, die lediglich die quantitativen Bestimmungsgrößen der Beziehungen zwischen den Elementen des Systems bzw. zwischen System und Umwelt aufgrund sekundärer Regulationen beeinflussen; andererseits kann bei primären Regulationsvorgängen auch die Struktur des Systems Veränderungen unterworfen werden.

Während für sekundäre Regulationen in dem oben aufgeführten Sinne bereits eine große Zahl von Veröffentlichungen vorliegt (34), sind primäre Regulationen, also Regulationen mittels Strukturveränderungen des Systems bisher nur wenig erforscht. Dies gilt vor allem für solche adaptiven Systeme, bei denen die Strukturveränderung zugleich eine Strukturoptimierung bewirken soll.

Im Rahmen sekundärer Regulationen, die bei technischen Prozessen üblich sind, kann durch entsprechende Auslegung des Steuer- oder

---

Forts. Fußnote (33):
of the IFAC. Basel 1963, S. 430-438; Brockhaus, R.: Probleme der Zusammenarbeit von Pilot und Regler bei der Landung moderner Flugzeuge. In: DFL-Mitteilungen 1967, Heft 6, S. 241-247; Schürger, K.; Schweizer, G.: Zuverlässigkeit und anthropotechnische Gesichtspunkte. In: Luftfahrttechnik-Raumfahrttechnik 1967, S. 175-179; Fiala, E.: Lenken von Kraftfahrzeugen als kybernetische Aufgabe. Automobiltechnische Zeitschrift, 1968, S. 156-162; Der Mensch als Regler. Hrsg. von W. Oppelt und G. Vossius. Berlin (1970).

(34) Vgl. z. B. Oppelt, Winfried: Kleines Handbuch technischer Regelvorgänge. 4. Aufl., Weinheim 1964; Volkswirtschaftliche Regelungsvorgänge im Vergleich zu Regelungsvorgängen in der Technik, a. a. O.; Samal, Erwin: Grundriß der praktischen Regelungstechnik. 7. Aufl., München - Wien 1967; Solodownikow, W. W.: Einführung in die statistische Dynamik linearer Regelungssysteme. München - Wien - Berlin 1963.

des Regelsystems die Bandbreite so festgelegt werden, daß das System für alle auftretenden relevanten Störungen stabilisiert werden kann. Voraussetzung für die Anwendung dieser Prinzipien ist, daß die Art der Störungen und die Bandbreite der Störungen a priori bekannt sind. Die sekundäre Regulation ist durch eine feste Struktur des Steuersystems oder des aus Regler und Regelstrecke bestehenden Systems gekennzeichnet. Nehmen die Störgrößen Werte an, die außerhalb der zugrunde gelegten Bandbreiten liegen, so läßt sich das System mit Hilfe einer solchen sekundären Regelung nicht mehr stabilisieren.

Eine grundsätzlich andere Form der Regelung läßt sich dann bewirken, wenn die Struktur des Systems, und dabei insbesondere die des Reglers, nicht festgelegt ist, sondern sich an die jeweiligen Erfordernisse anpassen kann.

Regulationsvorgänge aufgrund von Strukturveränderungen können unter verschiedenen Gesichtspunkten betrachtet werden. Im einfachsten Fall kann sich die Notwendigkeit ergeben, eine bestimmte Struktur durch Eingriffe von außen so zu modifizieren, daß die von dem System erwartete Funktion in irgend einer Form erfüllt werden kann. Liegt eine funktionsfähige Struktur vor, so kann sich weiterhin das Problem ergeben, dieses System durch Strukturveränderungen so zu modifizieren, daß die gewünschte Funktion optimal erfüllt wird. Besonders umfangreiche Probleme treten dann auf, wenn die Struktur des Systems automatisch durch das System selbst verändert werden soll. Solche adaptiven, lernfähigen Systeme sind bisher noch wenig erforscht, und es gibt kaum Ansätze für eine praktische Anwendung. In der Literatur (35) werden ausschließlich solche Möglichkeiten untersucht, bei denen das Steuerglied variabel gestaltet werden kann. Den hierfür entwickelten Algorithmen für die Optimierung liegen ausschließlich lineare Beziehungen zugrunde. Bei der Untersuchung der Möglichkeiten für eine automatische Strukturveränderung in der Unternehmung tritt als weiterer, die Forschungsarbeiten erschwerender Umstand, der Mangel an Information über die zu untersuchenden Systeme hinzu (36).

Werden die hier erörterten Zusammenhänge auf die Untersuchung betrieblicher Regelungsprozesse angewendet, so läßt sich die Aussage treffen, daß im Bereich der betrieblichen Leistungserstellung

---

(35)　Vgl. Ashby, W. Ross: Design for a Brain, a. a. O.; Tsien, H. S.: Technische Kybernetik. Stuttgart 1957; Emeljanow, S. V.: Automatische Regelsysteme mit veränderlicher Struktur. München - Wien 1969.

(36)　Vgl. Emeljanow, S. V.: Automatische Regelsysteme mit veränderlicher Struktur, a. a. O., S. 229 ff.

hauptsächlich sekundäre Regulationen vorherrschen. Die Fixpunkte einer Bandbreite im Bereich dieser Ebene können z. B. durch Fertigungskapazität, Transportkapazität oder Lagerkapazität festgelegt sein. Hierbei handelt es sich um Restriktionen, die die Bandbreite nach oben begrenzen; fixe Kosten können dagegen über den wirtschaftlich vertretbaren Beschäftigungsgrad die Bandbreite nach unten begrenzen. Treten Störungen von außen auf, die versuchen, den Betriebspunkt des Systems aus dieser Bandbreite herauszuschieben, so läßt sich das System mit den gegebenen Mitteln nicht mehr stabilisieren. In solchen Fällen muß eine Anpassung der ausschlaggebenden Größen der betroffenen Elemente - etwa Fertigungskapazität oder Finanzierungsmittel - vorgenommen werden, die den Aktionsbereich des Systems entweder in die Nähe eines neuen Betriebspunktes verschiebt oder die Bandbreite entsprechend vergrößert. In der Unternehmung sind daher grundsätzlich zwei verschiedene Möglichkeiten der Anpassung zu unterscheiden. Zum einen können neue Sollvorgaben bzw. Fixpunkte für die Bandbreiten ermittelt werden, und zum anderen besteht die Möglichkeit, Strukturen sowohl für das Informationssystem als auch für die Leistungserstellung zu entwickeln, die den veränderten Bedingungen entsprechen.

Bei der Untersuchung betrieblicher Systeme stehen hauptsächlich zwei Aspekte im Vordergrund. Einerseits soll eine Analyse bestehender Systeme Aufschluß über deren Aufbau und Wirkungsweise geben; andererseits sollen über eine Analyse zusätzliche Erkenntnisse ermittelt werden, die für die Schaffung neuer und besserer Strukturen nutzbringend angewendet werden können. Der zuletzt genannte Gesichtspunkt führt im allgemeinen auf Fragestellungen, bei denen die Veränderungen bestehender Strukturen im Mittelpunkt der Überlegungen stehen.

4.3312 Steuerung und Regelung

Die Wirkung der Steuerung ist auf das Erreichen eines gewünschten Zustandes bzw. Zieles ausgerichtet. Die Elemente eines Steuersystems sind hintereinander geschaltet. Dabei bestimmt das vorgeschaltete Element immer das Verhalten des nachfolgenden. E1 steuert E2, E2 steuert E3 usw., deshalb wird hier auch von Steuerketten gesprochen (37). Es liegt also eine lineare Kausalkette, eine offene Wirkungskette vor. Das System ist rückwirkungsfrei (vgl. Abb. 19).

---

(37) Zur Steuerung vgl. z. B. Oppelt, Winfried: Kleines Handbuch technischer Regelvorgänge, a. a. O. , S. 32 ff. ; Wörterbuch der Kybernetik, hrsg. von Georg Klaus, a. a. O. , S. 616 ff. ; Adam, Adolf; Helten, Elmar; Scholl, Friedrich: Kybernetische Modelle und Methoden. Einführung für Wirtschaftswissenschaftler. Köln - Opladen 1970, S. 118 ff.

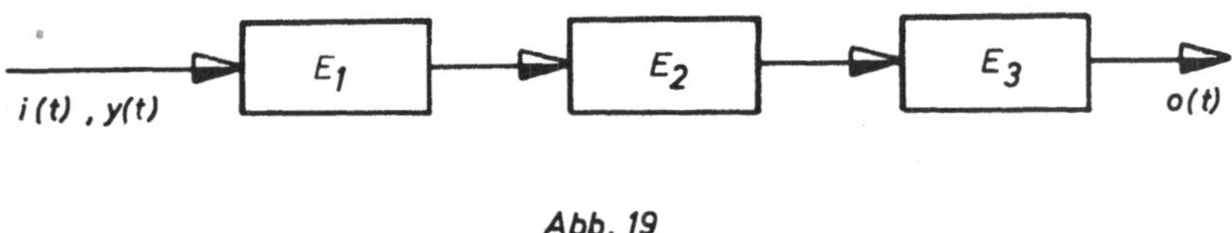

Abb. 19

Die Klasse der Störungen, die auf ein Steuersystem einwirken, muß
bekannt sein und das System danach konzipiert werden. Nicht erfaßte
Störgrößen (z) dürfen demnach das System nur vernachlässigbar
klein beeinflussen. Eingangsgrößen der Steuerkette sind die zu trans-
formierenden Inputs (i), die Stellgrößen (y) und solche Störgrößen,
die auf der Strecke angreifen. Eine Steuerkette muß also entsprechend den auf sie wirkenden Größen konzipiert werden.

Unter Steuerung ist demnach der Vorgang in einem offenen System
zu verstehen, bei dem eine oder mehrere Größen als Eingangsgrößen
(Input), andere Größen als Ausgangsgrößen (Output) aufgrund der dem
abgegrenzten System eigenen Gesetzmäßigkeiten beeinflussen.

Die Regelung ist eine besondere Form des Steuerns (38). Im Gegensatz zur linearen Kausalität des Steuervorganges besteht bei der Regelung in einem geschlossenen Wirkungskreislauf eine Wechselwirkung zwischen zwei Elementen, dem Regler und der Regelstrecke.
Ein Regelsystem besteht also aus zwei Blöcken, der regelnden Einrichtung, dem Regler, und dem zu regelnden Objekt, der Regelstrek-
ke (vgl. Abb. 20).

Auf dieses System wirken mehrere Größen,

-      die exogenen Größen: Führungsgröße (w) und Störgröße (z),

-      die endogenen Größen: Regelgröße (x) und Stellgröße (y).

Bei der Regelung wird dem System ein bestimmtes Ziel von außen
vorgegeben. Dieser Sollwert kann fest sein, er kann aber auch abhängig von einer anderen Größe in irgendeiner Form geändert werden. Die den Sollwert einer Regelung steuernde Größe wird als Führungsgröße bezeichnet. Die Verbindung zwischen Ausgang des Reg-

---

(38)   Zur Regelung vgl. Oppelt, Winfried: Kleines Handbuch techni-
       scher Regelvorgänge, a. a. O. , S. 15 ff.; Wörterbuch der Ky-
       bernetik, hrsg. von Georg Klaus, a. a. O. , S. 521 ff.; Adam,
       Adolf; Helten, Elmar; Scholl, Friedrich: Kybernetische Modelle
       und Methoden, a. a. O. , S. 120.

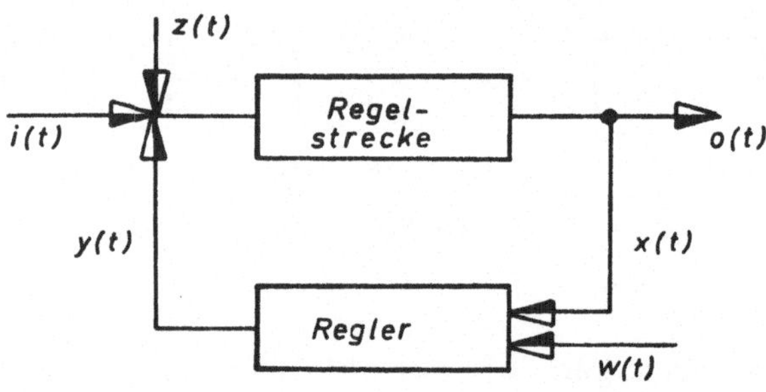

Abb. 20

lers und Eingang der Regelstrecke ist die Stellgröße. Die Größe,
die die Verbindung zwischen Regler und Regelstrecke in umgekehrter Richtung darstellt, ist die Regelgröße.

Ein Regelsystem muß in der Lage sein, Abweichungen der Regelgröße vom Sollwert auszugleichen. Um seinen eigenen jeweiligen Zustand erkennen zu können, bedarf das System einer gesonderten technischen Einrichtung, des Istwert-Fühlers, zur Messung des Ist-
Zustandes. Eine weitere Einrichtung des Systems vergleicht den
Sollwert mit dem Istwert und verarbeitet die Differenz dieser Werte
zu einer neuen Information, der Stellgröße.

Der durch die Führungsgröße eingestellte bzw. zu verstellende Sollwert wird dem Regler zugeführt. Dieser gibt eine Stellgröße an die
Regelstrecke weiter, deren Ausgang die Regelgröße ist, die dann
wieder auf den Eingang des Reglers wirkt. Auf das gesamte System
wirken Störungen ein, die das System aus dem Gleichgewicht bringen
können. Dies stellt der Istwert-Fühler fest und meldet den jeweiligen Zustand an den Regler zurück. Ausgang des Reglers ist die durch
Verarbeitung von Sollwert und Istwert gebildete neue Stellgröße, die
die Regelstrecke entsprechend der Störung verstellt, und zwar entgegengesetzt der Einwirkung der Störung. Dieser Vorgang wiederholt
sich solange, bis die Regelgröße gleich dem Sollwert ist. Ein Regelsystem ist somit durch negative oder kompensierende Rückkopplung
gekennzeichnet, durch die ein System stabilisiert werden kann.

Im Rahmen der Regelungstheorie werden weiterhin folgende Formen
der Regelung unterschieden, die abhängig vom Verhalten der Führungsgröße sind:

1. Festwertregelung
Die Führungsgröße ist bei der Festwertregelung eine Konstante und
wird nicht oder nur selten geändert. Der Regelkreis ist auf die möglichen eintretenden Störungen festgelegt (39). Es handelt sich um sekundäre Regulationen der determinierbaren Bereiche der Unternehmung, wie Leistungserstellung und determinierbare Informationsverarbeitungsprozesse (40).

2. Folgeregelung
Bei dieser Form der Regelung kann die Führungsgröße einer anderen Größe folgen oder geändert werden, und die Regelgröße folgt dann
ebenfalls der Führungsgröße (41). Bleibt die Führungsgröße konstant,
so geht die Folgeregelung in eine Festwertregelung über. Bei der
Folgeregelung kann zwischen Extremwertregelung, Selbsteinstel-
lungsregelung (adaptive control) und der Regelung selbststrukturie-
render Systeme (self-organizing systems) (42) unterschieden werden.

Die Extremwertregelung ist eine nichtlineare Regelung, bei der die
Regelgröße nicht einer fest vorgegebenen oder veränderlichen Sollgröße zustrebt, sondern einem Extremwert, also einem Maximum
oder einem Minimum (43). Bei selbsteinstellenden Systemen werden

---

(39) Vgl. Oppelt, Winfried: Kleines Handbuch technischer Regel-
      vorgänge, a. a. O. , S. 20; Wörterbuch der Kybernetik, a. a. O. ,
      S. 201.
(40) Vgl. Albach, Horst: Entscheidungsprozeß und Informationsfluß
      in der Unternehmungsorganisation. In: Organisation. TFB -
      Handbuchreihe, Bd. I, hrsg. von Erich Schnaufer und Klaus
      Agthe, Berlin - Baden-Baden (1961), S. 373; zur Festwertre-
      gelung vgl. auch die Beispiele bei Ulrich, Hans: Die Unterneh-
      mung als produktives soziales System, a. a. O. , S. 217 und S.
      218.
(41) Vgl. Oppelt, Winfried: Kleines Handbuch technischer Regelvor-
      gänge, a. a. O. , S. 20; Wörterbuch der Kybernetik, a. a. O. ,
      S. 204.
(42) Vgl. Self-Organizing Systems. Proceedings of an Interdisci-
      plinary Conference, 5. and 6. May, 1959, Hrsg. Marshall C.
      Yovits und Scott Camaron, Oxford - London - New York - Pa-
      ris 1960.
(43) Vgl. Oppelt, Winfried: Kleines Handbuch technischer Regel-
      vorgänge, a. a. O. , S. 651; Mesch, F. : Selbsttätige Optimie-
      rung in der Betriebswirtschaft - eine Einführung. Unterneh-
      mungsforschung. 1964, S. 204 - 215; Wörterbuch der Kyber-
      netik, a. a. O. , S. 193.

die Beiwerte der untergeordneten Regelsysteme von übergeordneten Regelsystemen ermittelt und verändert (44).

Selbststrukturierende Systeme oder selbstorganisierende Systeme zeichnen sich durch die höchste Form primär regulierender Systeme aus. Solche Systeme können zum Zwecke der Anpassung an sich ändernde Umweltbedingungen ihre Struktur ändern und Beschädigungen regulieren (45). Über die Gesetzmäßigkeiten, die solchen Systemen zugrunde liegen, können aber heute noch keine verbindlichen Aussagen getroffen werden.

Aus dem Überblick über die Formen der Regelung, die im Rahmen der Regelungstheorie unterschieden werden, ergibt sich, daß sich sowohl die Interpretation der Regulationsprozesse der Allgemeinen Systemtheorie und die der Ashby'schen Modelle als auch die der Regelungstheorie weitgehend entsprechen.

4.3313 Die Untersuchung von Regelungsvorgängen in der Unternehmung

Die Untersuchung betrieblicher Regelungsvorgänge kann auf zwei Arten durchgeführt werden. Einmal kann die Unternehmung in ihrer Gesamtheit betrachtet und hierfür Modelle entwickelt werden, die die Gesamtzusammenhänge abbilden. Zum anderen kann die kybernetische Untersuchung an Modellen für Teilsysteme ansetzen.

Eine quantitative Beschreibung globaler Gesamtmodelle bereitet - abgesehen von deren begrenztem Aussagewert - erhebliche Schwierigkeiten. Die Gründe hierfür liegen vor allem darin, daß die Elemente solcher Gesamtmodelle kompliziert gekoppelt und deshalb schwer beschreibbar und daß diese Elemente zumeist noch unbekannten Regelungsprozessen unterworfen sind. Ein Modell der gesamten Unternehmung würde sich als komplexes System vielfältig vermaschter Regelkreise darstellen, dessen exakte wissenschaftliche Behandlung zur Zeit illusorisch ist. Werden gegenwärtig in der Literatur dennoch Gesamtmodelle der Unternehmung kybernetisch beschrieben, so wird in diesen Arbeiten vor allem die Anwendbarkeit kybernetischer Begriffe nachgewiesen und eine Demonstration kybernetischer Zusammenhänge versucht, ohne daß jedoch quantitative Aussagen gemacht werden.

---

(44) Vgl. Oppelt, Winfried: Kleines Handbuch technischer Regelvorgänge, a.a.O., S. 651; Wörterbuch der Kybernetik, a.a.O., S. 556.

(45) Vgl. Oppelt, Winfried: Kleines Handbuch technischer Regelvorgänge, a.a.O., S. 651; Wörterbuch der Kybernetik, a.a.O., S. 556.

Die quantitative Erfassung komplexer Gesamtsysteme in einem geschlossenen Lösungsansatz ist zur Zeit noch nicht möglich und wahrscheinlich auch nicht zweckmäßig. Gegenüber der Analyse von Gesamtmodellen bietet nämlich die Vorgehensweise, Teilmodelle zu untersuchen, den Vorteil, daß die Verhaltensweisen der Elemente oder Subsysteme bereits weitgehend erforscht sind und sich danach ein Gesamtmodell realistischer gestalten läßt. Voraussetzung einer solchen Untersuchung ist also die Zerlegung komplexer Systeme in Subsysteme. Dadurch kann einerseits die Zahl der Variablen auf ein Maß beschränkt werden, das dann mit den zur Verfügung stehenden Mitteln zu bewältigen ist. Andererseits ergeben sich jedoch erhebliche instrumentale Probleme bei der Aufteilung eines Gesamtsystems in Subsysteme.

Es läßt sich an Einzelbeispielen zeigen, daß in der Unternehmung, ebenso wie in Organismen, eine Zentrierung von Elementen um führende Teile zu beobachten ist. Solche führenden Teile sind in der Unternehmung die Entscheidungsträger, die die um sie zentrierten und ihnen untergeordneten Elemente steuern. Bei der Analyse des Informationssystems ist es deshalb sinnvoll, eine Zerlegung in Subsysteme nach führenden Teilen vorzunehmen, die nach der Zahl ihrer Elemente und Beziehungen überschaubar sind. Wird hypothetisch eine Hierarchie von Regelkreisen bei einem Informationssystem unterstellt, so würde eine Subsystembildung in der Vertikalen erfolgen müssen, da mehrere Regelkreise analog den Ebenen des vorher diskutierten Modells die ihnen untergeordneten Systeme regeln (vgl. Abb. 21).

Es kann im allgemeinen davon ausgegangen werden, daß eine Zerlegung in Subsysteme für die weitere Untersuchung um so günstiger sein wird, je geringer die Zahl der nach außen führenden Beziehungen im Verhältnis zur Zahl der internen Beziehungen des zu untersuchenden Subsystems ist. Die zu bildenden Subsysteme müssen jedoch als offene Systeme konzipiert werden, die mit anderen Subsystemen des Gesamtsystems und mit der Umwelt in Beziehung stehen können. Im einfachsten Fall wird ein solches Subsystem eine Steuerkette oder ein Regelkreis mit nur einem Regler und einer Regelstrecke sein; in den meisten Fällen werden Subsysteme - ähnlich wie das Gesamtsystem - Systeme vermaschter Regelkreise, also Regelkreishierarchien darstellen.

Im Zusammenhang mit den Überlegungen zur Subsystembildung kann eine Parallele zu der strukturellen Betrachtung gezogen werden, bei der die Subsystembildung unter anderen Kriterien vorgenommen wurde. Im Gegensatz zu den dort gewählten Kriterien wird die Subsystembildung jetzt unter dem Aspekt der Regelungsvorgänge betrachtet, der ergänzend zu den vorher erwähnten Kriterien treten kann.

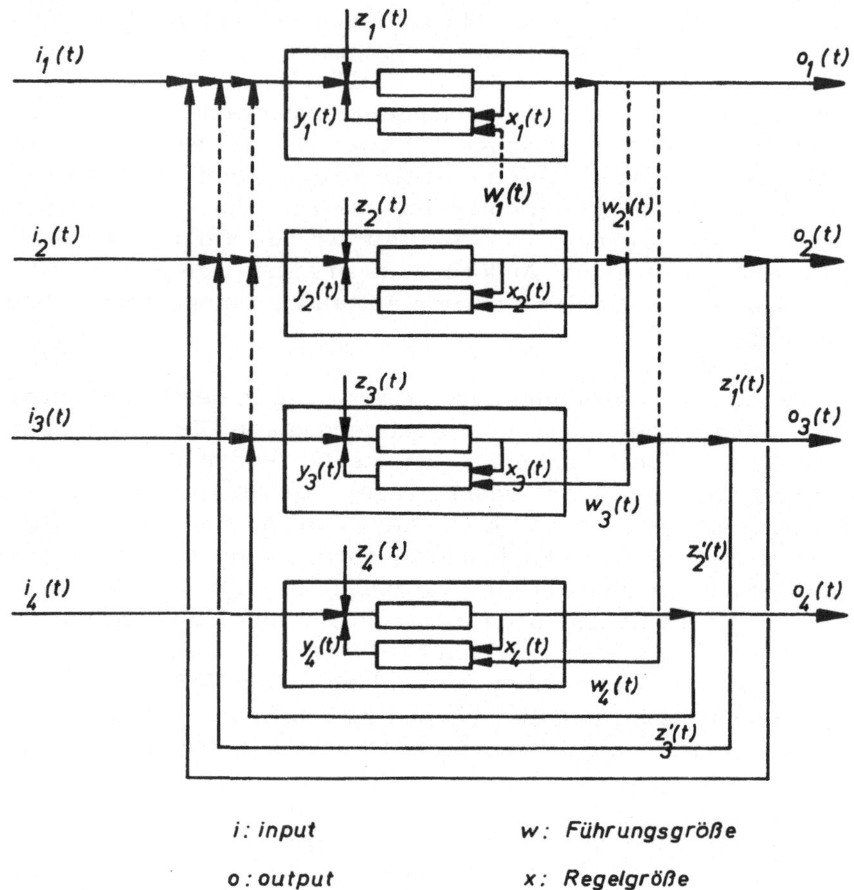

Abb. 21

Hierbei ergibt sich eine Verbindung zu den Formen der Folgeregelung. Diese beinhaltet, daß übergeordnete Regelkreise untergeordnete Regelkreise über Führungsgrößen steuern, und zwar so, daß die Funktionsfähigkeit einer Regelkreishierarchie - trotz Einwirkung beliebiger Störungen - aufrechterhalten werden kann.

Die Regelsysteme der unteren Planungsebene und der Ebene der Informationsbeschaffung und -aufbereitung sind einer Analyse und Determinierung zugänglich. Demgegenüber müssen die in der Realität existierenden Regelkreise der Ebene der Zielbildung und die der oberen Planungsebene dem zur Zeit indeterminierbaren Bereich zugeordnet werden. In diesen Bereichen basieren die Zielbildungs- und Anpassungsvorgänge hauptsächlich auf Lernprozessen aufgrund von Störungen aus der Umwelt und der vorgegebenen Mittelsituation. Es erhebt sich hierbei die grundsätzliche Frage, ob es möglich ist, über die Führungsgrößen, d. h. über die aus dem indeterminierten Bereich in den determinierten Bereich wirkenden Eingriffe, die erfaßbar und determinierbar sind, Schlüsse auf die Zusammenhänge der oberen Ebene zu ziehen. An dieser Stelle sei an das Modell informationsverarbeitender Prozesse erinnert, bei dem Störungen, die positive Entropie im System erzeugen, durch Einfuhr eines mindestens gleich großen Betrages an negativer Entropie beseitigt werden können.

Aufgrund der geschilderten Zusammenhänge kann die Unternehmung als ein selbst-organisierendes System interpretiert werden, das aus vermaschten Regelkreisen aufgebaut ist, die eine Hierarchie bilden, wobei in der Abbildung nur ein vertikaler Zweig berücksichtigt wurde. Auf der Ebene der Zielbildung entfällt eine vorgegebene Führungsgröße, da hier das die anderen Systeme regelnde Element die Führungsgröße entsprechend der Umweltsituation, den auftretenden Störungen und der gegebenen Mittelsituation selbst - oft aufgrund von Lernprozessen - erarbeiten muß. Dieser Transformationsprozeß wird in dem obersten Block vollzogen, der dann bei einer streng hierarchischen Ordnung die erarbeitete Führungsgröße an die nächst untergeordnete Ebene weitergibt. Bei einer Auflockerung des streng hierarchischen Prinzips - was unter bestimmten Umständen zweckmäßig sein kann - ist auch ein direkter Zugriff zu den tieferen Ebenen möglich, was in der Abbildung durch gestrichelte Linien gekennzeichnet ist. Die Prozesse der oberen Planungsebene laufen aufgrund der von der Zielbildungsebene vorgegebenen Führungsgrößen solange selbsttätig ab, bis Störungen aus der Umwelt oder aus dem System selbst auf die wesentlichen Variablen wirken und einen Rückgriff zur Zielbildungsebene notwendig machen. Diese erarbeitet dann aufgrund der gemeldeten Störung, die nicht mehr von der untergeordneten Ebene ausgeglichen werden kann, neue Zielvorgaben, um sie an die ihr untergeordnete Ebene oder an die speziell betroffene tiefer eingeordnete Ebene weiterzugeben. Der gleiche Prozeß vollzieht sich auf der dritten und vierten Ebene. Bei auftretenden Störungen erfolgt je nach der Intensität der Störung bezüglich der wesentlichen Variablen eine Rückmeldung von der betroffenen unteren Ebene an die nächsthöheren Ebenen bzw. bis hin zur höchsten Ebene, je nachdem, in welchen Zuständigkeitsbereich die Störung fällt. Bei diesem hier geschilderten Zusammenhang liegen die typischen Fälle der Folgeregelungen vor, die - wie an anderer Stelle bereits ausgeführt wurde - den Modellen der Ultra- und Multistabilität sowie der primären Regulation analog und für die Unternehmung repräsentativ sind.

4.3314 Möglichkeiten der Interpretation systemtheoretisch-kybernetischer Modelle betrieblicher Systeme

Eine aussagefähige Interpretation systemtheoretisch-kybernetischer Modelle muß sich auf eine detaillierte quantitative Analyse realer Systeme stützen; eine rein verbale Beschreibung kann nur zu beschränkten Aussagen führen. Um ein reales System in einem Modell abzubilden, ist die Transformation der Maßgrößen des realen Systems in das Modell erforderlich. Wegen der Schwierigkeiten bei der Wahl der Maßgrößen in Informationssystemen kann zunächst lediglich eine Interpretation vorgenommen werden, die sich an Mengen- oder an Werteinheiten orientiert.

Für die Abbildung eines realen Modells, z. B. mit Hilfe eines Analogrechners, ist eine Transformation der realen Maßgrößen in die entsprechenden elektrischen Größen erforderlich. Sofern die Beziehungen im realen Modell sich in physikalischen Einheiten messen lassen, ist die Umrechnung unproblematisch, da sich z. B. die Einheiten für Mengenströme (kg, kg/sec, m^3) leicht transformieren lassen. Ähnlich kann bei betriebswirtschaftlichen Größen verfahren werden, wenn sie einer einheitlichen Bewertung zugänglich sind, wie etwa Kosten, Erlöse, Einnahmen und Ausgaben. Selbst solche Größen, die je nach Auffassung nach unterschiedlichen Bewertungsverfahren ermittelt werden, wie z. B. Abschreibungen, lassen sich - wegen des exakten Wertmaßstabes - in einem Modell abbilden. Demgegenüber sind oftmals solche Informationen nicht eindeutig zu bewerten, die beispielsweise die Marktchancen eines neuen Produktes oder den Erfolg einer Umorganisation in einem bestimmten Bereich der Unternehmung kennzeichnen. In anderen Fällen läßt sich eine Bewertung nur vornehmen, wenn über andere Faktoren und deren Verknüpfung bestimmte Annahmen über das Verhalten des Systems gemacht werden. Bei einer Kapazitätserweiterung durch Verfahrenswechsel mit höheren Fixkosten und niedrigeren Grenzkosten kann eine Bewertung erst dann vorgenommen werden, wenn z. B. auch die Absatzmöglichkeiten für das zu fertigende Produkt bekannt oder zu prognostizieren sind.

Die Messung physikalischer Größen ist aufgrund vorhandener Maßgrößen und Maßeinheiten möglich. Für die Messung von Informationen wird die Einheit bit verwendet; doch läßt sich eine sinnvolle Anwendung dieser Maßeinheit nur dann vornehmen, wenn sich eine Information auf Ja-Nein-Entscheidungen reduzieren läßt. Bei sehr komplexen Informationen, die zusätzlich noch durch pragmatischen Inhalt gekennzeichnet sind, ist diese Voraussetzung nicht gegeben. Es bedarf noch weiterer Untersuchungen darüber, in welcher Weise solche Informationen dennoch quantifiziert werden können. Dabei kann zunächst davon ausgegangen werden, daß die Maßeinheit aus dem

Zielzusammenhang des jeweiligen Subsystems abzuleiten ist. Dieser Annahme liegt die Hypothese zugrunde, daß Informationen mit pragmatischem Gehalt innerhalb oder außerhalb des zu untersuchenden Systems zunächst Transformationen unterzogen werden müssen, ehe sie für das gegebene Subsystem einen Bedeutungsgehalt gewinnen.

Solche Informationen können nicht unmittelbar in den zu untersuchenden Beziehungszusammenhang eines Systems eingebracht werden, da sie zuvor einer Transformation unterzogen werden müssen, durch die dann ihr Bedeutungsgehalt für das System relevant wird. Diese Transformation kann durch verschiedene Parameter bestimmt sein, und eine Veränderung solcher Transformationsparameter bewirkt eine Veränderung des jeweils aktuellen Informationsgehalts der bis dahin quasi neutralen Information. So wird im oben angeführten Beispiel der Kapazitätserweiterung diese Information durch den Empfänger der Information einer Transformation unterzogen. Dabei stellen die pragmatischen Beurteilungskriterien für die zukünftigen Absatzmöglichkeiten die Transformationsparameter dar. Geht die Information einem anderen Empfänger mit einer anderen Zielsetzung zu, so kann dieser - bei anderen Transformationsparametern - durchaus zu einer anderen Bewertung derselben Ausgangsinformation gelangen. Die Transformation stellt also die Verknüpfung der syntaktischen mit der pragmatischen Dimension der Information dar. Kennzeichnend für die Transformation der pragmatisch zu verwertenden Information ist die Verknüpfung der Parameter der Informationstransformation mit dem dieser Variablen beigelegten Informationsgehalt.

4.332 Die Analyse betrieblicher Systeme mit Hilfe von regelungstheoretischen Methoden

Bei der Analyse betrieblicher Systeme mit Hilfe der Instrumentarien der Regelungstheorie steht das Zeitverhalten von Systemen im Mittelpunkt der Betrachtung. Für die Analyse des Zeitverhaltens offener Systeme sind regelungstechnische Ansätze geeignet. Es wird das Zusammenwirken der Elemente im Zeitablauf betrachtet, und es stehen Probleme der Stabilität von Steuerungen und Regelungen und die Verfahren für deren Untersuchung im Vordergrund des Interesses. Voraussetzung für die Anwendung regelungstheoretischer bzw. kybernetischer Darstellungs- und Untersuchungsverfahren ist bei der Untersuchung betrieblicher Systeme die Formulierung des Strukturzusammenhanges in Form von Differenzengleichungen, Differentialgleichungen bzw. Differentialgleichungs-Systemen.

In der Regel werden solche systemtheoretisch-kybernetischen Analysen von vorgegebenen Prämissen, wie Systemstruktur und Umweltbeziehungen, auszugehen haben und der Ermittlung einer Regelcharakteristik dienen, die die gegebene Zielsetzung zu verwirklichen gestattet. Damit kann auch eine Veränderung der Struktur des Reglers oder der Regelstrecke verbunden sein, wenn das gewünschte Ergebnis durch Veränderungen der Bandbreite einzelner Elemente nicht mehr erzielt werden kann. Die Methoden zur Analyse steuernder und regelnder Systeme werden in der Regelungstheorie unter dem Begriff Systemidentifikation (46) zusammengefaßt.

4.3321 Systemidentifikation

Für die Systemidentifikation, die als effizientes Analyseverfahren im Rahmen der Systemanalyse anzusehen ist, gelten ganz allgemein die formalen Stufen der Systemanalyse. Untersuchungen und Analysen an realen Systemen, die gesteuert oder geregelt werden oder an deren Modellen als homomorphen Abbildern realer Systeme zum Zwecke des Experimentierens und der Parameterabschätzung werden dadurch ermöglicht, daß die Ausgangsgrößen eines Elements bzw. Systems zu den Eingangsgrößen in Beziehung gesetzt werden. Die Elemente bzw. Systeme, deren Transformationsprozesse und Verhalten werden als "black-box" betrachtet, über die durch das Verhältnis der Eingangsgröße zur Ausgangsgröße Informationen gewonnen werden sollen. Aussagen über das Verhalten, die Transformation und über die Struktur der Elemente bzw. Systeme, auf die beliebige Störgrößen wirken, werden über angenommene Systemmodelle bzw. deren mathematische Beschreibung gewonnen. Solche Aussagen schlagen sich dann bei entsprechenden a-priori-Annahmen in einer Übertragungsfunktion, die für das untersuchte System charakteristisch ist, nieder.

In der Regelungstheorie wird diese Vorgehensweise unter den Begriffen Systemidentifikation oder Erkennungsmethode (47) bzw. unter dem zutreffenderen Begriff der Parameterabschätzung behandelt. Für diese Art des Analysierens und des Experimentierens stehen je nach Art der zu treffenden Prämissen mehrere Möglichkeiten der Untersuchung zur Verfügung (48), wie z.B.:

---

(46) Ein besserer Ausdruck für Systemidentifikation ist der der Parameterabschätzung. Vgl. Hughes, M. T. G.: Identifikationsmethoden. In: Regelkreistheorie und Datenverarbeitung, hrsg. von D. Bell und A. W. J. Griffin, Berlin 1971, S. 166 f.

(47) Zur Unterscheidung zwischen Erkennungsmethoden und Systemidentifikation vgl. Zypkin, Jakow Salmanowitzsch: Adaption und Lernen in kybernetischen Systemen. München - Wien 1970, S. 77 ff., 114 ff. und S. 136.

(48) Vgl. Hughes, M. T. G.: Identifikationsmethoden, a.a.O., S. 167 ff.

-     Gewichts-Sequenzmodelle

-     Frequenzbeantwortungsmodelle

-     Differentialgleichungsmodelle

-     Differenzengleichungsmodelle

-     Entwicklung orthogonaler Funktionen.

Die erste Annahme im Rahmen der Systemidentifikation besteht darin, ein zu untersuchendes reales System einem der oben angegebenen Modelltypen zuzuordnen, wobei sich Realität und Modell so weit wie möglich entsprechen sollten. Ist eines der Modelle hinreichend bezüglich des zu untersuchenden realen Systems, so reduziert sich die weitere Vorgehensweise auf die Parameterabschätzung des zu untersuchenden Systems, die sich hauptsächlich auf statistische Verfahren stützt.

Werden Systeme z. B. mit Hilfe von Gewichts-Sequenz-Modellen (49) untersucht, so erfolgt dies durch sequentielle Eingabe von verschieden großen, gewichteten Signalen in großer Anzahl; dies ermöglicht eine Abschätzung der Systemstruktur bzw. der sie darstellenden mathematischen Funktion, allerdings mit einer relativ starken Fehlerstreuung. Bei dieser Vorgehensweise werden Impuls- oder Stufenfunktionen eingegeben. Eine andere Form der Abschätzung kann mittels Quer- oder Autokorrelationsfunktionen vorgenommen werden. Bei Frequenzbeantwortungsmodellen (50) werden dagegen hauptsächlich sinus-förmige Signale eingegeben, obwohl auch hier statistische Signale zur Anwendung kommen können.

Im Rahmen dieser beiden Vorgehensweisen bestehen die a-priori-Annahmen darin, daß die zu testenden Systeme linear und Zeitinvariant sein müssen. Demgegenüber ist aber die Anzahl der abzuschätzenden Parameter recht groß. Das bedingt, daß die Untersuchungen aufwendig werden, die Fehlerwahrscheinlichkeit steigt und die Aussagefähigkeit geringer wird.

Eine andere Möglichkeit der Systemidentifikation besteht nun darin, mehr a-priori-Informationen über das System zu erhalten bzw. mehr Prämissen zu treffen, um die Zahl der Parameter zu verringern. Der gängigste Weg ist hierbei, die Charakteristika der Systemstruktur mit Hilfe von Differenzen- oder Differentialgleichungen oder mit Hilfe von Systemen von Differentialgleichungen zu erfassen.

---

(49)   Vgl. zu dieser Vorgehensweise Hughes, M. T. G. : Identifikationsmethoden, a. a. O. , S. 168 ff.

(50)   Vgl. Hughes, M. T. G. : Identifikationsmethoden, a. a. O. , S. 180 ff.

Analysemethoden, bei denen mehr a-priori-Annahmen verwendet werden können, sind im Rahmen der Differenzen-, Differentialgleichungsmodelle und der Entwicklung orthogonaler Funktionen möglich. Hierbei ist die wichtigste Annahme für den Nachweis der Stabilität die der Linearität, da noch keine einheitliche und geschlossene Theorie nichtlinearer Regelsysteme vorhanden ist. Sind die Differentialgleichungen zu vereinfachen, also auf lineare Gleichungen zurückzuführen, so reduziert sich die Behandlung solcher Systeme auf die Abschätzung unbekannter Parameterwerte und auf die Abschätzung der Koeffizienten der angewendeten Gleichungen (51). Die Ermittlung der Parameter kann grundsätzlich mittels Analogrechnerschaltungen durchgeführt werden, die von der Form der das System beschreibenden Gleichungen abhängen. Bei Systemen höherer Ordnung dagegen kann der Einsatz digitaler Rechner vorteilhafter sein. Bei dieser Vorgehensweise kommen zweckmäßigerweise die speziellen Methoden für anpaßbare Modelle zur Anwendung (52). Die Testsignale können sowohl sinus-förmiger als auch statistischer Natur sein.

Ihrem Charakter und ihrer Anwendungsmöglichkeit nach sind die Methoden der Gewichtssequenzmodelle und der Frequenzbeantwortungsmodelle besonders für technische Probleme geeignet. Da bei betrieblichen Systemen mehr Informationen über die Systemgesetzmäßigkeiten und über die wirkenden Strömungsgrößen a priori zur Verfügung stehen und die Modelle einer größeren Strukturvariation unterzogen werden müssen, ergibt sich konsequenterweise die Anwendung der Methoden der Differenzengleichungsmodelle und insbesondere die der Differentialgleichungsmodelle.

Für die Untersuchung betrieblicher Systeme scheinen sich außerdem die in der Entwicklung befindlichen speziellen Verfahren zur Behandlung adaptiver, multivariabler und optimierender Systeme zu eignen (53). Bei der Anwendung der Verfahren der optimierenden Rege-

---

(51)   Vgl. hierzu Hughes, M. T. G. : Identifikationsmethoden, a. a. O. , S. 186.

(52)   Vgl. Hughes, M. T. G. : Identifikationsmethoden, a. a. O. , S. 186 ff.

(53)   Zur Behandlung adaptiver Systeme vgl. Mac Cormac, J. K. M. : Adaptive Regelsysteme (Systeme mit hohem Leistungsgewinn und modellbezogene Systeme). In: Regelkreistheorie und Datenverarbeitung, hrsg. von D. Bell und A. W. J. Griffin, Berlin 1971, S. 217 ff. , und zur Behandlung multivariabler und optimierender Systeme vgl. Griffin, A. W. J. : Multivariable Systeme und Systeme mit optimierender Regelung. In: Regelkreistheorie und Datenverarbeitung, hrsg. von D. Bell und A. W. J. Griffin, Berlin 1971, S. 229 ff. und S. 241 ff.

lung auf betriebliche Systeme wird sich ein weiterer Vorteil insofern ergeben, als sich die notwendigen "Systemregelungsgesetze durch Synthese selbst erzeugen" (54).

4.3322 Zeitverhalten kybernetischer Systeme

Die Voraussetzung für die Interpretation formaler kybernetischer Modelle betrieblicher Systeme ist dann gegeben, wenn die möglichen zeitlichen Verläufe der einzelnen Strömungsgrößen und die möglichen zeitlichen Zusammenhänge zwischen verschiedenen Elementen untersucht werden können. Für die Behandlung solcher Zeitverläufe bzw. Abhängigkeiten lassen sich sowohl stetige als auch nicht stetige Funktionen verwenden. Ein großer Teil der in der Unternehmung zu verarbeitenden Informationen steht nicht kontinuierlich zur Verfügung, sondern wird nur zu bestimmten Zeitpunkten ermittelt bzw. weitergegeben. Sind die Zeiträume zwischen zwei aufeinanderfolgenden Informationen nicht zu groß, so lassen sich durch lineare Interpolationen Kurvenzüge (Polygone) ermitteln. Diese lassen sich wiederum durch verschiedene Verfahren mehr oder weniger gut glätten. Bei stetigen Verläufen sind hauptsächlich periodische Funktionen und Wachstumsfunktionen von Bedeutung, und ihr häufiges Auftreten in der Realität rechtfertigt auch den oben vorgeschlagenen Modellansatz mit Differentialgleichungen.

4.33221 Übertragungsfunktion und Frequenzgang

Die Art der Transformation in den Elementen offener Systeme wird am zweckmäßigsten in der Weise beschrieben, daß Eingangsgröße (Input-Funktion x_e (t)) und Ausgangsgröße (Output-Funktion x_a (t)) zueinander in Beziehung gesetzt werden:

$$F(t) = \frac{x_a(t)}{x_e(t)}$$

Welche Antwortfunktion ein Element aus einer Eingangsgröße erzeugt, hängt sowohl von der Art der Eingangsgröße als auch von den Parametern der Verarbeitung im Element ab. Da die Eingangsgrößen zumeist eine Überlagerung verschiedener Frequenzen darstellen, ist es zweckmäßig, statt realer Eingangsgrößen für die Beschreibung von Elementen bestimmte Funktionen als Eingangsgrößen auszuwählen, also a-priori-Annahmen zu treffen und die Transformation eines Elementes dadurch zu kennzeichnen, welche Antwortfunktionen aus normierten Eingangsgrößen erzeugt werden. Als normierte Eingangsgrößen werden gewöhnlich Sprungfunktionen, Stoßfunktionen,

---

(54) Griffin, A. W. J. : Multivariable Systeme und Systeme mit optimierender Regelung, a. a. O. , S. 244.

Anstiegsfunktionen und Sinusschwingungen verwendet (55). Die Antwortfunktion auf eine Sprungfunktion, d. h. wenn dabei die Eingangsgröße um eins verändert wird, wird gewöhnlich als Übergangsfunktion bezeichnet. Eine andere Form der Beschreibung des Übertragungsverhaltens liegt in der Möglichkeit, vom Zeitverhalten durch Laplace-Transformationen zu abstrahieren, um eine komplexe Übertragungsfunktion zu gewinnen.

Die komplexe Übertragungsfunktion und der Frequenzgang lassen sich aus der Differentialgleichung für offene Systeme

$$b_i y_i = \dot{x}_i + a_{i1}x_1 + a_{i2}x_2 + \ldots + a_{in}x_n \quad i = 1, \ldots, n$$

herleiten. Zu diesem Zweck soll zunächst ein einzelnes Element aus einem System herausgegriffen werden (vgl. Abb. 22).

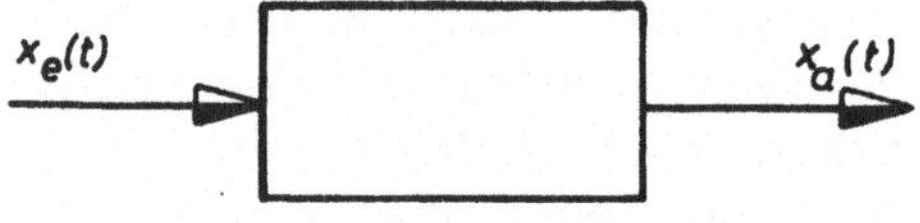

Abb. 22

Dieses Element stehe über die Strömungsgrößen, Eingangsgröße x_e und Ausgangsgröße x_a, mit anderen Elementen des Systems oder mit der Umwelt in Beziehung. Werden aus der Differentialgleichung für offene Systeme die Beziehungen für ein einzelnes Element isoliert betrachtet, so wird durch Umformen eine Differentialgleichung höherer Ordnung gewonnen (56):

$$\ldots + a_3 \dddot{x}_a(t) + a_2 \ddot{x}_a(t) + a_1 \dot{x}_a(t) + a_o x_a(t) =$$

$$b_o x_e(t) + b_1 \dot{x}_e(t) + b_2 \ddot{x}_e(t) + b_3 \dddot{x}_e(t) \ldots$$

Die Koeffizienten $\ldots a_3$, a_2, a_1, a_0, b_0, b_1, b_2, $\ldots$ ergeben sich bei der Umformung aus der Differentialgleichung für offene Systeme als Linearkombinationen aus den Strukturkoeffizienten a_{11}, a_{12}, $\ldots$, a_{nn}. Die rechnerische Behandlung von Gleichungen höherer Ordnung ist verhältnismäßig aufwendig, wenn für $x_e(t)$ beliebige Eingangsfunktionen zugelassen werden. Demgegenüber lassen sich Ele-

---

(55) Vgl. zu den genormten Eingangsgrößen Oppelt, Winfried: Kleines Handbuch technischer Regelvorgänge, a. a. O., S. 44 ff.

(56) Zur Gewinnung der Differentialgleichungen höherer Ordnung vgl. auch Oppelt, Winfried: Kleines Handbuch technischer Regelvorgänge, a. a. O., S. 41.

mente in ihrem Verhalten am besten dann miteinander vergleichen, wenn für die Eingangsgröße $x_e(t)$ bestimmte standardisierte Eingangsfunktionen gewählt werden. Werden für die folgende Überführung Sinusschwingungen als Eingangsgröße gewählt, so ergibt sich aus der Differentialgleichung höherer Ordnung die Beziehung (57):

$$x_a = F \cdot x_e$$

und für den Frequenzgang die von p abhängige Beziehung:

$$F(p) = \frac{x_a}{x_e} = \frac{b_o + b_1 p + b_2 p^2 + \ldots + b_m p^m}{a_o + a_1 p + a_2 p^2 + \ldots + a_n p^n}$$

wobei $p = i\omega$, $i = \sqrt{-1}$ und ω = Frequenz.

$F(p)$ kennzeichnet die Eigenschaften eines Elements wegen $p = i\omega$ sowohl hinsichtlich der zu verarbeitenden Frequenzen als auch im Zeitablauf. Diese Funktion wird als Frequenzganggleichung, die entsprechende graphische Darstellung in der komplexen Zahlenebene als Ortskurve bezeichnet. Übertragungsfunktion, Frequenzgang und Ortskurve sind verschiedene Formen der Darstellung des Übertragungsverhaltens eines Elements bzw. Systems, die sich ineinander umrechnen lassen.

4. 33222 Grundtypen des Übertragungsverhaltens

Anhand der Funktion des Übertragungsverhaltens $F(p)$ kann eine Typisierung des Verhaltens von Elementen vorgenommen werden (58). Ist F konstant, d. h. von ω und t unabhängig, also mit K = konstant, so ergibt sich:

$$F = K$$

und das Verhalten des Elements wird als proportionales Verhalten (P-Verhalten) bezeichnet (vgl. Abb. 23).

---

(57)　Zu dieser Überführung vgl. Oppelt, Winfried: Kleines Handbuch technischer Regelvorgänge, a.a.O., S. 50 ff., insbesondere S. 55.

(58)　Vgl. zur Normung der Grundtypen Oppelt, Winfried: Kleines Handbuch technischer Regelvorgänge, a.a.O., S. 61 ff.; DIN 19 226. Regelungstechnik und Steuertechnik. Begriffe und Benennungen. In: DIN-Taschenbuch 25. Informationsverarbeitung, hrsg. vom Deutschen Normenausschuß (DNA), Berlin - Köln - Frankfurt 1969, S. 36 f.

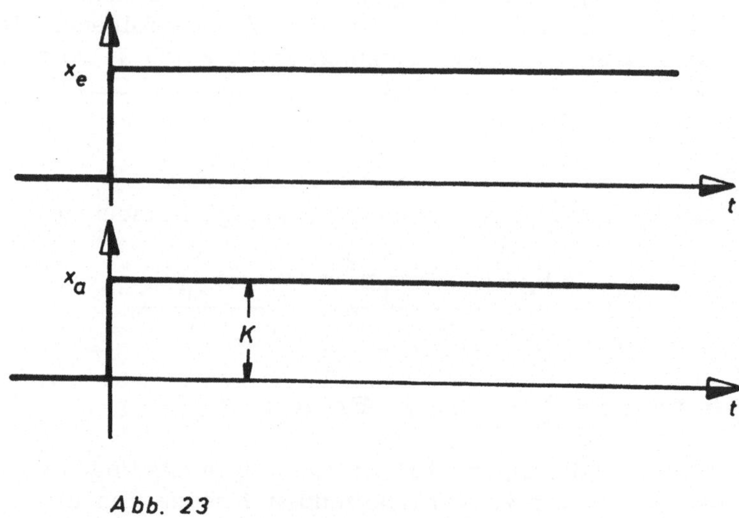

Abb. 23

Ist die Ausgangsgröße dem zeitlichen Integral der Eingangsgröße proportional, so liegt integrales Verhalten (I-Verhalten, vgl. Abb. 24) vor und es gilt mit K_I = konstant:

$$F = \frac{K_I}{p}$$

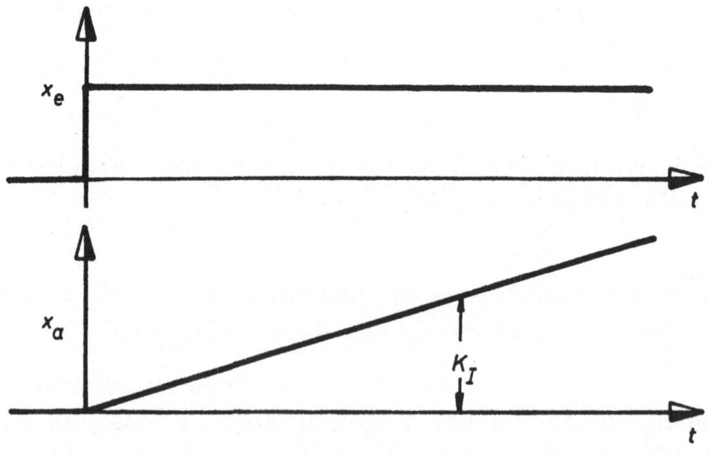

Abb. 24

Ist die Ausgangsgröße dem zeitlichen Differential der Eingangsgröße proportional, so liegt differentiales Verhalten (D-Verhalten, vgl. Abb. 25) vor und es gilt mit K_D = konstant:

$$F = K_D \cdot p$$

Abb. 25

P-Verhalten, I-Verhalten und D-Verhalten sind idealisierte Formen, die in der Realität nicht anzutreffen sind, da reale Elemente die Transformation der Eingangsgröße in die Ausgangsgröße nicht verzögerungsfrei ausführen können; die stets auftretenden zeitlichen Verzögerungen bewirken ein Hinzutreten von Gliedern mit x_e', x_e'', ..., $x_e^{(n)}$ bzw. x_a', x_a'', ..., $x_a^{(m)}$ analog der Differentialgleichung höherer Ordnung. Danach ergibt sich für Glieder mit zeitlicher Verzögerung das T-Verhalten:

$$F = \frac{b_o}{a_o + a_1 p + a_2 p^2 + \ldots} = \frac{K}{1 + T_1 p + T_2^2 p^2 + \ldots}$$

wobei $K = b_o/a_o$ und $T_1 = a_1/a_o$, $T_2 = \sqrt{a_2/a_o}$, ...

Die Konstanten T_1, T_2, ... haben die Dimension Zeit und werden Verzögerungskonstanten genannt.

Das Verzögerungsglied wird grundsätzlich in Kombination mit dem P-Verhalten betrachtet (vgl. Abb. 26) und je nach Erfordernissen mit I- und/oder D-Verhalten kombiniert.

Mit Hilfe dieser vier Grundtypen des Übertragungsverhaltens, mit denen verschiedene Formen kybernetischer Systeme zu behandeln sind, und deren Kombinationen (zur Kombination des P-, I-, D-Verhaltens ohne Verzögerungskonstante und mit Verzögerungskonstante vgl. Abb. 27) kann die Übertragungsfunktion eines Elements bzw. Systems bestimmt werden. Zur Abschätzung empfiehlt sich hierbei die Benutzung eines Analogrechners. Ist das Verhalten der Elemente, die ein Subsystem oder System konstituieren, durch die Übertragungsfunktion charakterisiert, so können die Elemente gekoppelt und das Verhalten des gesamten Systems untersucht werden. Bei kleineren Systemen mit wenigen Elementen eignet sich ein Analogrechner

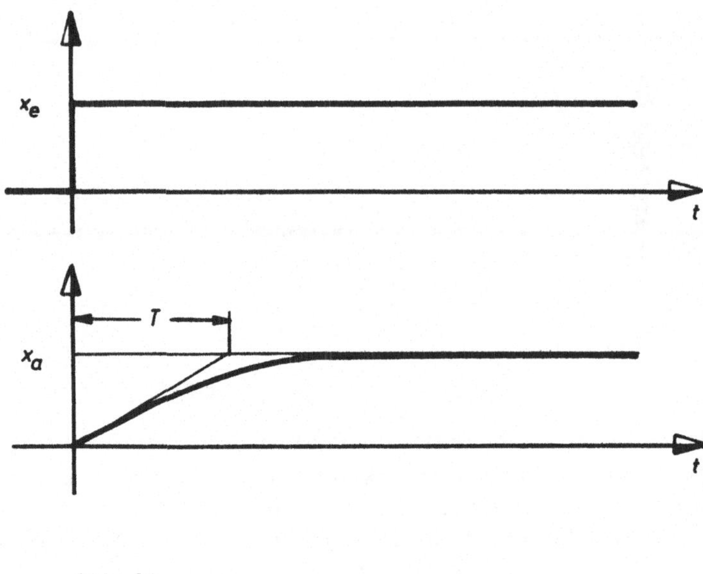

Abb. 26

mit Digitalteil, bei größeren Systemen ist der Einsatz von Digitalrechnern vorzuziehen. Um aber das Verhalten einzelner Elemente auszutesten, wird immer ein Analogrechner zweckmäßig sein.

4. 3323 Kopplung von Elementen

Soll ein System mit einer größeren Anzahl von Elementen betrachtet werden, so läßt sich sein Verhalten aus den Frequenzgängen seiner Elemente herleiten, und es ist zu berücksichtigen, in welcher Weise die Elemente zusammenwirken und dementsprechend zusammenzuschalten sind. Hierbei sind die Hintereinander-, Parallel- und Ge-

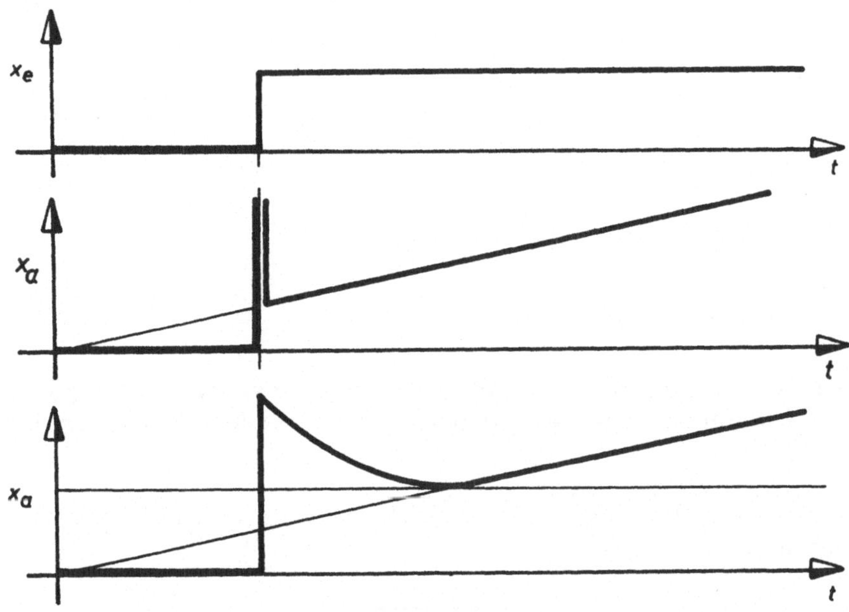

Abb. 27

geneinanderschaltung zu unterscheiden (59). Bei der Hintereinanderschaltung (vgl. Abb. 28) ergibt sich aus:

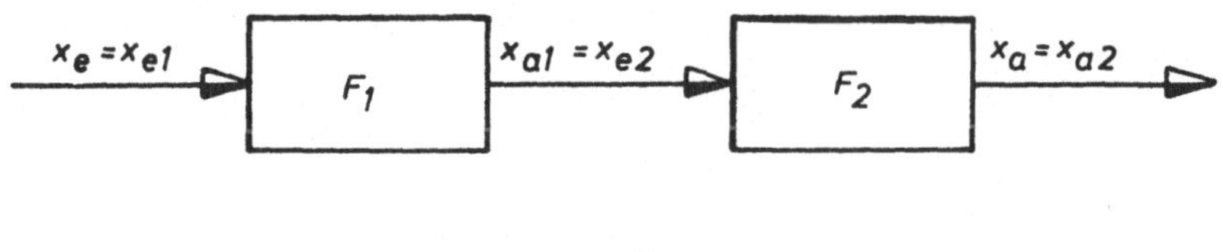

Abb. 28

---

(59) Vgl. Oppelt, Winfried: Kleines Handbuch technischer Regelvorgänge, a. a. O. , S. 65 ff. ; Stranzky, Rolf: Kybernetik ökonomischer Reproduktion, a. a. O. , S. 152 ff.

$$x_{a1} = x_{e2}$$

$$\text{mit } F_1 = \frac{x_{a1}}{x_{e1}} \quad \text{und } F_2 = \frac{x_{a2}}{x_{e2}}$$

$$F_1 = \frac{x_{a2}}{F_2 \cdot x_{e1}}$$

$$F = \frac{x_{a2}}{x_{e1}} = F_1 \cdot F_2$$

Der Frequenzgang errechnet sich bei Hintereinanderschaltung zweier Glieder demnach aus dem Produkt der Frequenzgänge der beiden Glieder.

Die Parallelschaltung (vgl. Abb. 29) ergibt sich aus folgender Betrachtung:

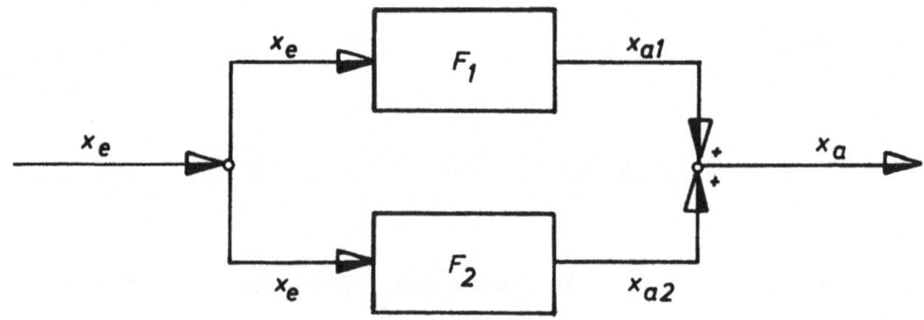

Abb. 29

$$F_1 = \frac{x_{a1}}{x_e} \qquad F_2 = \frac{x_{a2}}{x_e}$$

$$F = \frac{x_a}{x_e} = \frac{x_{a1} + x_{a2}}{x_e}$$

$$F = F_1 + F_2$$

Bei der Parallelschaltung ergibt sich der Frequenzgang aus der Summe der Frequenzgänge der Glieder.

Auf ähnliche Weise läßt sich der Frequenzgang für die Gegeneinanderschaltung (negatives Feed-back, vgl. Abb. 30) herleiten:

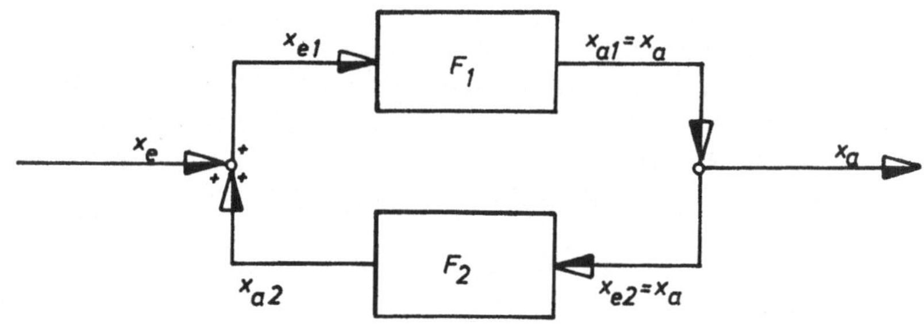

Abb. 30

$$F_1 = \frac{x_{a1}}{x_{e1}} \qquad F_2 = \frac{x_{a2}}{x_{a1}} \qquad da:\ x_{e2} = x_a = x_{a1}$$

$$x_{e1} = x_e + x_{a2}$$

$$F = \frac{x_a}{x_e} = \frac{x_a}{x_{e1} - x_{a2}} = \frac{1}{\dfrac{x_{e1}}{x_{a1}} - \dfrac{x_{a2}}{x_{a1}}}$$

$$F = \frac{1}{1/F_1 - F_2} = \frac{F_1}{1 - F_1 \cdot F_2}$$

Systeme, die aus mehreren Elementen bestehen, können aufgrund von Zusammenschaltungen der hier aufgeführten Typen von Kopplungen dargestellt werden, und der Frequenzgang für das gesamte System läßt sich nach der sich ergebenden Gleichung des Systems errechnen. Auf diese Weise können dann auch kompliziertere Systeme, die sich aus mehreren Elementen zusammensetzen, einer systemtheoretisch-kybernetischen Betrachtung zugänglich gemacht werden.

4.333 Möglichkeiten und Grenzen der funktionalen Betrachtung

Bei der quantitativen Untersuchung betrieblicher Systeme ist - wie schon erwähnt - neben der Systemstruktur auch die Kenntnis der Übertragungsfunktionen aller Elemente des Systems erforderlich. Mit Übertragungsfunktionen wird allerdings fast ausschließlich im rein technischen Bereich gearbeitet. Im wirtschaftswissenschaftlichen und speziell im organisatorischen Bereich sind - von Ausnahmen abgese-hen (60) - keine Untersuchungen in dieser Richtung bekannt geworden.

Dieser Tatbestand ist darauf zurückzuführen, daß die theoretische Konzeption und die Anwendung stetiger Regelungen im betriebswirt-schaftlichen Bereich noch weitgehend unbekannt und ungebräuchlich sind. In der Regel werden nur diskontinuierliche, z. B. periodische Soll-Ist-Vergleiche zu bestimmten Zeitpunkten durchgeführt.

Außerdem erfordert die Ermittlung der Übertragungsfunktion und die der Frequenzgänge eine experimentelle Anordnung der Untersuchung, die sich in der Realität nicht verwirklichen läßt, da sich einzelne Einflußgrößen in der Unternehmung zumeist nicht isolieren lassen. Es muß bei aller Problematik auf Modelle über die Realität ausge-wichen werden.

Weitere Probleme bei einer systemtheoretisch-kybernetischen Be-schreibung betrieblicher Systeme und speziell der Informationssyste-me dürften darin zu suchen sein, daß nur im beschränkten Umfang einheitliche Bezugsgrößen vorhanden sind. Lediglich bei Prozessen, deren Größen sich auf Mengen- oder Wertgrößen beziehen lassen, werden Ansätze für eine Quantifizierung sichtbar.

Bei einer systemtheoretisch-kybernetischen Analyse des Bezie-hungszusammenhangs von Wirkungssystemen zum Zwecke der orga-nisatorischen Gestaltung muß die Untersuchung des zeitlichen Ablaufs von Informationsflüssen und deren Verarbeitung in den Vordergrund gestellt werden. Eine solche Untersuchung des zeitlichen Bezie-

---

(60)   Vgl. beispielsweise Brachthäuser, Norbert: Betrachtungen über den Funktionsmechanismus des endogenen Teils der Konjunk-turschwankungen. Fortschritt-Berichte VDI-Zeitschrift, Reihe 16, Nr. 2, 1967; Brachthäuser, Norbert; Hauske, Gert; Heine, Gerhard: Wirtschaftskybernetische Modellversuche. Industriel-le Organisation, 40. Jg. 1971, S. 62 ff.; Edin, Robert: Über-gangsfunktionen in betriebswirtschaftlichen Systemen, a. a. O., S. 569 ff.; Kade, Gerhard; Ipsen, Dirk; Hujer, Reinhard: Mo-dellanalyse ökonomischer Systeme. Regelung, Steuerung, Auto-matismus?, a. a. O., S. 2 ff.; Thiel, R.: Zur mathematisch-kybernetischen Erfassung ökonomischer Gesetzmäßigkeiten . Wirtschaftswissenschaften, 10. Jg. 1962, S. 889 ff.; Schie-menz, Bernd: Die Leistungsfähigkeit einfacher betrieblicher Entscheidungsprozesse mit Rückkopplung, a. a. O., S. 107 ff.; Truninger, Paul: Die Theorie der Regelungstechnik als Hilfs-mittel des Operations Research. Industrielle Organisation, 30. Jg. 1961, S. 475 ff.

hungszusammenhangs wird anfänglich auf unveränderliche Strukturen der determinierbaren Bereiche, also auf sekundäre Regulationen, ausgerichtet sein. Dabei ist es zweckmäßig, die Eigenschaften der informationsverarbeitenden Elemente - wie auch die zugrunde gelegten Zielsetzungen - zunächst nicht zu beeinflussen. Ergebnisse einer solchen Untersuchung (Experiments) des Beziehungszusammenhangs von Systemen sind Aussagen darüber, ob die experimentell zugrunde gelegte Struktur die vorgegebene Zielsetzung bei Wirkung von realistisch angenommen oder empirisch ermittelten Störgrößen verwirklichen kann oder nicht. Wird die vorgegebene Zielsetzung nicht erreicht, so ist zu prüfen, welche anderen Parameter oder welche anderen Strukturen diesem Ziel besser entsprechen. Eine solche Analyse des Beziehungszusammenhangs eines Systems wird dann Aufschluß darüber geben, ob Regulationsmöglichkeiten in einem System gegeben sind oder nicht.

Solche Untersuchungsmethoden sind zum einen zur logischen Überprüfung bestehender und zu entwickelnder dynamischer Modelle geeignet, und zum anderen wird es unter Verwendung systemtheoretisch-kybernetischer Instrumentarien möglich, die Anforderungen zu explizieren, die an betriebliche Modellsysteme zu stellen sind, um Zustände und Verhaltensweisen realer betrieblicher Systeme zu erklären und zu prognostizieren. In der Phase der Konzipierung beinhalten solche Modelle Hypothesen über das Zeitverhalten betrieblicher Systeme, die empirisch zu überprüfen sind. Die Basis für empirische Untersuchungen wird durch die Arbeit am Modell insofern transparenter und realistischer, als diejenigen Parameter bekannt werden, die bei empirischen Untersuchungen zu berücksichtigen sind. Hierdurch können zugleich Anregungen zur Messung betrieblicher und organisatorischer Größen und Erfahrungen für die Abbildung realer betrieblicher Sachverhalte in dynamischen Modellen gewonnen werden. Diese Vorgehensweise läßt erkennen, daß dem vorgeschlagenen Konzept eine nicht zu unterschätzende heuristische Funktion zur Erkenntnisgewinnung beizumessen ist.

4. 4 Konsequenzen für die organisatorische Gestaltung

Die Allgemeine Systemtheorie in Verbindung mit dem kybernetischen Konzept weist sowohl für die Organisationsforschung als auch für die organisatorische Gestaltung neue Wege. Aufgrund des interdisziplinären Charakters der Allgemeinen Systemtheorie und der Forderung, Systemgesetze in mathematischer Form modellmäßig abzubilden, ergibt sich die Möglichkeit, betriebswirtschaftlich-organisatorische Problemstellungen zu behandeln, die bisher einer wissenschaftlichen Analyse nicht in dem wünschenswerten Maße zugänglich waren. Dabei kommt dem Versuch, organisatorische Probleme mit Hilfe homomorpher Modelle anderer Wissensbereiche - z. B. der Biologie und der Verhaltensforschung - unter Berücksichtigung des dort bereits vorliegenden empirischen Materials zu behandeln, große Bedeutung zu. Der hier aufgezeigte Weg ist insofern eine brauchbare Basis für die Bewältigung organisatorischer Gestaltungsprobleme, als über die Theoriebildung Erklärungen der Eigenschaften und Prognosen der Zustände und Verhaltensweisen betrieblicher Systeme möglich werden, die die Voraussetzung zur Erarbeitung gesicherter praxeologischer Gestaltungsanweisungen sind.

Es ist deshalb auch zu erwarten, daß der systemtheoretisch-kybernetische Ansatz zu weitreichenden Konsequenzen für die organisatorische Gestaltung führen wird. Allerdings können hierzu gegenwärtig noch keine verbindlichen Prognosen aufgestellt werden, da die Praxeologie der organisatorischen Gestaltung bereits das Vorhandensein eines empirisch-kognitiven Aussagensystems voraussetzt. Die Entwicklung eines solchen Aussagensystems, die dem für die systemtheoretisch orientierte Organisationsforschung aufgezeigten Weg folgen muß, bereitet jedoch gegenwärtig noch gewisse Schwierigkeiten hinsichtlich der Definition von Eigenschaften, der Erstellung quantitativer Beschreibungen sowie der Simulation von Verhaltensweisen betrieblicher Systeme, da im betriebswirtschaftlich-organisatorischen Bereich erst meßbare Einheiten und Größen erarbeitet werden müssen. Hierdurch sind der Gewinnung praxeologischer Aussagen auf gesicherter wissenschaftlicher Grundlage zunächst noch Grenzen gesetzt. Dennoch zeichnen sich bereits im jetzigen Stadium Konsequenzen für die Ausrichtung der organisatorischen Gestaltung ab.

Organisatorische Gestaltungsprobleme wurden vielfach als isoliert zu lösende Teilprobleme aufgefaßt und unter statischen Gesichtspunkten - ohne zeitliche Zusammenhänge zu berücksichtigen - behandelt. Dabei blieb unbeachtet, daß aufgrund der systemimmanenten Interdependenzen zwischen den einzelnen Subsystemen und Elementen in der Unternehmung jede organisatorische Gestaltungshandlung in einem Teilbereich zu entsprechenden Konsequenzen für die mit diesem in Beziehung stehenden Teilbereiche führen kann. Bei der organisatorischen Gestaltung betrieblicher Subsysteme muß jedoch zwangsläufig die Frage nach den Auswirkungen solcher Änderungsprozesse auf Funktion und Struktur der übrigen Bereiche aufgeworfen werden. Die Notwendigkeit, bei der Beurteilung organisatorischer Strukturierungsmaßnahmen die systemimmanenten Interdependenzen in die Überlegungen mit einzubeziehen, geht aus der Interpretation der Unternehmung als offenem Wirkungssystem hervor. Befriedigende organisatorische Lösungen können daher nur erzielt werden, wenn die interdependenten Folgen der Strukturierungshandlungen auf das gesamte System hin überprüft werden können.

Um diese elementare Bedingung im Rahmen des organisatorischen Gestaltungsprozesses erfüllen zu können, muß bereits die Analyse als Voraussetzung jeglicher organisatorischer Gestaltungshandlung entsprechend der systemorientierten Gesamtkonzeption für den organisatorischen Gestaltungsprozeß konzipiert werden. Die bis heute vielfach einseitig ausgerichtete organisatorische Ist-Analyse, die nichts mit einer formal-quantitativen Analyse gemein hat, muß daher durch eine dem Ansatz der Systemtheorie konforme Untersuchungsweise ersetzt werden. Eine derartige auf die Organisationspraxis abgestimmte Systemanalyse (61) muß die relevanten Interdependenzen der betrieblichen Prozesse erfassen, um Aussagen über die zu gestaltenden Funktionsstrukturen machen zu können. Hierzu müssen Methoden angewendet werden, mit Hilfe derer einerseits die Prozesse simultan in ihrer gegenseitigen Verflechtung erfaßt werden können und durch die andererseits im ständigen Wechsel von Analyse und Synthese schrittweise die für das jeweilige System optimale Funktionsstruktur angestrebt werden kann (62). Dieser Prozeß der organisatorischen Gestaltung kann selbst als ein kybernetischer Vorgang interpretiert werden. Er stellt einen Suchvorgang zur Ermittlung optimaler Funktionsstrukturen dar und entspricht der Extremwertregelung im kybernetischen Sinne. Der kontinuierliche Wechsel von Analyse und Synthese ist letztlich dem Inhalt der Systemanalyse

---

(61) Vgl. hierzu Wegner, Gertrud: Systemanalyse, a. a. O. , Sp. 1610 - 1617. Zur grundsätzlichen Problematik der Systemanalyse in der anglo-amerikanischen Literatur vgl. z. B. Kossiakoff, A. : The Systems Engineering Process. In: Operations Research and Systems Engineering, hrsg. von Charles D. Flagle, William A. Huggins und Robert H. Roy, Baltimore 1960, insbesondere S. 82 ff. ; Optner, S. L. : Systems Analysis for Business Management. Englewood Cliffs, N. J. 1960;Schaeffer, K. H. : The Logic of an Approach to the Analysis of Complex Systems. Air Force Technical Report AFOSR 2136, April 1962, Stanford Research Institute, S. 7 ff. ; Johnson, R. A. ; Kast, F. E. ; Rosenzweig, J. E. : The Theory and Management of Systems, a. a. O. ; Fragen der Systemanalyse finden im deutschsprachigen Raum erst seit kurzem Beachtung. Vgl. hierzu Wegner, Gertrud: Systemanalyse und Sachmitteleinsatz in der Betriebsorganisation, a. a. O. ; Steinbuch, K. : Systemanalyse - Versuch einer Abgrenzung, Methoden und Beispiele, a. a. O. , S. 446 ff.

(62) Bei mathematischen Ansätzen hierzu wird versucht, in einem kontinuierlichen Prozeß über das Ermitteln von Teiloptima zum Gesamtoptimum zu gelangen. Vgl. hierzu grundsätzlich Bellman, Richard: Dynamic Programming, a. a. O. ; allgemein zu dieser Problemstellung vgl. Frese, Erich: Prognose und Anpassung, a. a. O. , S. 39 f.

identisch, da er der sukzessiven Annäherung im Sinne einer reduktiven Methode (63) entspricht. Diese Verfahrensweise ermöglicht es auch, die durch die lange Entwicklungsdauer betrieblicher Systeme immer wieder notwendig werdenden Anpassungsmaßnahmen bei dem Strukturierungsprozeß betrieblicher Systeme zu berücksichtigen.

Bei der Gestaltung betrieblicher Systeme müssen die Elemente des Systems, also die aus den Aufgabenträgern Mensch und Sachmittel bestehenden Aktionseinheiten und die zwischen ihnen bestehenden Beziehungen den logischen Funktionsstrukturen der zu erfüllenden Aufgaben angepaßt werden. Organisatorische Gestaltung setzt also das Wissen um die logische Aufgabenstruktur sowie die Kenntnis der Funktion (64) und Struktur der Subsysteme voraus, die der Zielsetzung adäquat sein müssen (65). Anhaltspunkte für die Überprüfung der Widerspruchsfreiheit der individuellen Aufgabenstrukturen ergeben sich aus dem der systemorientierten, strukturellen Betrachtungsweise zugrunde gelegten logischen Aufgabenzusammenhang in Form eines Beschreibungsmodells. Ebenso ist die bei der Erstellung eines solchen Modells anzuwendende methodische Vorgehensweise der Modellentwicklung und Modellmodifizierung mit Hilfe der Subsystembildung für die praktische Gestaltung betrieblicher Systeme relevant. Da jedoch in der betrieblichen Praxis nicht die Möglichkeit besteht, erarbeitete Lösungsversuche am realen Objekt zu testen, muß für deren logische Überprüfung die modellmäßige Betrachtungsweise herangezogen werden. Es gilt daher, Simulationsmodelle zu entwickeln, die es gestatten, betriebliche Zustände und Verhaltensweisen im Zeitablauf abzubilden. Gelingt es im Rahmen einer systemtheoretisch-kybernetisch orientierten Organisationsforschung, Zustände und Verhaltensweisen, wie z. B. Regelungsvorgänge, nicht nur für rein maschinelle Prozesse, sondern auch für die übrigen in der Unternehmung ablaufenden Prozesse zu erfassen, so wäre hiermit auch die Voraussetzung für die systematische organisatorische Gestaltung betrieblicher Systeme auf wissenschaftlich gesicherter Grundlage geschaffen.

(63) Vgl. hierzu Bochenski, I. M.: Die zeitgenössischen Denkmethoden. 3. Aufl., Bern - München (1965), S. 100 ff.

(64) Eine Betonung der Analyse der Funktion findet sich z. B. bei Seiler, John A.: Systems Analysis in Organizational Behavior, a. a. O., S. 17 ff.

(65) Vgl. Phelps, G. E.: Systems Analysis and Design - The Key to Successful Organization. Management Accounting, March 1967, S. 100; vgl. auch Salzer, J. M.: Evoultionary Design of Complex Systems. In: Systems Research and Design. Proceedings of the First Systems Symposium at Case Institute of Technology, hrsg. von Donald P. Eckman, New York - London 1961, S. 203 f.

Hinsichtlich des notwendigen Wissens über die Eigenschaften, Zustände und Verhaltensweisen der im System zu integrierenden Elemente gewinnt schließlich insbesondere der der Allgemeinen Systemtheorie immanente Gedanke der interdisziplinären Zusammenarbeit für die organisatorische Gestaltung an Bedeutung. Bei Fragen der Unternehmungsorganisation handelt es sich um Probleme, die nicht durch eine rein betriebswirtschaftliche Betrachtungsweise gelöst werden können. Allein die Tatsache, daß die Unternehmung aus den Elementen Mensch und Sachmittel zusammengesetzt ist und daß die hiermit verbundenen Problemstellungen nicht durch die Erkenntnisse einer einzelnen Disziplin gelöst werden können, legt es nahe, nicht nur im Forschungsprozeß, sondern auch bei der organisatorischen Gestaltung Vertreter aller für betriebliche Systeme relevanten Disziplinen heranzuziehen, um Prognosen über Struktur und Funktion der zu gestaltenden Systeme machen zu können. Der Tatbestand, daß die Zusammenarbeit von Fachleuten der verschiedensten Richtungen Voraussetzung für die Schaffung adäquater betrieblicher Strukturen ist, hat erst in jüngerer Zeit - nicht zuletzt infolge der verstärkten Beachtung systemorientierter Ansätze - Beachtung in der Praxis gefunden. Es ist zu erwarten, daß eine interdisziplinäre Ausrichtung bei betrieblichen Gestaltungsprozessen zugleich zu positiven Rückwirkungen auf die wissenschaftliche Forschung und zu einem besseren Problemverständnis führen wird.

Anhang: A. Zur formalen Darstellung von Subsystemen

Die folgende Abbildung (vgl. Abb. 31) stellt das Grundschema zur Darstellung eines Subsystems dar, welche hier näher erläutert werden soll.

Das gesamte Rechteck umschließt ein informationsverarbeitendes betriebliches Subsystem. Die in der linken unteren Hälfte des Rechtecks stehende Kennzahl 3.20 bedeutet "3. Durchgang der Modellkonstruktion des Subsystems 20". Rechts daneben befindet sich die "Benennung des Subsystems"; sie bezieht sich auf die charakteristische Funktion, die das Subsystem innerhalb des betrieblichen Informationsverarbeitungssystems erfüllt. Konkret könnte das in der Abb. dargestellte Subsystem etwa die Bezeichnung "Kreditorenabwicklung" oder "Auftragsbearbeitung" tragen. Rechts neben der Benennung des Subsystems ist die Nr. der Abbildung verzeichnet. Kennung, Benennung und Abb.-Nr. ermöglichen eine eindeutige Bestimmung und das Auffinden der einzelnen Subsysteme im Rahmen eines Gesamtmodells.

Im Inneren des Rechtecks befinden sich kleinere Rechtecke, die durch gerichtete Linien untereinander verbunden und durch Zahlen gekennzeichnet sind. Die Rechtecke entsprechen den informationsverarbeitenden Aktionseinheiten, die aus nicht weiter zerlegten Verrichtungskomplexen bestehen, die von Menschen und/oder Sachmitteln durchgeführt werden. Die von den einzelnen Aktionseinheiten zu verrichtenden Informationsverarbeitungsprozesse sind in der Aktionseinheit stichwortartig verzeichnet. Der in der Aktionseinheit 20.1 stehende allgemeine Text "Bezeichnung der Aktionseinheit" könnte im konkreten Falle etwa "Auftragsterminierung" oder "kumulative Auftragserfassung" lauten.

Neben dieser begrifflichen Kurzbeschreibung, die den Aufgabeninhalt charakterisiert, sind die Aktionseinheiten weiterhin durch eine Zahlenkombination gekennzeichnet, die sich links über den die Aktionseinheiten repräsentierenden Rechtecken befindet. Die in der Zahlenkombination vor dem Punkt stehende Zahl ist identisch mit der Nummer des Subsystems, in dem sich die Aktionseinheit befindet. Die hinter dem Punkt stehende Zahl kennzeichnet die jeweilige Nummer der Aktionseinheit im Subsystem. In der vorliegenden Darstellung beispielsweise bedeutet die Zahlenkombination 20.1 "Aktionseinheit Nr. 1 des Subsystems 20". In gleicher Weise wie die Subsysteme (vgl. Abb. 17) sind auch die Aktionseinheiten sowie die von ihnen zu erfüllenden Aufgaben anhand der sie kennzeichnenden Zahlenkombination in der als Anlage B.I. beigefügten Auflistung der Aktionseinheiten - hier beispielhaft für die Abb. 18a - zu finden.

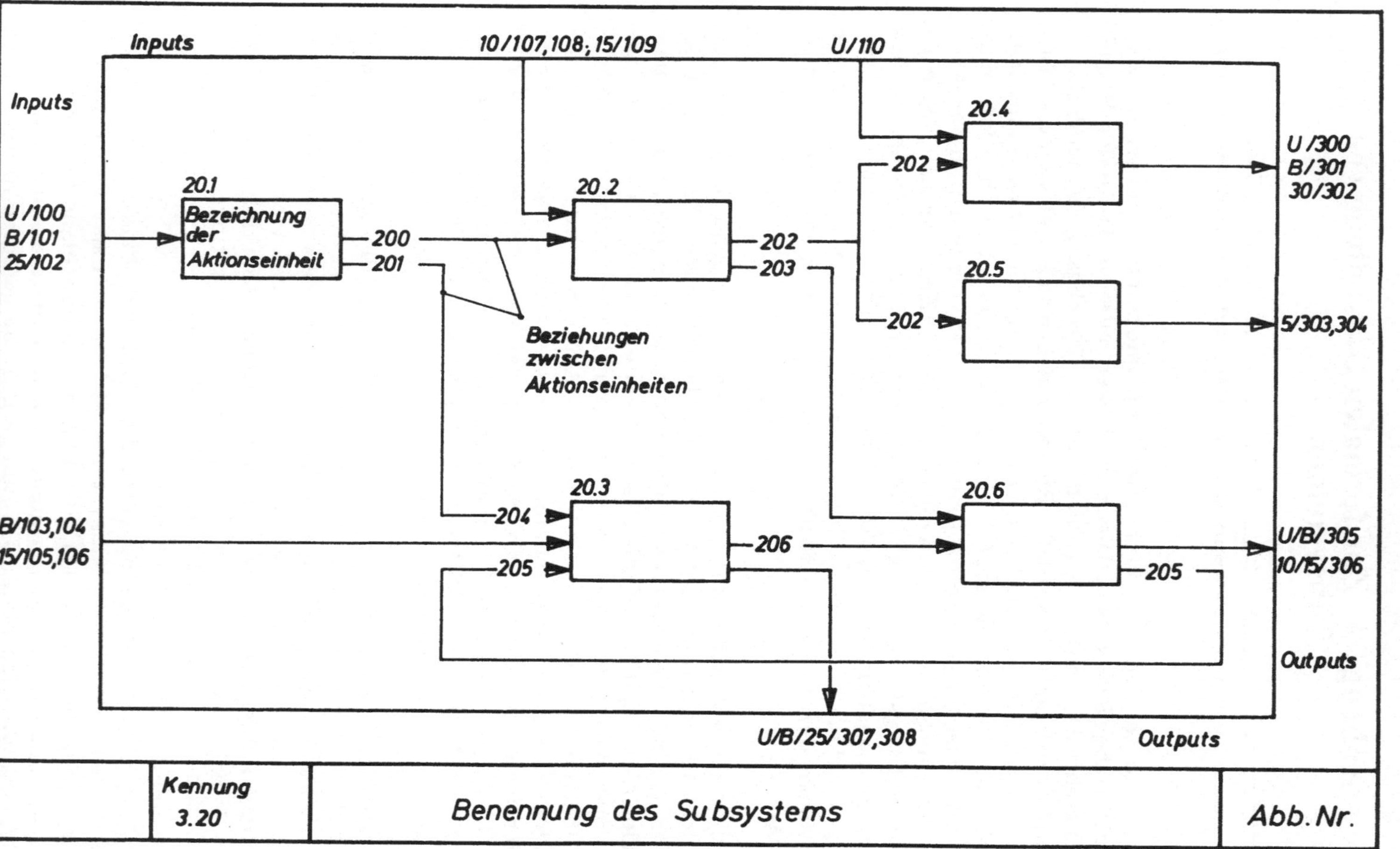

Abb. :31   Formale Darstellung der Subsysteme

Die Aktionseinheiten in den einzelnen Subsystemen sind durch gerichtete Linien verbunden, in denen eine Zahl steht. Die Linien bilden die Informationsbeziehungen zwischen den Aktionseinheiten ab; die in den Linien angeführten Zahlen kennzeichnen die zwischen den Aktionseinheiten übermittelten Daten. So bedeutet z. B. die zwischen der Aktionseinheit 20. 1 und 20. 2 eingezeichnete Linie mit der Zahl 200, daß das Datum 200 als Output aus Aktionseinheit 20. 1 austritt und zum Zwecke der Weiterverarbeitung als Input an Aktionseinheit 20. 2 weitergegeben wird. Die durch Nummern definierten Informationen sind ebenfalls - beispielhaft für die Abb. 18a - in der Liste erfaßt (vgl. Anlage B. II.).

Neben den Beziehungen zwischen den Aktionseinheiten innerhalb eines Subsystems bestehen weiterhin Beziehungen zwischen Aktionseinheiten, die sich in anderen Subsystemen befinden sowie Beziehungen zwischen den weiter unten näher erläuterten Bereichen U (Umwelt) und B (Betrieb). Die Darstellung dieser Beziehungen könnte prinzipiell in der oben beschriebenen Form erfolgen; d. h. die infolge des Datenflusses miteinander verknüpften Aktionseinheiten wären durch gerichtete Linien miteinander zu verbinden. In diesem Falle wäre jedoch die Übersichtlichkeit der Darstellung infrage gestellt, da sich aufgrund der Vielzahl von Informationsbeziehungen eine entsprechend große Zahl von gerichteten Linien zwischen den einzelnen Blockdiagrammen ergeben würde. Das Auffinden der jeweiligen Input-Output-Relationen zwischen solchen Aktionseinheiten, die sich in verschiedenen Subsystemen befinden, würde demzufolge erschwert werden. Zur Vermeidung dieser Schwierigkeiten und aus Gründen der Übersichtlichkeit wurde daher eine spezielle Darstellungsform entwickelt, die anhand der schon verwendeten Abbildung im folgenden näher beschrieben wird.

Sowohl auf dem oberen als auch auf dem linken Rand der Abbildung sind die Herkunftsorte der Input-Informationen erfaßt; und zwar in der Weise, daß die vor dem Schrägstrich einer jeden Ziffernkombination stehende Zahl bzw. die Buchstaben U und B die Subsysteme bzw. Bereiche angeben, aus denen die hinter dem Schrägstrich angeführten Daten stammen. So bedeutet z. B. die in der linken Randleiste stehende Ziffernkombination 25/102, daß aus dem Subsystem 25 das Datum 102 in die Aktionseinheit 20. 1 des Subsystems 20 eingeht. Entsprechend bedeutet U/100, daß aus dem Bereich U das Datum 100 an 20. 1 übermittelt wird; B/101, daß das Datum 101 aus dem Bereich B in 20. 1 eingeht. Sofern verschiedene Daten aus demselben Subsystem eingehen, sind die Daten durch Kommata getrennt; die vor den Daten angeführten und durch Schrägstriche abgetrennten Ziffern bzw. B und U bezeichnen die Subsysteme bzw. die Bereiche Umwelt und Betrieb, aus denen die Daten kommen. Die Outputs der Subsysteme sind in der rechten und unteren Randspalte erfaßt. Gehen

hier gleiche Daten zu unterschiedlichen Subsystemen und/oder nach
U und B, so sind die Subsysteme bzw. U und B durch Schrägstriche
getrennt. Für die übrigen Fälle gelten die gleichen Vereinbarungen,
die für die Inputs getroffen wurden.

Die gewählte Darstellungsform gestattet es, sowohl die zwischen den
Aktionseinheiten innerhalb eines Subsystems, als auch die zwischen
den Aktionseinheiten verschiedener Subsysteme bzw. zwischen U und
B bestehenden Informationsbeziehungen in übersichtlicher und ein-
deutiger Form abzubilden und den Informationsfluß innerhalb eines
gesamten Modells zu verfolgen.

Der bei der Darstellung verwendete Buchstabe U kennzeichnet die
gesamte betriebliche Umwelt, die durch Input- und/oder Output-Informationen mit den Aktionseinheiten des Informationsverarbeitungssystems in Beziehung steht. Mit B sind solche Bereiche gekennzeichnet, die zwar durch Informationsbeziehungen mit Aktionseinheiten
verknüpft sind, aber selbst entweder nicht in einzelne Aktionseinheiten zerlegbar, nicht eindeutig bestimmbar oder für diese Untersuchung nicht relevant sind.

B. Listen zur Abbildung Nr. 18a

I. Beschreibung der Aufgaben des Subsystems 30

30. 1 Auftragsanalyse	Prüfen, ob der Auftraggeber bereits Kunde ist. Prüfung der Bonität. Prüfen bzw. Festlegen der Kundenpriorität bezüglich der Lieferung. Prüfen, ob das Produkt lieferbar ist und ob die Mindestmenge bestellt ist. Zuordnung der Kunden-Nr., wenn Auftraggeber als Kunde erfaßt, bei neuem Kunden Aufnahme in die Kartei und Vergabe einer Kunden-Nr.. Zuordnung der Artikel-Nr. und Vergabe der Auftrags-Nr.
30. 2 Auftragsgrößenklassenstatistik	Zuordnen der Kundenaufträge nach Wert und Menge zu bestimmten Klassen: 1. Wert je Auftrag nach Größenklasse 2. Positionswert je Auftrag nach Größenklasse 3. Menge je Position nach Größenklasse 4. Zahl der Positionen nach Größenklasse
30. 3 Auftragsablehnung	Übersetzung des Ablehnungsschlüssels. Erstellen des Ablehnungsbriefes.
30. 4 Auftragsterminierung	1. Feststellung, ob vom Lager lieferbar. Wenn ja, Sofortlieferung, wenn nein, Vorbereiten von Produktion und Innenaufträgen. 2. Ermittlung der Liefertermine bei innerbetrieblichen Aufträgen, evtl. Vergabe von Lagerergänzungsaufträgen zum Kapazitätsausgleich.
30. 5 Auftragserfassung, Lagerfertigung und Handelswaren	Erfassung aller sofort lieferbaren Auftragspositionen. Erledigungsvermerk auf Auftrag. Freigabe zur Sofortlieferung. Löschen der Auftragspositionen bei Versandmeldung.
30. 6 Auftragsbestätigung	Übersetzung verschiedener Schlüssel. Erstellen der Auftragsbestätigung.

30.7 Auftragserfassung, Auftragsfertigung	Erfassung aller nicht sofort lieferbaren Positionen; Erledigungs- (Teillieferungs-) vermerk; Freigabe zur Lieferung (evtl. Reservierung). Löschen des Auftrages bei vollständiger Versandmeldung. Auflisten des Auftragsbestandes je Kunde und Artikel und je Artikel bei Lagerergänzungsaufträgen.
30.8 Reservierungen	Eintragung von reservierten Mengen. Fortschreiben bei Teillieferungen. Löschen bei vollständiger Auslieferung.
30.9 Kumulative Auftragserfassung	Sortieren der Kunden- und Lagerergänzungsaufträge nach Artikel und Termin, subtrahieren je Artikel und Termin bei Fertigstellung.
30.10 Versanddisposition	Zuordnung von auszuliefernden Aufträgen unter Berücksichtigung der günstigsten Transportbedingungen zu den Transportwegen, -mitteln, -zeiten; Ermittlung der Vertriebskosten (SEKV).
30.11 Versandpapiere	Entschlüsseln der Versandart. Erstellen der Versandpapiere.

II. Zusammenstellung der Informationen, die von Subsystem 30 verarbeitet werden

(a) Informationen, die zwischen den Aufgaben von Subsystem 30 ausgetauscht werden

Kenn-Nr.	Informationsinhalt
2	Kunden-Nr., Artikel-Nr., Schlüsselzahl für Grund der Ablehnung
4	Artikel-Nr., Menge, Wert
6	Menge, Artikel-Nr., Kunden-Nr., Kundenpriorität, gewünschter Liefertermin
10	Artikel-Nr., Menge, Auslieferungstermin, Preis, Lieferbedingungen
12	Artikel-Nr., Kunden-Nr., Menge, Liefertermin
13	Artikel-Nr., Menge, Auftrags-Nr., Kunden-Nr.
14	Kunden-Nr., Auftrags-Nr., Versandart-Schlüssel-Nr.

Kenn-Nr.	Informationsinhalt
18	Artikel-Nr., Menge, Auftrags-Nr., Kunden-Nr.
20	Artikel-Nr., Menge der Reservierungen
28	Artikel-Nr., Kunden-Nr., Menge, Liefertermin
30	Artikel-Nr., Menge, Auftrags-Nr., Kunden-Nr.
31	Artikel-Nr., Menge, Auftrags-Nr., Kunden-Nr.
35	Artikel-Nr., Menge, Liefertermin

(b) Informationen, die aus anderen Subsystemen in Subsystem 30 eingehen

Subsyst.-Nr. / Kenn-Nr.	Informationsinhalt
16/933	Auftrags-Nr. (Versandmeldung)
31/8,9	Artikel-Nr., Menge der Bestände, Fertigfabrikate Artikel-Nr., Menge, gewünschter Liefertermin

(c) Informationen, die aus der Umwelt U in Subsystem 30 eingehen

U/Kenn-Nr.	Informationsinhalt
U/1	Artikel-Nr., Menge, (zukünftiger) Kunde, Preis, gewünschter Liefertermin

(d) Informationen, die aus dem Basissystem B in Subsystem 30 eingehen

B/Kenn-Nr.	Informationsinhalt
B/26	Anweisung zur Löschung der Auftragsposition
27	Anweisung zur Löschung der Auftragsposition bei Produktionszugang
142	Sach-Nr., Menge, Auftrags-Nr., Bestell-Nr. (Baugruppen)
143	Sach-Nr., Menge, Auftrags-Nr., Bestell-Nr. (Endprodukte)
198	Sach-Nr., Menge, Auftrags-Nr., Bestell-Nr. (Einzelteile)

B/Kenn-Nr.	Informationsinhalt
542	Fertigungspläne
543	Betriebliche und öffentliche Fahrpläne
544	Kunden-Stammdaten
545	Artikel - Stammdaten wie Länge, Gewicht, Brennbarkeit, Gefahrenklasse

(e) Informationen, die von Subsystem 30 an andere Subsysteme weitergegeben werden

Subsyst. -Nr. / Kenn-Nr.	Informationsinhalt
9/36	Auftragsbestand, Artikel-Nr. , Menge, Auslieferungstermin
17/362	Anzahl der Aufträge je Größenklasse, Rabattsätze je Sach-Nr. und Größenklasse
28/ 22	berechnete Sondereinzelposten des Vertriebs
29/350	Zahl der Aufträge je Größenklasse
31/16	Artikel-Nr. , Menge des Abgangs, Auftrags-Nr. , Kunden-Nr.
29/34	Artikel-Nr. , Kunden-Nr. , Termin, Menge

(f) Informationen, die von Subsystem 30 an die Umwelt U weitergegeben werden

U/Kenn-Nr.	Informationsinhalt
U/ 3	Ablehnungsbrief
U/11	Auftragsbestätigungsschreiben

(g) Informationen, die von Subsystem 30 an das Basissystem B weitergegeben werden

B/Kenn-Nr.	Informationsinhalt
B/ 5	Klassen-Nr. , Klassenbeschreibung, Klasseninhalt
B/15	Versandpapiere

Literaturverzeichnis

Acker, Heinrich B. : Organisationsstruktur. In: Organisation. Bd. I
der TFB - Handbuchreihe, hrsg. von Erich Schnaufer und Klaus
Agthe, Berlin - Baden-Baden (1961), S. 119 - 148

Ackoff, Russell L. : General System Theory and Systems Research -
Contrasting Conceptions of Systems Science. General Systems,
Bd. VIII, 1963, S. 117 - 121. Ebenfalls erschienen in: Views
on General Systems Theory: Proceedings of the Second Systems
Symposium at Case Institute of Technology, hrsg. von Mihajlo
D. Mesarović, New York - London (1964), S. 51 - 60

Ackoff, Russell L. : Systems, Organizations, and Interdisciplinary
Research. General Systems, Bd. V, 1960, S. 1 - 8. Ebenfalls
erschienen in: Systems: Research and Design. Proceedings of
the First Systems Symposium at Case Institute of Technology,
hrsg. von D. P. Eckman, New York - London (1961), S. 26 -
42

Adam, Adolf: Messen und Regeln in der Betriebswirtschaft. Einführung in die informationswissenschaftlichen Grundzüge der industriellen Unternehmensforschung. Würzburg 1959

Adam, Adolf; Helten, Elmar; Scholl, Friedrich: Kybernetische Modelle und Methoden. Einführung für Wirtschaftswissenschaftler.
Köln - Opladen 1970

Afanasjew, W. G. : Über Bertalanffys "organismische" Konzeption.
Deutsche Zeitschrift für Philosophie, 10. Jg. 1962, S. 1033 -
1046

Albach, Horst: Entscheidungsprozeß und Informationsfluß in der Un-
ternehmensorganisation. In: Organisation. Bd. I der TFB-
Handbuchreihe, hrsg. von Erich Schnaufer und Klaus Agthe,
Berlin - Baden-Baden (1961), S. 355 - 402

Albert, Hans: Probleme der Theoriebildung. Entwicklung, Struktur
und Anwendung sozialwissenschaftlicher Theorien. In: Theorie
und Realität, hrsg. von Hans Albert, Tübingen 1964, S. 3 - 70

Albert, Hans: Probleme der Wissenschaftslehre in der Sozialforschung. In: Handbuch der empirischen Sozialforschung, Bd. I,
hrsg. von René König unter Mitwirkung von Heinz Maus, Stuttgart 1962, S. 38 - 64

Argyris, Chris: Understanding Organizational Change. General Systems, Bd. IV, 1959, S. 123 - 136

Ashby, W. Ross: An Introduction to Cybernetics. 4. Aufl., London 1961

Ashby, W. Ross: Design for a Brain. Electronic Engineering, Bd. 20, 1948, S. 379 - 383

Ashby, W. Ross: Design for a Brain. London 1954

Ashby, W. Ross: Design for a Brain. The Origin of Adaptive Behaviour. 2. Aufl., London 1966

Ashby, W. Ross: Die Homöostasie. In: Epoche Atom und Automation. Enzyklopädie des technischen Jahrhunderts. Bd. VII: Kybernetik, Elektronik, Automation, Genf 1959, S. 114 - 118

Ashby, W. Ross: Dynamics of the Cerebral Cortex. XIII. Interrelations between Stabilities of Parts within a Whole Dynamic System. The Journal of Comparative and Physiological Psychology, Bd. 40, 1946/47, S. 1 - 7

Ashby, W. Ross: Dynamics of the Cerebral Cortex: The Behavioural Properties of Systems in Equilibrium. The American Journal of Psychology, Bd. 59, 1946, S. 682 - 686

Ashby, W. Ross: Effect of Controls on Stability. Nature, Bd. 155, No. 3930, 1945, S. 242 - 243

Ashby, W. Ross: General System Theory and the Problem of the Black Box. In: Regelungsvorgänge in lebenden Wesen. Nachrichtenverarbeitung, Steuerung und Regelung in Organismen, zusammengestellt von H. Mittelstaedt, München (1961), S. 51 - 62

Ashby, W. Ross: General Systems Theory as a New Discipline. General Systems, Bd. III, 1958, S. 1 - 6

Ashby, W. Ross: Principles fo the Quantitative Study of Stability in a Dynamic Whole System; with some Applications to the Nervous System. Journal of Mental Science, Vol. 92, 1946, S. 319 - 323

Ashby, W. Ross: Principles of the Self - Organizing Dynamic System. Journal of General Psychology, Nr. 37, 1947, S. 125 - 128

Ashby, W. Ross: The Nervous System as Physical Machine: with Special Reference to the Origin of Adaptive Behaviour. Mind, Vol. 56, 1947, S. 44 - 59

Ashby, W. Ross: The Physical Origin of Adaptation by Trial and Error. Journal of General Psychology, Nr. 32, 1945, S. 13 - 25

Ashby, W. Ross: The Stability of a Randomly Assembled Nerve - Network. In: Electroencephalography and Clinical Neurophysiology, Bd. 2, 1950, S. 471 - 482

Aster, Ernst von: Geschichte der Philosophie. 11. Aufl., Stuttgart (1956)

Barnett, Lincoln: Einstein und das Universum. Frankfurt 1962

Beer, Stafford: Below the Twilight Arch. A Mythology of Systems. General Systems, Bd. V, 1960, S. 9 - 20. Ebenfalls erschienen in: Systems: Research and Design. Proceedings of the First Systems Symposium at Case Institute of Technology, hrsg. von D. P. Eckman, New York - London (1961), S. 1 - 25

Beer, Stafford: Decision and Control. The Meaning of Operational Research and Management Cybernetics. London - New York - Sydney 1966

Beer, Stafford: Kybernetik und Management. Übersetzung der Originalausgabe "Cybernetics and Management", besorgt von Ilse Grubrich, (Hamburg 1962)

Bekey, G. A.: Discrete Models of the Human Operator in a Control System. In: Automatic and Remote Control. Proceedings of the 2nd Congress of the IFAC. Basel 1963, S. 430 - 438

Bellman, Richard: Dynamic Programming. Princeton (N. J.) 1957

Bendmann, Arno: L. von Bertalanffys organismische Auffassung des Lebens in ihren philosophischen Konsequenzen. Jena 1967

Bergmann, Ludwig; Schäfer, Clemens: Lehrbuch der Experimentalphysik. 4. Aufl., Berlin 1954

Bertalanffy, Ludwig von: Allgemeine Systemtheorie. Wege zu einer neuen Mathesis Universalis. Deutsche Universitätszeitung, Heft XII, Nr. 5/6, 1957, S. 8 - 12

Bertalanffy, Ludwig von: An Outline of General System Theory. The British Journal for the Philosophy of Science, Bd. I, 1950, S. 134 - 165

Bertalanffy, Ludwig von: Biophysik des Fließgleichgewichts. Einführung in die Physik offener Systeme und ihre Anwendung in der Biologie. Braunschweig 1953

Bertalanffy, Ludwig von: Das biologische Weltbild. Bd. I: Die Stellung des Lebens in Natur und Wissenschaft. Bern (1949)

Bertalanffy, Ludwig von: Der Organismus als physikalisches System betrachtet. Die Naturwissenschaften, 28. Jg., Heft 33, 1940, S. 521 - 531

Bertalanffy, Ludwig von: General System Theory. General Systems, Bd. I, 1956, S. 1 - 10

Bertalanffy, Ludwig von: General System Theory - A Critical Review. General Systems, Bd. VII, 1962, S. 1 - 20

Bertalanffy, Ludwig von: General System Theory: A New Approach to Unity of Science. 1. Problems of General System Theory. Human Biology, Nr. 23, 1951, S. 302 - 312

Bertalanffy, Ludwig von: General System Theory; A New Approach to Unity of Science. 5. Conclusion. Human Biology, Nr. 23, 1951, S. 336 - 345

Bertalanffy, Ludwig von: General System Theory: A New Approach to Unity of Science. 6. Towards a Physical Theory of Organic Teleology, Feedback, and Dynamics. Human Biology, Nr. 23, 1951, S. 346 - 361

Bertalanffy, Ludwig von: General System Theory. Foundations, Development, Applications. New York (1968)

Bertalanffy, Ludwig von: Kritische Theorie der Formbildung. Berlin 1928

Bertalanffy, Ludwig von: Organismic Psychology and Systems Theory. Barre (Mass.) 1968

Bertalanffy, Ludwig von: Theoretische Biologie Bd. I: Allgemeine Theorie, Physikochemie, Aufbau und Entwicklung des Organismus. Berlin 1932

Bertalanffy, Ludwig von: The Theory of Open Systems in Physics and Biology. Science, Nr. 111, 1950, S. 23 - 29

Bertalanffy, Ludwig von: Vom Molekül zur Organismenwelt. 2. Aufl., Potsdam 1949

Bertalanffy, Ludwig von: Zu einer allgemeinen Systemlehre. Biologia Generalis, Bd. XIX, Heft 1, 1949, S. 114 - 129

Bertalanffy, Ludwig von: Zur Geschichte theoretischer Modelle in der Biologie. Studium Generale, 18. Jg., 1965, S. 290 - 298

Bleicher, Knut: Die Entwicklung eines systemorientierten Organisations- und Führungsmodells der Unternehmung. Zeitschrift für Organisation, 39. Jg., 1970, S. 3 - 8

Blohm, Hans: Kybernetik und Planungsrechnung. Kostenrechnungspraxis, 1967, S. 29 - 30

Blohm, Hans: Kybernetisches Denken aus betriebswirtschaftlicher und betriebstechnischer Sicht. Rationalisierung, 18. Jg., 1967, S. 214 - 218

Blohm, Hans: Organisationstheorie und -praxis der Unternehmensführung. Rationalisierung, 19. Jg., 1968, S. 116 - 120

Bochenski, I. M.: Die zeitgenössischen Denkmethoden. 3. Aufl.,
Bern - München (1965)

Bogdanow, A.: Allgemeine Organisationslehre. Tektologie. Bd. I,
übersetzt von S. Alexander und R. Lang, Berlin 1926

Bohr, Niels: Atomphysik und menschliche Erkenntnis. Braunschweig
(1958)

Boltzmann, Ludwig: Vorlesungen über die Gas - Theorie. I. Teil,
3. Aufl., Leipzig 1923

Bonini, Charles P.: Simulation of Information and Decision Systems
in the Firm. Englewood Cliffs, N. J. (1963)

Boulding, Kenneth E.: General Systems as a Point of View. In: Views
on General Systems Theory: Proceedings of the Second Systems
Symposium at Case Institute of Technology, hrsg. von Mihajlo
D. Mesarowić, New York - London - Sydney (1964), S. 25-38

Boulding, Kenneth E.: General Systems Theory - The Skeleton of
Science. General Systems, Bd. I, 1956, S. 11 - 17. Ebenfalls erschienen in: Management Science, Vol. 2, 1955/56, S. 197 -
208

Boulding, Kenneth E.: Toward a General Theory of Growth. General
Systems, Bd. I, 1956, S. 66 - 75

Brachthäuser, Norbert: Betrachtungen über den Funktionsmechanismus des endogenen Teils der Konjunkturschwankungen. Fort-
schritt - Berichte VDI - Zeitschrift, Reihe 16, Heft 2, 1967

Brachthäuser, Norbert; Hauske, Gert; Heine, Gerhard: Wirtschaftskybernetische Modellversuche. Industrielle Organisation, 40.
Jg., 1971, S. 62 - 66

Brauser, Klaus Joachim: Die Systemphilosophie lernender Automa-
ten in der Anwendung auf Autopiloten. München - Wien 1966

Brillouin, Léon: Maxwell's Demon Cannot Operate: Information and
Entropy, Teil I. Journal of Applied Physics, Vol. 22, 1951,
S. 334 - 337

Brillouin, Léon: Physical Entropy and Information, Teil II. Journal
of Applied Physics, Vol. 22, 1951, S. 338 - 345

Brillouin, Léon: Science and Information Theory. 2. Aufl., New
York (1963)

Brillouin, Léon: The Negentropy Principle of Information. Journal
of Applied Physics, Vol. 24, 1953, S. 1152 - 1163

Brockhaus, R. : Probleme der Zusammenarbeit von Pilot und Regler bei der Landung moderner Flugzeuge. DFL - Mitteilungen 1967, Heft 6, S. 241 - 247

Buckley, Walter: Sociology and modern Systems Theory. Englewood Cliffs (1967)

Buschardt, Dieter: Blockschaltbilder zur Darstellung betriebs-organisatorischer Systeme. Berlin (1968)

Carnap, Rudolf: Logical Foundations of the Unity of Science. In: International Encyclopedia of Unified Science. Bd. 1, Nr. 1, Chicago 1938, S. 42 - 62

Carzo, Rocco Jr. ; Yanouzas, John N. : Formal Organization. A Systems Approach. Homewood (Ill.) 1967

Charkewitsch, A. A. : Über den Wert einer Information. In: Probleme der Kybernetik, Bd. 4, hrsg. von A. A. Ljapunow, Berlin 1964, S. 59 - 65

Churchman, C. West: An Approach to General Systems Theory. In: Views on General Systems Theory: Proceedings of the Second Systems Symposium at Case Institute of Technology, hrsg. von Mihajlo D. Mesarowić, New York - London - Sydney (1964), S. 173 - 175

Clausius, R. : Die mechanische Wärmetheorie. Bd. I, 3. Aufl. , Braunschweig 1887

Cube, Felix von; Gunzenhäuser, R. : Über die Entropie von Gruppen. Eine informationstheoretische Meßbestimmung sozialer Gruppenstrukturen. 2. erweiterte Aufl. , Quickborn (1967)

Dehlinger, U. ; Wertz, E. : Biologische Grundfragen in physikalischer Betrachtung. Die Naturwissenschaften, 30. Jg. , 1942, S. 250 - 253

Denbigh, Kenneth: Prinzipien des chemischen Gleichgewichts. Eine Thermodynamik für Chemiker und Chemie-Ingenieure. Übersetzung der englischen Originalausgabe "The Principles of Chemical Equilibrium. With Applications in Chemistry and Chemical Engineering", besorgt von H. J. Oel, Darmstadt 1959

Denbigh, Kenneth: The Thermodynamics of the Steady State. Methuens Monographs on Chemicals Subjects. London 1951

Der Mensch als Regler. Hrsg. von W. Oppelt und G. Vossius, Berlin (1970)

Der Neue Grimsehl. Physik II. Bearb. und hrsg. von Wilhelm German, Herbert Graewe u. a. , Stuttgart o. J.

Die Ganzheit in Philosophie und Wissenschaft. Othmar Spann zum 70. Geburtstag. Hrsg. von Walter Heinrich, Wien 1950

DIN 19 226. Regelungstechnik und Steuerungstechnik. Begriffe und Benennungen. In: DIN - Taschenbuch 25. Informationsverarbeitung, hrsg. vom Deutschen Normenausschuß (DNA), Berlin - Köln - Frankfurt 1969, S. 25 - 51

Dorn, Gerhard: Gedanken zum organisatorischen Gleichgewicht der Unternehmung. Zeitschrift für Organisation, 38. Jg. , Heft 1 - 2, 1969, S. 61 - 64

Dorn, Gerhard: Organisationsgleichgewicht. In: Handwörterbuch der Organisation, hrsg. von Erwin Grochla, Stuttgart 1969, Sp. 1137 - 1141

Driesch, Hans: Der Vitalismus als Geschichte und Lehre. Leipzig 1905

Driesch, Hans: Philosophie des Organischen. Gifford-Vorlesungen, gehalten an der Universität Aberdeen in den Jahren 1907 - 1908, Bd. I und II, Leipzig 1909

Driesch, Hans: Wirklichkeitslehre. Leipzig 1917

Dubbels Taschenbuch für den Maschinenbau. Bd. I, Berlin - Göttingen - Heidelberg 1953

Ducrocq, Albert: Die Entdeckung der Kybernetik. Über Rechenanlagen, Regelungstechnik und Informationstheorie. Übersetzung des Originals "Découverte de la Cybernetique", besorgt von Gertrud Walther, (Frankfurt a. Main 1959)

Eckman, Donald P. ; Mesarović, Mihajlo D. : On Some Basic Concepts of a General Systems Theory. In: Proceedings of the Third International Conference on Cybernetics, Namur 1961, S. 104 - 118

Edin, Robert: Übergangsfunktionen in betriebswirtschaftlichen Systemen. Zeitschrift für Betriebswirtschaft, 39. Jg. , 1969, S. 569 584

Eisler, R. : Wörterbuch der philosophischen Begriffe. 3. Bd. , 4. Aufl. , Berlin 1930

Ellis, David O. ; Ludwig, Fred J. : Systems Philosophy. Englewood Cliffs (N. J.) 1962

Emeljanow, S. V. : Automatische Regelsysteme mit veränderlicher Struktur. München - Wien 1969

Fast, J. D. : Entropie. Die Bedeutung des Entropiebegriffes und seine Anwendung in Wissenschaft und Technik. Hilversum - Eindhoven 1960

Fast, J. D. : Entropie in Wissenschaft und Technik. Teil I (Der Entropiebegriff). Philips' technische Rundschau, 16. Jg. , 1955,
S. 277 - 289

Fast, J. D. ; Stumpers, F. L. : Entropie in Wissenschaft und Technik, Teil IV (Entropie und Information). Philips' technische
Rundschau, 18. Jg. , 1957, S. 164 - 176

Fiala, E. : Lenken von Kraftfahrzeugen als kybernetische Aufgabe.
Automobiltechnische Zeitschrift, 1968, S. 156 - 162

Flechtner, Hans-Joachim: Grundbegriffe der Kybernetik. Eine Einführung. Stuttgart 1966

Form and Strategy in Science. Studies dedicated to Joseph Henry
Woodger on the Occasion of his Seventieth Birthday. Hrsg. von
John R. Gregg und F. T. C. Harris, Dordrecht - Holland (1964)

Forrester, Jay W. : Industrial Dynamics. New York - London 1961

Foster, C. ; Rapoport, A. ; Trucco, E. : Some Unsolved Problems
in the Theory of Non-Isolated Systems. General Systems, Bd.
II, 1957, S. 9 - 29

Frank, Helmar: Kybernetische Analysen subjektiver Sachverhalte.
Quickborn bei Hamburg (1964)

Frese, Erich: Die hierarchische Struktur des Entscheidungssystems
in der Unternehmung. Unveröffentlichte Habilitationsschrift,
Köln 1970

Frese, Erich: Prognose und Anpassung. Zeitschrift für Betriebswirtschaft, 38. Jg. , 1968, S. 31 - 44

Fries, Carl: Metaphysik als Naturwissenschaft. Betrachtungen zu
Ludwig v. Bertalanffy's Theoretischer Biologie. Berlin 1936

Fuchs, Herbert: Systemtheorie. In: Handwörterbuch der Organisation, hrsg. von Erwin Grochla, Stuttgart 1969, Sp. 1618 - 1630

Fuchs, Herbert: Basiskonzept zur Analyse und Gestaltung komplexer
Informationssysteme. In: Management-Informationssysteme.
Eine Herausforderung an Forschung und Entwicklung, hrsg.
von Erwin Grochla und Norbert Szyperski, Wiesbaden 1971,
S. 61 - 86

Gagsch, Siegfried: Probleme der Subsystembildung in betrieblichen
Informationssystemen. Arbeitsbericht 70/11 des Betriebswirtschaftlichen Instituts für Organisation und Automation.

Gagsch, Siegfried: Probleme der Partition und Subsystembildung in betrieblichen Informationssystemen. In: Management-Informationssysteme. Eine Herausforderung an Forschung und Entwicklung, hrsg. von Erwin Grochla und Norbert Szyperski, Wiesbaden 1971, S. 623 - 649

General Systems Theory and Psychiatry. Hrsg. von William Cray, Frederick J. Duhl und Nicholas D. Rizzo, Boston 1969

Gerard, R. W. : Entitation, Animorgs, and Other Systems. In: Views on General Systems Theory. Proceedings of the Second Systems Symposium at Case Institute of Technology, hrsg. von Mihajlo D. Mesarović, New York - London - Sydney (1964), S. 119 - 124

Goode, H. : A Decision Model for a Fourth-Level Model in the Boulding Sense. In: Systems: Research and Design. Proceedings of the First Systems Symposium at Case Institute of Technology, hrsg. von Donald P. Eckman, New York - London (1961), S. 105 - 117

Griffin, A. W. J. : Multivariable Systeme und Systeme mit optimierender Regelung. In: Regelkreistheorie und Datenverarbeitung, hrsg. von D. Bell und A. W. J. Griffin, Berlin 1971, S. 229 - 260

Grochla, Erwin: Automation und Organisation. Die technische Entwicklung und ihre betriebswirtschaftlich - organisatorischen Konsequenzen. Wiesbaden (1966)

Grochla, Erwin: Betriebsverband und Verbandbetrieb. Berlin (1959)

Grochla, Erwin: Die Gestaltung allgemeingültiger Anwendungsmodelle für die automatische Informationsverarbeitung in Wirtschaft und Verwaltung. Elektronische Datenverarbeitung, 11. Jg. , 1970, S. 49 - 55

Grochla, Erwin: Die Integration der Datenverarbeitung. Durchführung anhand eines integrierten Unternehmungsmodells. Bürotechnik und Automation, März 1968, S. 3 - 14

Grochla, Erwin: Erkenntnisstand und Entwicklungstendenzen der Organisationstheorie. Zeitschrift für Betriebswirtschaft, 39. Jg. , 1969, S. 1 - 22

Grochla, Erwin: Modelle als Instrumente der Unternehmungsführung. Zeitschrift für betriebswirtschaftliche Forschung, 21. Jg. , 1969, S. 382 - 397

Grochla, Erwin: Organisationstheorie. In: Handwörterbuch der Organisation, hrsg. von Erwin Grochla, Stuttgart 1969, Sp. 1236 - 1255

Grochla, Erwin: Systemtheorie und Organisationstheorie. Zeitschrift für Betriebswirtschaft, 40. Jg. , 1970, S. 1 - 16

Groot, S. R. de: Thermodynamik irreversibler Prozesse. Ins Deutsche übersetzt von Herbert Staude. Mannheim (1960)

Grün, Oskar: Hierarchie. In: Handwörterbuch der Organisation, hrsg. von Erwin Grochla, Stuttgart 1969, Sp. 677 - 683

Grundlagen und Anwendungen der Informationstheorie. Hrsg. von W. Meyer-Eppler, Berlin - Göttingen - Heidelberg (1959)

Haase, R. : Der zweite Hauptsatz der Thermodynamik und die Strukturbildung in der Natur. Die Naturwissenschaften, 44. Jg. , 1957, S. 409 - 415

Haase, R. : Der zweite Hauptsatz in der Biologie. Zeitschrift für Elektrochemie und angewandte physikalische Chemie, Bd. 55, 1951, S. 566 - 569

Haberstroh, Chadwick J. : Organization Design and Systems Analysis. In: Handbook of Organizations, hrsg. von James G. March, Chicago (1965), S. 1171 - 1211

Hall, A. D. ; Fagen, R. E. : Definition of System. General Systems, Bd. I, 1956, S. 18 - 28

Hamza, M. H. : Lagerhaltung als ein Regelungsproblem. Unternehmensforschung, 12. Jg. 1968, S. 121 - 132

Hartmann, Nicolai: Der Aufbau der realen Welt. 3. Aufl. , Berlin 1964

Heimsoeth, Heinz: Die Philosophie im 20. Jahrhundert. In: Windelband, Wilhelm: Lehrbuch der Geschichte der Philosophie. 15. Aufl. , hrsg. von Heinz Heimsoeth, Tübingen 1957, S. 582-622

Heinrich, Walter: Die Verfahrenslehre als Wegweiser für die Wissenschaften und die Kultur. In: Die Ganzheit in Philosophie und Wissenschaft, Othmar Spann zum 70. Geburtstag, hrsg. von Walter Heinrich, Wien 1950, S. 3 - 46

Heisenberg, Werner: Der Teil und das Ganze, Gespräche im Umkreis der Atomphysik. München 1969

Hempel, Carl G. : General System Theory: A New Approach to Unity of Science. 2. General System Theory and the Unity of Science. Human Biology, Nr. 23, 1951, S. 313 - 322

Hempel, Carl G. : Typologische Methoden in den Sozialwissenschaften. In: Logik der Sozialwissenschaften, hrsg. von Ernst Topitsch, Köln - Berlin (1965), S. 85 - 103

Hofmann, Karl A.; Hofmann, Ulrich R.: Anorganische Chemie. 9. Aufl., Braunschweig 1941

Howland, Daniel: Cybernetics and General Systems Theory. General Systems, Bd. VIII, 1963, S. 227 - 232

Hughes, M. T. G.: Identifikationsmethoden. In: Regelkreistheorie und Datenverarbeitung, hrsg. von D. Bell und A. W. J. Griffin, Berlin 1971, S. 166 - 196

Irle, Martin: Soziale Systeme. Eine kritische Analyse der Theorie von formalen und informalen Organisationen. Göttingen 1963

Ising, Gustav: On a Natural Limit for the Sensibility of Galvanometers. Philosophical Magazine, Vol. 1, Seventh Series, S. 827 - 834

Johnson, Richard A.; Kast, Fremont E.; Rosenzweig, James E.: The Theory and Management of Systems. New York - San Francisco - Toronto - London (1963), 2. Aufl. 1967

Jöhr, Walter Adolf: Organische Wirtschaftsgestaltung. In: Die Ganzheit in Philosophie und Wissenschaft. Othmar Spann zum 70. Geburtstag, hrsg. von Walter Heinrich, Wien 1950, S. 105 - 123

Jonas, Hans: General System Theory: A New Approach to Unity of Science. 4. Comment on General System Theory. Human Biology, Nr. 23, 1951, S. 328 - 335

Jordan, Pascual: Verdrängung und Komplementarität. 2. Aufl., Hamburg - Bergedorf 1951

Kade, Gerhard; Ipsen, Dirk; Hujer, Reinhard: Modellanalyse ökonomischer Systeme. Regelung, Steuerung oder Automatismus? Jahrbücher für Nationalökonomie und Statistik, Bd. 182, Heft 1, 1968, S. 2 - 35

Kamaryt, Jan: Die Bedeutung der Theorie des offenen Systems in der gegenwärtigen Biologie. Zur Kritik der Philosophie des Organischen bei Bertalanffy. Deutsche Zeitschrift für Philosophie, 9. Jg., 1961, S. 1240 - 1259

Kämmerer, Wilhelm: Mathematik und Kybernetik. In: Über wissenschaftliche Grundlagen der modernen Technik, hrsg. von Hermann Klare, Hans Frühauf u. a., Reihe A: Tagungen, Bd. VI: Kybernetik in Wissenschaft, Technik und Wirtschaft der DDR, Berlin 1963, S. 28 - 47

Känel, Walter: Operations Research und betriebswirtschaftliche Entscheidungen. Hamburg - Berlin 1966

Känel, S.; Lang, H.: Zur Organisation und Organisiertheit in einem kybernetischen System. Wirtschaftswissenschaft, Heft 10, 1964, S. 1678 ff.

Kannegiesser, Karl-Heinz: Zum zweiten Hauptsatz der Thermodynamik. Deutsche Zeitschrift für Philosophie, 9. Jg. , 1961, S. 841 - 859

Katz, Daniel; Kahn, Robert L. : The Social Psychology of Organizations. New York - London - Sydney 1966

Kempski, Jürgen v. : Mathematische Theorie (II). Mathematische Sozialtheorie. In: Handwörterbuch der Sozialwissenschaften, Bd. 7, Stuttgart - Tübingen - Göttingen 1961, S. 252 - 263

Kirsch, Werner; Meffert, Heribert: Organisationstheorien und Betriebswirtschaftslehre. Wiesbaden (1970)

Klaus, Georg: Kybernetik in philosophischer Sicht. 4. Aufl. , Berlin 1965

Klir, Jiri: The General System as a Methodological Tool. General Systems, Bd. X, 1965, S. 29 - 42

Köhler, Wolfgang: Die physischen Gestalten in Ruhe und im stationären Zustand. Braunschweig 1920

Kosiol, Erich: Organisation der Unternehmung. Wiesbaden (1962)

Kosiol, Erich: Die Unternehmung als wirtschaftliches Aktionszentrum. Einführung in die Betriebswirtschaftslehre. Reinbek bei Hamburg 1966

Kosiol, Erich; Szyperski, Norbert; Chmielewicz, Klaus: Zum Standort der Systemforschung im Rahmen der Wissenschaften. Zeitschrift für handelswissenschaftliche Forschung, N. F. , 17. Jg. 1965, S. 337 - 378

Kossiakoff, Alexander: The Systems Engineering Process. In: Operations Research and Systems Engineering, hrsg. von Charles D. Flagle, William A. Huggins und Robert H. Roy, Baltimore 1960, S. 82 - 118

Kramer, Rolf: Information und Kommunikation. Betriebswirtschaftliche Bedeutung und Einordnung in die Organisation der Unternehmung. Berlin (1965)

Krech, David: Dynamic Systems as Open Neurological Systems. General Systems, Bd. I, 1956, S. 144 - 154

Kremyanskiy, V. J. : Certain Peculiarities of Organismus as a "System" from the Point of View of Physics, Cybernetics, and Biology. General Systems, Bd. V, 1960, S. 221 - 230

Kropp, Gerhard: Philosophie. Ein Gang durch ihre Geschichte. 2. Aufl. , München o. J.

Küpfmüller, Karl: Die Systemtheorie der elektrischen Nachrichtenübertragung. Stuttgart 1949

Kybernetik. Brücke zwischen den Wissenschaften. Hrsg. von Helmar
Frank, 5. Aufl., Frankfurt/M. (1965)

Landau, L. D.; Lifschitz, E. M.: Lehrbuch der theoretischen Physik.
Bd. 5, Statistische Physik. Berlin 1966

Lange, Oskar: Wholes and Parts. A General Theory of System Behaviour. Oxford - London - Edinburgh - New York - Paris -
Frankfurt (1965)

Langen, Heinz: Der Betriebsprozeß in dynamischer Darstellung.
Zeitschrift für Betriebswirtschaft, 38. Jg., 1968, S. 867-880

Lasalle, Joseph; Lefschetz, Solomon: Die Stabilitätstheorie von Ljapunow. Die direkte Methode mit Anwendungen. Mannheim (1967)

Lehmann, Helmut: Integration. In: Handwörterbuch der Organisation,
hrsg. von Erwin Grochla, Stuttgart 1969, Sp. 768 - 774

Lehmann, Helmut: Wesen und Formen des Verbundbetriebes. Ein
Beitrag zur betriebswirtschaftlichen Morphologie. Berlin (1965)

Leinfellner, Werner: Struktur und Aufbau wissenschaftlicher Theo -
rien. Eine wissenschaftstheoretisch-philosophische Untersuchung. Wien - Würzburg 1965

Leitfaden für graphische Ablaufdarstellungen in der Organisationsarbeit. Schriftenreihe Datenverarbeitung. Köln - Opladen 1969

Lektorsky V. A.; Sadovsky, V. N.: On Principles of System Research (Related to L. Bertalanffy's General System Theory).
General Systems, Bd. V, 1960, S. 171 - 179

Lotka, A.: Elements of Physical Biology. Baltimore 1925

Lutz, Theo; Beutler, H.: "Management Information Systems" (MIS).
Begriffe und Konzeption für Management-Informationssysteme.
IBM - Nachrichten, 18. Jg. 1968, S. 367 - 374

Mac Cormac, J. K. M.: Adaptive Regelsysteme. Systeme mit hohem
Leistungsgewinn und modellbezogene Systeme . In: Regelkreis-
theorie und Datenverarbeitung, hrsg. von D. Bell und A. W. J.
Griffin, Berlin 1971, S. 217 - 228

Mac Farlane, A. G. J.: Analyse technischer Systeme. Übersetzung
der englischen Originalausgabe "Engineering Systems Analysis", besorgt von H. Böttcher und H. Winter, Mannheim (1967)

Macko, D.: General Systems Theory Approach to Multilevel Systems.
Ph. D. Thesis, Case Institute of Technology 1967

Mayntz, Renate: Soziologie der Organisation. Reinbek bei Hamburg 1963

Mayntz, Renate; Ziegler, Rolf: Soziologie der Organisation. In: Handbuch der empirischen Sozialforschung, hrsg. von René König, Bd. II, Stuttgart 1969, S. 444 - 513

Merton, R. K.: Social Theory and Social Structure. Glencoe (Ill.) 1967

Mesarović, Mihajlo, D.: A Conceptual Framework for the Studies of Multi - Level Multi - Goal Systems. SRC Report 101 - A - 66 - 43. Case Institute of Technology 1966

Mesarović, Mihajlo D.: Foundations for a General Systems Theory. In: Views on General Systems Theory: Proceedings of the Second Systems Symposium at Case Institute of Technology, hrsg. von Mihajlo D. Mesarović, New York - London - Sydney (1964), S. 1 - 24

Mesarović, Mihajlo D.: Systems Theory and Biology - View of a Theoretician. In: Systems Theory and Biology. Proceedings of the III. Systems Symposium at Case Institute of Technology, hrsg. von M. D. Mesarović, Berlin - New York - London 1968, S. 59 - 87

Mesarović, Mihajlo D.; Eckman, D. P.: On Some Basic Concepts of the General Systems Theory. SRC Report 1 - A - 61 - 1. Case Institute of Technology 1961

Mesarović, Mihajlo D.; Sanders, J. L.; Sprague, C. F.: An Axiomatic Approach to Organizations from a General Systems Viewpoint. In: New Perspectives in Organization Research, hrsg. von W. W. Cooper, H. J. Leavitt, M. W. Shelly II, New York - London - Sydney 1964, S. 493 - 512

Mesch, F.: Selbsttätige Optimierung in der Betriebswirtschaft - eine Einführung. Unternehmensforschung, 1964, S. 204 - 215

Meyer - Abich, Adolf: Zur Logik der Unbestimmtheitsbeziehungen. In: Die Ganzheit in Philosophie und Wissenschaft, Othmar Spann zum 70. Geburtstag, hrsg. von Walter Heinrich, Wien 1950, S. 47 - 76

Miller, James G.: Living Systems: Basic Concepts. Behavioral Science, Bd. 10, 1965, S. 193 - 237

Miller, James G.: Living Systems: Structure and Process. Behavioral Science, Bd. 10, 1965, S. 237 - 379

Miller, James G. : Living Systems: Cross - Level Hypotheses. Behavioral Science, Bd. 10, 1965, S. 380 - 411

Mirow, Heinz Michael: Kybernetik. Grundlagen einer allgemeinen Theorie der Organisation. Wiesbaden (1969)

Modern Systems Research for the Behavioral Scientist. A Sourcebook. Hrsg. Walter Buckley, Chicago 1968

Moles, A. A. : Die Kybernetik, eine Revolution in der Stille. In: Epoche Atom und Automation, Enzyklopädie des technischen Jahrhunderts. Bd. VII: Kybernetik, Elektronik, Automation. Genf 1959, S. 7 - 11

Müller, Wolfgang: Die Simulation betriebswirtschaftlicher Informationssysteme. Wiesbaden (1969)

Nagel, Ernest: Über die Aussage: "Das Ganze ist mehr als die Summe seiner Teile". In: Logik der Sozialwissenschaften, hrsg. von Ernst Topitsch, Köln - Berlin (1965), S. 225 - 235

Narr, Wolf-Dieter: Theoriebegriffe und Systemtheorie. Bd. I der "Einführung in die moderne politische Theorie". 2. Aufl. , Stuttgart - Berlin - Köln - Mainz (1971)

Neergaard, Kurt v. : Die Aufgabe des 20. Jahrhunderts. Die Bedeutung des biologischen Weltbildes für das Verständnis der großen Fragen unserer Zeit in Wissenschaft, Ethik, Religion und Gesellschaftsstruktur. 3. erweiterte Aufl. , Erlenbach - Zürich (1940)

Nemes, Tihamér: Kybernetische Maschinen. Aus dem Ungarischen übersetzt von Georg Müller und Guido Müller. Stuttgart (1967)

Neuere Ergebnisse der Kybernetik, Bericht über die Tagung Karlsruhe 1963 der Deutschen Arbeitsgemeinschaft Kybernetik. hrsg. von Karl Steinbuch und S. W. Wagner, München - Wien 1964

Neufville, Richard de: Systems Analysis - A Decision Process. International Management Review, Heft 1, 1970, S. 49 - 58

Nolle, Friedrich: Systemanalyse - Auslegung von Datenverarbeitungssystemen für komplexe Anwendungen. IBM-Nachrichten, Nr. 183, 17. Jg. 1967, S. 523 - 532

Nordsieck, Fritz: Rationalisierung der Betriebsorganisation. 1. Aufl. , Stuttgart 1955

Nürck, Robert: Funktions- und strukturbedingte Regelungsmaßnahmen der Unternehmung. Zeitschrift für Betriebswirtschaft, 30. Jg. , 1960, S. 744 - 756

Nürck, Robert: Unternehmungsführung - Ein Regelungsproblem. Betriebswirtschaftliche Forschung und Praxis, 12. Jg. , 1960, S. 230 - 238

Oppelt, Winfried: Kleines Handbuch technischer Regelvorgänge. 4. Aufl. , Weinheim 1964

Optner, Stanford L. : Systems Analysis for Business Management. Englewood Cliffs (N. J.) 1960

Parsons, Talcott: The Social System. 5. Aufl. , Glencoe (Ill.) 1964

Peter, Hans: Der Ganzheitsgedanke in Wirtschaft und Wirtschaftswissenschaft Stuttgart 1934

Peters, Johannes: Einführung in die allgemeine Informationstheorie. Berlin - Heidelberg - New York 1967

Phelps, G. E. : Systems Analysis and Design - The Key to Successful Organization. Management Accounting, Vol. 45, Nr. 3, 1967, S. 100 - 105

Planck, Max: Über die statistische Entropiefunktion. In: Sitzungsberichte der Preussischen Akademie der Wissenschaften, Nr. XXI, 1925, S. 442 - 451

Prigogine, I. ; Defay, R. : Chemische Thermodynamik. Aus dem Französischen übersetzt von M. Winiker, Leipzig 1962

Rapoport, Anatol: Mathematical Aspects of General Systems Analysis. In: General Systems, Bd. XI, 1966, S. 3 - 11

Rapoport, Anatol: Remarks on General Systems Theory. General Systems, Bd. VIII, 1963, S. 123 - 124. Ebenfalls erschienen in: Views on General Systems Theory: Proceedings of the Second Systems Symposium at Case Institute of Technology, hrsg. von Mihajlo D. Mesarović, New York - London (1964), S. 170 - 172

Rapoport, Anatol; Horvath, W. J. : Thoughts on Organization Theory and a Review of Two Conferences. General Systems, Bd. IV, 1959, S. 87 - 94

Regelkreistheorie und Datenverarbeitung. Hrsg. von D. Bell und A. W. J. Griffin, Berlin 1971

Rényi, A. ; Balatoni, J. : Über den Begriff der Entropie. In: Mathematische Forschungsberichte (Arbeiten zur Informationstheorie, Teil I), hrsg. von Heinrich Grell, Berlin 1967, S. 117 - 134

Rescher, N. ; Oppenheim, P. : Logical Analysis of Gestalt Concepts. The British Journal for the Philosophy of Science, Vol. VI, 1955, S. 89 - 106

Riebel, Paul: Die Elastizität des Betriebes. Köln - Opladen 1954

Riester, W. F. : Organisation und Kybernetik. Betriebswirtschaftliche Forschung und Praxis, 18. Jg. , 1966, S. 321 - 340

Rockart, John F. : Model - Based Systems Analysis: A Methodology and Case Study. International Management Review, Heft 4/1970, S. 1 - 14

Salzer, J. M. : Evolutionary Design of Complex Systems. In: Systems: Research and Design. Proceedings of the First Systems Symposium at Case Institute of Technology, hrsg. von D. P. Eckman, New York - London 1961, S. 197 - 215

Samal, Erwin: Grundriß der praktischen Regelungstechnik. 7. Aufl. , München - Wien 1967

Schaefer, Clemens: Einführung in die Theoretische Physik. Bd. 2: Theorie der Wärme, Molekularkinetische Theorie der Materie. 3. Aufl. , Berlin 1958

Schaeffer, K. H. : The Logic of an Approach to the Analysis of Complex Systems. Air Force Technical Report AFOSR 2136, April 1962, Stanford Research Institute

Schiemenz, Bernd: Die Anwendbarkeit der Regelungstheorie zur Gestaltung betrieblicher Entscheidungsprozesse - Ein Beitrag zur Betriebskybernetik. Diss. Darmstadt 1969

Schiemenz, Bernd: Die Leistungsfähigkeit einfacher betrieblicher Entscheidungsprozesse mit Rückkopplung. Zeitschrift für Betriebswirtschaft, 41. Jg. , 1971, S. 107 - 122

Schiemenz, Bernd: Die mathematische Systemtheorie als Hilfe bei der Bildung betriebswirtschaftlicher Modelle. Zeitschrift für Betriebswirtschaft, 40. Jg. , 1970, S. 769 - 786

Schlick, Moritz: Naturphilosophie. In: Lehrbuch der Philosophie. Band 2: Die Philosophie in ihren Einzelgebieten, hrsg. von Max Dessoir, Berlin 1925, S. 393 - 492

Schlick, Moritz: Über den Begriff der Ganzheit. In: Logik der Sozialwissenschaften, hrsg. von Ernst Topitsch, Köln - Berlin (1965), S. 213 - 224

Schlitt, H. : Systemtheorie für regellose Vorgänge. Berlin - Göttingen - Heidelberg 1960

Schmidt, Franz: Ordnungslehre. München - Basel 1956

Schmidtlein, Hubertus: Über den Wissensstand auf dem Forschungsgebiet "Regler Mensch". In: Jahrbuch der wissenschaftlichen Gesellschaft für Raumfahrt e. V. 1963, Braunschweig 1964, S. 484 - 499

Schneider, Erich: Einführung in die Wirtschaftstheorie. Bd. II, 7. Aufl. , Tübingen 1961

Schrödinger, Erwin: Bemerkungen über die statistische Entropiefunktion beim idealen Gas. In: Sitzungsberichte der Preussischen Akademie der Wissenschaften, Nr. XXI, 1925, S. 434 - 441

Schrödinger, Erwin: Was ist ein Naturgesetz? Beiträge zum naturwissenschaftlichen Weltbild. München - Wien 1962

Schürger, K. ; Schweizer, G. : Zuverlässigkeit und anthropotechnische Gesichtspunkte. Luftfahrttechnik - Raumfahrttechnik 1967, S. 175 - 179

Schweiker, Konrad F. : Grundlagen einer Theorie betrieblicher Datenverarbeitung. Wiesbaden (1966)

Seiler, John A. : Systems Analysis in Organizational Behavior. Homewood (Ill.) 1967

Self - Organizing Systems. Proceedings of an Interdisciplinary Conference, 5. and 6. May, 1959, hrsg. von Marshall C. Yovits und Scott Cameron, Oxford - London - New York - Paris 1960

Sengupta, S. Sankar; Ackoff, Russell L. : Systems Theory from an Operations Research Point of View. General Systems, Bd. X, 1965, S. 43 - 48

Shannon, Claude E. ; Weaver, Warren: The Mathematical Theory of Communication. Urbana 1949

Simon, Herbert A. : The Architecture of Complexity. General Systems, Bd. X, 1965, S. 63 - 76

Simon, Herbert A. : The Shape of Automation for Men and Management. New York - Evanston - London 1965

Solodownikow, W. W. : Einführung in die statistische Dynamik linearer Regelungssysteme. München - Wien - Berlin 1963

Sovolein, Pitivim A. : Sociological Theories of today. New York - London (1966)

Stachowiak, H. : Denken und Erkennen im kybernetischen Modell. Wien - New York 1965

Stefanic - Allmayer, Karl: Allgemeine Organisationslehre. Ein Grundriß. Wien - Stuttgart (1950)

Steinbuch, Karl: Systemanalyse - Versuch einer Abgrenzung, Methoden und Beispiele. IBM-Nachrichten, 17. Jg. , 1967, Heft 182, S. 446 - 456

Stranzky, Rolf: Kybernetik ökonomischer Reproduktion. Grundriß einer Theorie der Steuerung wirtschaftlichen Verhaltens. Berlin (1966)

Strauß und Torney, Lothar von: Das Komplementaritätsprinzip der Physik in philosophischer Analyse. Zeitschrift für philosophische Forschung, 10. Jg., 1955/1, S. 109 - 129

Systems and Procedures. A Handbook for Business and Industry, hrsg. von Victor Lazzaro, Englewood Cliffs (N. J.) (1959)

Systems: Research and Design. Proceedings of the First Systems Symposium at Case Institute of Technology. Hrsg. von Donald P. Eckman. New York - London (1961)

Systems Theory and Biology. Proceedings of the III. Systems Symposium at Case Institute of Technology. Hrsg. von Mihajlo D. Mesarović, Berlin - Heidelberg - New York (1968)

Szilard, L.: Über die Entropieverminderung in einem thermodynamischen System bei Eingriffen intelligenter Wesen. Zeitschrift für Physik, Bd. 53, 1929, S. 840 - 856

Szyperski, Norbert: Interdependenzen und Komplexität von Anpassungs- und Lernaufgaben der Unternehmung. Zeitschrift für Organisation, 38. Jg., 1969, S. 54 - 60

Takahara, Y.: Multi–Level Systems and Uncertainties. Ph. D. Thesis, Case Institute of Technology 1966

Thiel, R.: Zur mathematisch-kybernetischen Erfassung ökonomischer Gesetzmäßigkeiten. Wirtschaftswissenschaften, 10. Jg., 1962, S. 889 - 905

Tribus, Myron: Information Theory as the Basis for Thermostatics and Thermodynamics. General Systems, Bd. VI, 1961, S. 127 - 138

Trist, E. L.: On Socio-Technical Systems. In: The Planning of Change, 2. Aufl., hrsg. von Warren G. Bennis, Kenneth D. Benne, und Robert Chin, New York - Chicago - London - Sydney 1969, S. 269 - 282

Truninger, Paul: Die Theorie der Regelungstechnik als Hilfsmittel des Operations Research. Industrielle Organisation, 30. Jg., 1961, S. 475 - 480

Tsien, H. S.: Technische Kybernetik. Stuttgart 1957

Tustin, Arnold: The Mechanism of Economic Systems. An Approach to the Problem of Economic Stabilization from the Point of View of Control-System Engineering. Melbourne - London - Toronto (1953)

Ullrich, Hans: Die Unternehmung als produktives soziales System. Grundlagen der allgemeinen Unternehmungslehre. Bern - Stuttgart (1968)

Ungerer, Emil: Die Wissenschaft vom Leben. Eine Geschichte der Biologie. Band III. Der Wandel der Problemlage der Biologie in den letzten Jahrzehnten. Freiburg - München (1966)

Views on General Systems Theory: Proceedings of the Second Systems Symposium at Case Institute of Technology. Hrsg. von Mihajlo Mesarović, New York - London - Sydney (1964)

Volkswirtschaftliche Regelungsvorgänge im Vergleich zu Regelungsvorgängen in der Technik. Hrsg. von H. Geyer und W. Oppelt, München (1957)

Vorländer, Karl: Geschichte der Philosophie. Bd. II: Die Philosophie der Neuzeit. 9. Aufl., Hamburg (1955)

Weaver, Warren: Science and Complexity. American Scientist, 36. Jg., 1948, S. 536 - 544

Wegner, Gertrud: Systemanalyse und Sachmitteleinsatz in der Betriebsorganisation. Wiesbaden (1969)

Wegner, Gertrud: Systemanalyse. In: Handwörterbuch der Organisation, hrsg. von Erwin Grochla, Stuttgart 1969, Sp. 1610 - 1617

Wellek, Albert: Ganzheit und Gestalt in der Psychologie. In: Die Ganzheit in Philosophie und Wissenschaft. Othmar Spann zum 70. Geburtstag, hrsg. von Walter Heinrich, Wien 1950, S. 293 - 297

Wenzl, Aloys: Kausalität oder Freiheit als Grundlage der Wahrscheinlichkeitsrechnung in der Physik? Die Naturwissenschaften, Heft 46, 1940, S. 715 - 722

Wieser, Wolfgang: Organismen, Strukturen, Maschinen. Zu einer Lehre vom Organismus. Frankfurt am Main (1959)

Wild, Jürgen: Zur praktischen Bedeutung der Organisationstheorie. Zeitschrift für Betriebswirtschaft, 37. Jg., 1967, S. 567-592

Wilson, Ira G.; Wilson, Marthann E.: Information, Computers and System Design. New York - London - Sydney (1965)

Wilson, Warren E.: Concepts of Engineering System Design. New York - St. Louis - San Francisco - Toronto - London - Sydney (1965)

Windelband, Wilhelm: Lehrbuch der Geschichte der Philosophie. 15. Aufl., hrsg. von Heinz Heimsoeth, Tübingen 1957

Wisdom, J.O.: The Hypothesis of Cybernetics. General Systems, Bd. I, 1956, S. 111 - 122

Wörterbuch der Kybernetik. Hrsg. von Georg Klaus, Berlin 1968

Wörterbuch der philosophischen Begriffe. Hrsg. von Johannes Hoffmeister, 2. Aufl., Hamburg (1955)

Wunsch, Gerhard: Moderne Systemtheorie. Leipzig 1962

Young, O. R. : A Survey of General Systems Theory. General Systems, Bd. IX, 1964, S. 61 - 80

Zurmühl, Rudolf: Matrizen und ihre technischen Anwendungen. 3. Aufl., Berlin - Göttingen - Heidelberg (1961)

Zypkin, Jakow Salmanowitzsch: Adaption und Lernen in kybernetischen Systemen. München - Wien 1970